普通高等教育"十三五"规划教材

机电安全工程

主　　编　刘双跃
参编人员　胡　欢　郝向宇　李　玲
　　　　　刘天琪　刘小芬　夏　川
　　　　　吴　情　张天麒

北　京
冶金工业出版社
2021

内 容 提 要

本书对生产过程中涉及的机械装备引起的伤害及其防护技术措施，以及电气安全工程中的安全供电和安全用电，相关的雷击、静电、辐射伤害及其防护技术措施等进行了详细阐述。

本书为高等院校安全工程专业的本科生教材，也可以作为其他相关专业本科生、安全工程与技术专业研究生的教学参考书，还可供从事安全管理的现场工作人员参考。

图书在版编目(CIP)数据

机电安全工程/刘双跃主编. —北京：冶金工业出版社，
2015.8（2021.7 重印）
普通高等教育"十三五"规划教材
ISBN 978-7-5024-7057-9

Ⅰ.①机…　Ⅱ.①刘…　Ⅲ.①机电设备—安全技术—高等学校—教材　Ⅳ.①TM08

中国版本图书馆 CIP 数据核字（2015）第 222065 号

出　版　人　苏长永
地　　　址　北京市东城区嵩祝院北巷 39 号　邮编　100009　电话　(010)64027926
网　　　址　www.cnmip.com.cn　电子信箱　yjcbs@cnmip.com.cn
责任编辑　杨　敏　美术编辑　吕欣童　版式设计　孙跃红
责任校对　李　娜　责任印制　禹　蕊
ISBN 978-7-5024-7057-9
冶金工业出版社出版发行；各地新华书店经销；三河市双峰印刷装订有限公司印刷
2015 年 8 月第 1 版，2021 年 7 月第 3 次印刷
787mm×1092mm　1/16；17.75 印张；427 千字；273 页
39.00 元

冶金工业出版社　投稿电话　(010)64027932　投稿信箱　tougao@cnmip.com.cn
冶金工业出版社营销中心　电话　(010)64044283　传真　(010)64027893
冶金工业出版社天猫旗舰店　yjgycbs.tmall.com
（本书如有印装质量问题，本社营销中心负责退换）

前　言

机电安全工程是安全领域中与机械和电气相关的科学技术及管理工程，具有涉及范围广、技术发展迅速的特点。机电安全工程主要任务可以划分为两个方面：一是机械安全工程，主要研究生产过程中涉及不同机械装备引起的伤害和相应的防护技术措施；二是电气安全工程，主要研究安全供电和安全用电，以及相关的雷击、静电、辐射伤害及其防护技术措施。本书共分为8章，其中第1~4章为机械安全工程所含内容，第5~8章为电气安全工程所涉及的内容。每章都附有小结和复习思考题，供学习时参考。

根据安全技术及工程学科的发展需要，本书在参考大量国内有关技术资料的基础上进行编写，其特色如下：

（1）只有对机械和电气的基础知识具有完整的了解，才能掌握相关的机械和电气设备的危险有害因素识别和安全技术防护措施，因此在各章节的叙述过程中加入了一定的背景知识。

（2）在分析危险有害因素时，深入揭示了危险产生的原因、危险转化为事故的触发条件、伤害程度的影响因素，这对安全工程专业的学生来讲是十分必要的。

（3）在论述和讲解机械和电气安全防护技术措施方面，更侧重于安全措施的原理、实施的关键环节、安全操作的要点，同时加入一定安全管理方面的要素。

本书由刘双跃主编。刘小芬对第1、2章，胡欢对第3、4章，吴情对第5~7章，刘天琪对第8章分别进行了补充和校对；郝向宇、李玲、夏川、张天麒同学也参与了资料收集和校对工作。刘双跃负责撰写教材编写规划，完成教材组稿、修改和校对工作。

本书已列入北京科技大学校级教材规划，得到学校教材建设经费的资助。在编写过程中，参考了大量的书籍文献，在此向其作者表示感谢。本书尽可能收集最新资料，努力反映最新的主流技术，但限于水平，书中难免存在不足之处，敬请批评指正。

编　者

2015 年 5 月

目　　录

1 机械安全基础知识 ……………………………………………………………… 1

　1.1　机械安全概述 …………………………………………………………… 1
　　1.1.1　机械产品主要类别 ………………………………………………… 1
　　1.1.2　机械的组成 ………………………………………………………… 2
　1.2　机械伤害类型 …………………………………………………………… 3
　　1.2.1　各种状态下的机械安全 …………………………………………… 3
　　1.2.2　机械的危险因素 …………………………………………………… 4
　　1.2.3　机械的有害因素 …………………………………………………… 7
　　1.2.4　机械危险伤害形式和机理 ………………………………………… 8
　1.3　机械安全要求与防护 …………………………………………………… 11
　　1.3.1　机械安全要求 ……………………………………………………… 11
　　1.3.2　安全防护装置 ……………………………………………………… 13
　复习思考题 …………………………………………………………………… 18

2 金属冷加工安全技术 …………………………………………………………… 19

　2.1　金属切削机床基础知识与安全 ………………………………………… 19
　　2.1.1　金属切削机床基础知识 …………………………………………… 19
　　2.1.2　金属切削机床运转异常状态 ……………………………………… 20
　　2.1.3　金属切削机床通用防护和保险装置 ……………………………… 21
　2.2　车床安全技术 …………………………………………………………… 22
　　2.2.1　车床结构与分类 …………………………………………………… 22
　　2.2.2　车床加工特点与危险辨识 ………………………………………… 25
　　2.2.3　车床安全防护装置与措施 ………………………………………… 26
　2.3　钻床安全技术 …………………………………………………………… 30
　　2.3.1　钻床结构与分类 …………………………………………………… 30
　　2.3.2　钻床加工特点与危险辨识 ………………………………………… 32
　　2.3.3　钻床安全防护装置与措施 ………………………………………… 33
　2.4　铣床安全技术 …………………………………………………………… 34
　　2.4.1　铣床结构与分类 …………………………………………………… 34
　　2.4.2　铣床加工特点与危险辨识 ………………………………………… 36
　　2.4.3　铣床安全防护装置与措施 ………………………………………… 37
　2.5　刨床安全技术 …………………………………………………………… 38

2.5.1　刨床结构与分类 ……………………………………………… 38

2.5.2　刨床加工特点与危险辨识 …………………………………… 40

2.5.3　刨床安全防护装置与措施 …………………………………… 41

2.6　磨床安全技术 ………………………………………………………… 42

2.6.1　磨床结构与分类 ………………………………………………… 42

2.6.2　磨床加工特点与危险辨识 …………………………………… 44

2.6.3　磨床安全防护装置与措施 …………………………………… 46

2.7　冲压机械的安全技术 ………………………………………………… 49

2.7.1　冲压机械结构与分类 …………………………………………… 49

2.7.2　冲压机械加工特点与危险辨识 ……………………………… 51

2.7.3　冲压机械安全防护装置与措施 ……………………………… 52

2.8　砂轮机安全技术 ……………………………………………………… 57

2.8.1　砂轮机结构与分类 ……………………………………………… 57

2.8.2　砂轮机加工特点与危险辨识 ………………………………… 58

2.8.3　砂轮机安全防护装置与措施 ………………………………… 59

复习思考题 …………………………………………………………………… 63

3　金属热加工安全技术 …………………………………………………… 65

3.1　铸造安全技术 ………………………………………………………… 65

3.1.1　铸造工艺与设备设施 …………………………………………… 65

3.1.2　铸造工艺特点与危险辨识 …………………………………… 66

3.1.3　铸造设备安全防护设施 ……………………………………… 70

3.1.4　铸造工艺安全操作 …………………………………………… 84

3.2　锻造安全技术 ………………………………………………………… 91

3.2.1　锻造工艺与设备设施 …………………………………………… 92

3.2.2　锻造工艺特点与危险辨识 …………………………………… 93

3.2.3　锻造安全防护装置与措施 …………………………………… 94

3.3　热处理安全技术 ……………………………………………………… 99

3.3.1　热处理工艺与设备设施 ……………………………………… 100

3.3.2　热处理工艺特点与危险辨识 ………………………………… 101

3.3.3　热处理安全防护装置 ………………………………………… 101

3.3.4　热处理工艺安全措施 ………………………………………… 103

3.4　焊接与切割安全技术 ………………………………………………… 106

3.4.1　焊接和切割工艺与生产能源 ………………………………… 106

3.4.2　焊接和切割危险有害因素 …………………………………… 107

3.4.3　焊接与切割安全要求 ………………………………………… 109

复习思考题 …………………………………………………………………… 114

4 机械制造场所安全技术 ……………………………………………… 116

4.1 厂区总体布置的基本要求 …………………………………… 116

4.1.1 厂区总体布置 ……………………………………………… 116

4.1.2 厂区管线 …………………………………………………… 118

4.2 厂区物流的基本要求 ………………………………………… 121

4.2.1 厂区道路与消防车道 ……………………………………… 121

4.2.2 工业防护栏杆及钢平台 …………………………………… 122

4.3 作业场所职业健康的通用要求 ……………………………… 123

4.3.1 化学性职业危害因素控制要求 …………………………… 123

4.3.2 物理性职业危害因素控制要求 …………………………… 125

4.3.3 采光与照度 ………………………………………………… 127

4.4 作业场所的安全标志和警示标识 …………………………… 129

4.4.1 安全色和安全标志 ………………………………………… 129

4.4.2 消防安全标志 ……………………………………………… 131

4.4.3 职业危害警示标识 ………………………………………… 132

复习思考题 ……………………………………………………………… 133

5 电气安全基础知识 …………………………………………………… 135

5.1 用电安全技术概述 …………………………………………… 135

5.1.1 电能与用电安全 …………………………………………… 135

5.1.2 用电安全技术的基本内容 ………………………………… 135

5.1.3 用电安全技术的特点 ……………………………………… 136

5.2 电气事故 ……………………………………………………… 136

5.2.1 触电事故 …………………………………………………… 136

5.2.2 静电事故 …………………………………………………… 140

5.2.3 雷电事故 …………………………………………………… 140

5.2.4 电磁辐射事故 ……………………………………………… 141

5.3 工业企业供配电 ……………………………………………… 141

5.3.1 电力系统简介 ……………………………………………… 141

5.3.2 工业企业供配电及其组成 ………………………………… 143

5.3.3 电力负荷分级及供电要求 ………………………………… 145

5.4 电气系统及设备安全 ………………………………………… 146

5.4.1 电气系统安全 ……………………………………………… 146

5.4.2 变配电（站）装备安全 …………………………………… 147

5.5 电气防火防爆基础知识 ……………………………………… 151

5.5.1 电气火灾与爆炸的定义 …………………………………… 151

5.5.2 电气火灾与爆炸的起因 …………………………………… 151

5.5.3 电气火灾与爆炸的特点 …………………………………… 153

　　　5.5.4　电气防火防爆措施 ……………………………………… 153
　　复习思考题…………………………………………………………… 155

6　电击危害与防护技术 …………………………………………… 156
　　6.1　触电危害 ……………………………………………………… 156
　　　6.1.1　触电伤害影响因素 ………………………………… 156
　　　6.1.2　防触电安全措施 …………………………………… 162
　　　6.1.3　触电事故的现场急救 ……………………………… 168
　　6.2　直接接触电击防护 ……………………………………… 169
　　　6.2.1　绝缘 …………………………………………………… 169
　　　6.2.2　屏护与间距 …………………………………………… 175
　　　6.2.3　安全电压 ……………………………………………… 178
　　6.3　间接接触电击防护 ……………………………………… 178
　　　6.3.1　地和接地 ……………………………………………… 179
　　　6.3.2　IT 系统 ………………………………………………… 182
　　　6.3.3　TT 系统 ……………………………………………… 187
　　　6.3.4　TN 系统 ……………………………………………… 188
　　复习思考题…………………………………………………………… 193

7　静电、雷电、电磁辐射的危害及防护 ………………………… 194
　　7.1　静电危害与防护技术 …………………………………… 194
　　　7.1.1　静电的分类、产生与积聚 ………………………… 194
　　　7.1.2　静电的消散 ………………………………………… 200
　　　7.1.3　物体静电参数、测量和影响因素 ………………… 201
　　　7.1.4　静电引起的故障和灾害 …………………………… 203
　　　7.1.5　静电防护措施 ……………………………………… 206
　　7.2　雷电危害与防护技术 …………………………………… 212
　　　7.2.1　雷击的种类及危害 ………………………………… 212
　　　7.2.2　防雷建筑物分类 …………………………………… 215
　　　7.2.3　防雷装置的认识 …………………………………… 216
　　　7.2.4　防雷技术措施 ……………………………………… 227
　　7.3　电磁辐射防护技术 ……………………………………… 231
　　　7.3.1　电磁辐射的概念 …………………………………… 231
　　　7.3.2　电磁辐射的防护 …………………………………… 235
　　复习思考题…………………………………………………………… 241

8　电气防火与防爆安全技术 …………………………………… 242
　　8.1　电气火灾与爆炸的成因与条件 ………………………… 242
　　　8.1.1　电气火灾与爆炸的定义与条件 …………………… 242

8.1.2　电气火灾爆炸危险场所的划分 ……………………………………… 246

8.2　电气防火与防爆的一般要求 …………………………………… 252

8.2.1　电气线路的防火与防爆 ………………………………………… 252

8.2.2　变、配电所的防火与防爆 ……………………………………… 255

8.2.3　动力、照明及电热系统的防火与防爆 ………………………… 257

8.3　电气火灾与爆炸的预防措施 …………………………………… 261

8.3.1　电气设备的合理布置 …………………………………………… 261

8.3.2　爆炸危险区域的接地要求 ……………………………………… 262

8.3.3　安全供电与通风要求 …………………………………………… 263

8.4　电气火灾灭火要求 ……………………………………………… 264

8.4.1　灭火过程中触电危险及预防 …………………………………… 264

8.4.2　带电灭火安全要求 ……………………………………………… 265

8.4.3　充油电气设备的灭火 …………………………………………… 265

8.5　防爆电气设备及其选择 ………………………………………… 266

8.5.1　防爆电气设备的分类与标志 …………………………………… 266

8.5.2　防爆型电气设备的选用 ………………………………………… 269

复习思考题 …………………………………………………………… 272

参考文献 ……………………………………………………………… 273

1 机械安全基础知识

本章学习要点：

（1）了解机械产品主要类别及其组成结构和规律，理解机械安全的概念及机械安全设计的内涵。

（2）熟悉机械使用的各种状态，掌握机械在不同状态下存在的危险、有害因素。

（3）通过理解机械危险伤害实质及机理，熟悉并掌握机械危险伤害形式。

（4）了解机械在设计阶段应考虑的安全技术措施及要求。

（5）掌握安全防护装置概念及分类，熟悉安全防护装置如何选用，并掌握其设置原则和技术要求。

1.1 机械安全概述

机器是人类进行生产以减轻体力劳动和提高劳动生产率的主要工具，它在给人们带来高效、快捷、方便的同时，也带来了不安全因素。频频发生的机械伤害事故，使人们的生命和财产安全都遭受巨大损失，因此机械安全问题引起了全社会的广泛关注。

机械安全是指从人的安全需要出发，在使用机械的全过程的各种状态下，达到使人的身心免受外界因素危害的存在状态和保障条件。机械安全是由组成机械的各部分及整机的安全状态、使用机械的人的安全以及由机器和人的和谐关系来保证的。

机械安全包括设计、制造、安装、调整、使用、维修、拆卸等各阶段的安全。安全设计可最大限度地减小风险。机械安全设计是指在机械设计阶段，从零件材料到零部件的合理形状和相对位置，从限制操纵力、运动件的质量和速度到减少噪声和振动，采用本质安全技术与动力源，应用零部件间的强制机械作用原理，结合人机工程学原则等多项措施，通过选用适当的设计结构，尽可能避免或减少危险；也可以通过提高设备的可靠性、操作机械化或自动化以及实行在危险区之外的调整、维修等措施，避免或减少危险。

1.1.1 机械产品主要类别

机械设备由驱动装置、变速装置、传动装置、工作装置、制动装置、防护装置、润滑系统和冷却系统等部分组成。

机械行业的主要产品包括以下 12 类：

（1）农业机械。农业机械包括拖拉机、播种机、收割机械等。

（2）重型矿山机械。重型矿山机械包括冶金机械、矿山机械、起重机械、装卸机械、工矿车辆、水泥设备等。

（3）工程机械。工程机械包括叉车、铲土运输机械、压实机械、混凝土机械等。

（4）石油化工通用机械。石油化工通用机械包括石油钻采机械、炼油机械、化工机械、泵、风机、阀门、气体压缩机、制冷空调机械、造纸机械、印刷机械、塑料加工机械、制药机械等。

（5）电工机械。电工机械包括发电机械、变压器、电动机、高低压开关、电线电缆、蓄电池、电焊机、家用电器等。

（6）机床。机床包括金属切削机床、锻压机械、铸造机械、木工机械等。

（7）汽车。汽车包括载货汽车、公路客车、轿车、改装汽车、摩托车等。

（8）仪器仪表。仪器仪表包括自动化仪表、电工仪器仪表、光学仪器、成分分析仪、汽车仪器仪表、电料装备、电教设备、照相机等。

（9）基础机械。基础机械包括轴承、液压件、密封件、粉末冶金制品、标准紧固件、工业链条、齿轮、模具等。

（10）包装机械。包装机械包括包装机、装箱机、输送机等。

（11）环保机械。环保机械包括水污染防治设备、大气污染防治设备、固体废物处理设备等。

（12）其他机械。非机械行业的主要产品包括铁道机械、建筑机械、纺织机械、轻工机械、船舶机械等。

1.1.2　机械的组成

机械是由若干相互联系的零部件按一定规律装配起来，能够实现一定功能的装置。机械设备在运行中，至少有一部分按一定的规律做相对运动。

机械的种类繁多，形状大小差别很大，应用目的也各不相同。机械组成的一般规律是：由原动机将各种形式的动力能变为机械能输入，经过传动机构转换为适宜的力或速度后传递给执行机构，通过执行机构与物料直接作用，完成作业或服务任务，而组成机械的各部分借助支承装置连接成一个整体，其组成结构如图1-1所示。

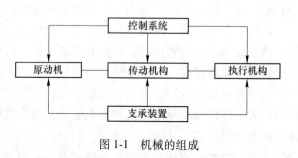

图1-1　机械的组成

（1）原动机。原动机是提供机械工作运动的动力源。常用的原动机有电动机、内燃机、人力（常用于轻小设备或工具，或作为特殊场合的辅助动力）等。

（2）执行机构。执行机构是通过刀具或其他器具与物料的相对运动或直接作用来改变物料的形状、尺寸、状态或位置的机构。机械的应用目的主要是通过执行机构来实现，机械种类不同，其执行机构的结构和工作原理就不同。执行机构是一台机械区别于另一台机械的最有特性的部分。执行机构及其周围区域是操作者进行作业的主要区域，称为操作区。

（3）传动机构。传动机构是用来将原动机和工作机构联系起来，传递运动和力（力矩）或改变运动形式的机构。一般情况是将原动机的高转速、小扭矩，转换成执行机构需要的较低速度和较大的力（力矩）。常见的传动机构有齿轮传动、带传动、链传动、曲柄连杆机构等。传动机构包括除执行机构之外的绝大部分可运动零部件。机械不同，传动机构可以相同或类似，传动机构是各种不同机械具有共性的部分。

一般情况下，传动机构和执行机构集中了机械上几乎所有的可动零部件。它们种类众多、运动各异、形状复杂、尺寸不一，是机械的危险区。但二者又有区别：传动机构不与作业对象直接作用，无需操作者频繁接触，常用各种防护装置隔离或封装起来；执行机构直接与作业对象作用，并需要人员不断介入，因此操作区成为机械伤害的高发区、安全防护的重点和难点。

（4）控制操纵系统。机械为满足功能不断增强、精确度不断提高的要求，除由以上三个基本部分组成外，还会不同程度地增加控制系统和辅助系统等。

控制系统是用来控制机器的运动及状态的系统，如机器的启动、制动、换向、调速、压力、温度、速度等。它包括各种操纵器和显示器。人通过操纵器来控制机器；显示器把机器的运行情况适时反馈给人，以便及时、准确地控制和调整机器的状态，以保证作业任务的顺利进行并防止事故发生。控制操纵系统是人机接口处，安全人机工程学要求在这里得到集中体现。

以汽车为例，发动机是汽车的原动机，离合器、变速箱、传动轴和差速器等组成传动部分，车轮、底盘（包括车身）及悬挂系统是执行部分，转向盘和转向系统、排挡杆、刹车及其踏板、离合器踏板及油门组成控制系统，后视镜、车门锁、刮雨器等为辅助装置。

（5）支承装置。支承装置是用来连接、支承机械的各个组成部分，承受工作外载荷和整个机械重量的装置。它是机械的基础部分，分固定式和移动式两类。固定式与地基相连（如机床的基座、床身、导轨、立柱等）；移动式可带动整个机械相对地面运动（如可移动机械的金属结构、机架等）。支承装置的变形、振动和稳定性不仅影响加工质量，还直接关系到作业的安全。

机械在规定的使用条件下执行其功能的过程中，以及在运输、安装、调整、维修、拆卸和处理时，可能对人员造成损伤或对健康造成危害。这种伤害在机械使用的任何阶段和任何状态下都有可能发生。

机械是现代生产和生活中必不可少的装备。机械在给人们带来高效、快捷和方便的同时，在其制造及运行、使用过程中，也会带来撞击、挤压、切割等机械伤害和触电、噪声、高温等非机械危害。

1.2　机械伤害类型

1.2.1　各种状态下的机械安全

（1）正常工作状态。机械完好时，其在完成预定功能的正常运转过程中，存在着各种不可避免的但却是执行预定功能所必须具备的运动要素，有些可能产生危害。例如，大量形状各异的零部件的相互运动、刀具锋刃的切削、起吊重物、机械运转的噪声等，在机械正常工作状态下就存在着碰撞、切割、重物坠落、使环境恶化等对人身安全不利的危险因素。对这些在机器正常工作时产生危险的某种功能，人们称为危险的机械功能。

（2）非正常工作状态。非正常工作状态是指在机械运转过程中，由于各种原因（可能是人员的操作失误，也可能是动力突然丧失或来自外界的干扰等）引起的意外状态。例如，意外启动、运动或速度变化失控，外界磁场干扰使信号失灵，瞬时大风造成起重机倾覆倒地等。机械的非正常工作状态往往没有先兆，会直接导致或轻或重的事故危害。

（3）故障状态。故障状态是指机械设备（系统）或零部件丧失了规定功能的状态。设备的故障，哪怕是局部故障，有时都会造成整个设备的停转，甚至整个流水线、整个自动化车间的停产，给企业带来经济损失。而故障对安全的影响可能会有两种结果。有些故障的出现，对所涉及的安全功能影响很小，不会出现大的危险。例如，当机器的动力源或某零部件发生故障时，使机械停止运转，处于故障保护状态。有些故障的出现，会导致某种危险状态。例如，由于电气开关故障，会产生不能停机的危险；由于砂轮轴的断裂，会出现砂轮飞甩的危险；速度或压力控制系统出现故障，会导致速度或压力失控的危险等。

（4）非工作状态。机器停止运转处于静止状态时，在正常情况下，机械基本是安全的，但不排除由于环境照度不够，导致人员与机械悬凸结构的碰撞、结构垮塌、室外机械在风力作用下的滑移或倾覆及堆放的易燃易爆原材料的燃烧爆炸等。

（5）检修保养状态。检修保养状态是指对机械进行维护和修理作业时（包括保养、修理、改装、翻建、检查、状态监控和防腐润滑等）机械的状态。尽管检修保养一般在停机状态下进行，但其作业的特殊性往往迫使检修人员采用一些超常规的做法。例如，攀高、钻坑、将安全装置短路、进入正常操作不允许进入的危险区等，使维护或修理容易出现在正常操作时不存在的危险。

在机械使用的各个环节、机械的不同状态都有危险因素存在，既可在机械预定使用期间经常存在（危险运动件的运动，焊接时的电弧等），也可能意外地出现，使人员不得不面临受到这样或那样伤害的风险。人们把使人面临损伤或危害健康风险的机械内部或周围的某一区域称为危险区。

1.2.2　机械的危险因素

机械危险是指由于机器零件、工具、工件或飞溅的固体、流体物质的机械作用可能产生伤害的各种物质因素的总称。机械的危险因素包括以下几种类型：

（1）静止的危险。静止的危险是指机械设备处于静止状态时存在的危险。当人接触或与静止机械设备做相对运动时可能引起的危险。如切削刀具的刀刃；机械加工设备突出较长的机械部分，如设备表面的螺栓、吊钩、手柄等；毛坯、工具和设备边缘锋利飞边与表面粗糙部分，如毛刺、锐角、毛边等；引起滑跌、坠落的工作平台。

（2）直线运动的危险。直线运动的危险指作直线运动的机械所引起的危险。又可分为接近式的危险和经过式的危险。

1）接近式的危险。机械进行往复的直线运动时，若人处在机械直线运动的正前方而未躲让，将受到运动机械的撞击或挤压。纵向运动的构件，如龙门刨床的工作台、牛头刨床的滑枕和外圆磨床的往复工作台。图1-2是牛头刨床危险区举例。横向运动的构件，如升降台铣床的工作台。

2）经过式的危险。经过式的危险是指人体经过运动中的部件引起的危险。包括：单纯作直线运动部位，如运转中的带链、冲模，如图1-3所示；作直线运动的凸起部分，如

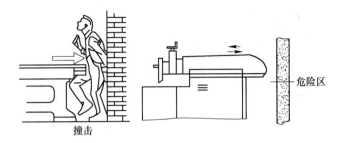

图 1-2   牛头刨床的危险区

运动时的金属接头；运动部位和静止部位的组合，如工作台与底座的组合，压力机的滑块与模具；作直线运动的刃物，如牛头刨床的刨刀、带锯床的带锯。

（3）旋转运动的危险。旋转运动的危险指人体或衣服卷进旋转机械部位引起的危险。包括以下几种：

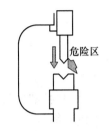

图 1-3   经过式的危险举例

1）单独旋转运动机械部件中的危险，如主轴、连接器、芯轴、卡盘、丝杠、圆形心轴，单独旋转的机械部件以及磨削砂轮、各种切削刀具如铣刀、锯片等加工刀具，如图 1-4 所示。

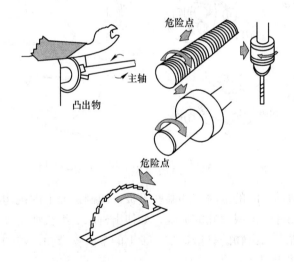

图 1-4   单独旋转危险部位

2）旋转运动中两个机械部件间的危险，如朝相反方向旋转的两个轧辊之间、相互啮合的齿轮，如图 1-5 所示。

3）旋转机械部件与固定构件间的危险，如砂轮与砂轮支架之间、辐条手轮或飞轮和机床床身之间、旋转螺杆与壳体之间、旋转搅拌机和无保护开口装置与搅拌机外壳之间等，如图 1-6 所示。

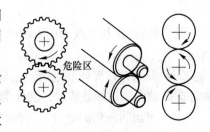

图 1-5   两个旋转部件的危险部位

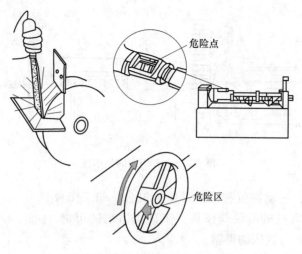

图 1-6　旋转部件与固定构件间的危险部位

4）旋转机械部件与直线运动部件间的危险，如皮带与皮带轮、链条与链轮、齿条与齿轮、滑轮与绳索间、卷扬机绞筒、绞盘等，如图 1-7 所示。

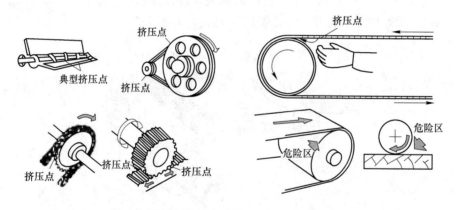

图 1-7　旋转部件与直线运动部件间的危险部位

5）旋转部件与滑动之间的危险，如某些平板、印刷机面上的机构、纺织机床等。

6）旋转运动加工件打击或绞轧的危险，如伸出机床的细长加工件。

7）旋转运动部件上凸出物的打击，如皮带上的金属皮带扣，转轴上的键、定位螺钉、联轴器连接螺栓等，如图 1-8 所示。

8）旋转零部件孔洞处的危险，如风扇、叶片、带辐条的滑轮、齿轮和飞轮等，如图 1-9 所示。

9）旋转运动和直线运动引起的复合运动，如凸轮传动机构、连杆和曲轴，如图 1-10 所示。

（4）振动部件夹住的危险。振动部件夹住的危险是指机械的一些振动部件结构，如振动体的振动引起被振动体部件夹住的危险。

（5）飞出物击伤的危险。飞出物击伤的危险包括如下几种：

1）飞出的刀具或机械部件，如未夹紧的刀片、紧固不牢的接头、破碎的砂轮片等。

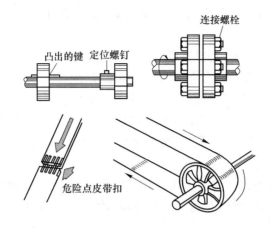

图 1-8 旋转部件上凸出物危险

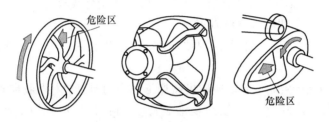

图 1-9 孔洞部分的危险部位

2）飞出的切屑或工件，如连续排出或破碎而飞散的切屑、锻造加工中飞出的工件。

3）铸造中飞溅的铁水等。

1.2.3 机械的有害因素

（1）电气危险。电气危险的主要形式是电击、燃烧和爆炸。其产生条件可以是人体与带电体的直接接触；人体接近带高压电体；带电体绝缘不充分而产生漏电、静电现象；短路或过载引起的熔化粒子喷射热辐射和化学效应。

（2）温度危险。一般将 29℃ 以上的温度称为高温，−18℃ 以下的温度称为低温。

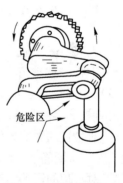

图 1-10 旋转运动和直线运动的组合

1）高温对人体的危害有高温烧伤、烫伤，高温生理反应等。

2）低温可导致冻伤和低温生理反应。

3）高温可引起燃烧或爆炸。

温度危险产生的条件有：环境温度、热源辐射或接触高温物（材料、火焰或爆炸物）等。

（3）噪声危险。噪声产生的原因主要有机械噪声、电磁噪声和空气动力噪声。其造成的危害有以下几种：

1）对听觉的影响。根据噪声的强弱和作用时间不同，可造成耳鸣、听力下降、永久性听力损失，甚至耳聋等。

2）对生理、心理的影响。通常 90dB（A）以上的噪声对神经系统、心血管系统等都有明显的影响；低噪声，会使人产生厌烦、精神压抑等不良心理反应。

3）干扰语言通信和听觉信号而引发其他危险，如失去平衡、知觉的影响。

（4）振动危险。振动对人体可造成生理和心理的影响，造成损伤和病变。最严重的振动（或长时间不太严重的振动）可能造成生理严重失调，如血脉失调、神经失调、骨关节失调、腰痛和坐骨神经痛等。

（5）辐射危险。辐射的危险是杀伤人体细胞和机体内部的组织，轻者会引起各种病变，重者会导致死亡。把产生辐射危险的各种辐射源（离子化或非离子化）归为以下几个方面：

1）电波辐射。低频辐射、无线电射频辐射和微波辐射。

2）光波辐射。主要有红外线辐射、可见光辐射和紫外线辐射。

3）射线辐射。X 射线和 γ 射线辐射。

4）粒子辐射。主要有 α、β 粒子射线辐射、电子束辐射、离子束辐射和中子辐射等。

5）激光辐射。

（6）材料和物质产生的危险。使用机械加工过程的所有材料和物质都应考虑在内。例如：构成机械设备、设施自身（包括装饰装修）的各种物料；加工使用、处理的物料（包括原材料、燃料、辅料、催化剂、半成品和产成品）；剩余和排出物料，即生产过程中产生、排放和废弃的物料（包括气、液、固态物料）。一般来讲材料和物质产生的危险为：

1）接触或吸入有害物（如有毒、腐蚀性或刺激性的液、气、雾、烟和粉尘）所导致的危险。

2）火灾与爆炸危险。

3）生物（如霉菌）和微生物（如病毒或细菌）危险。

（7）未履行安全人机学原则而产生的危险。由于机械设计或环境条件不符合安全人机学原则的要求，存在与人的生理或心理特征、能力不协调之处，可能会产生以下危险：

1）对生理的影响。负荷（体力负荷、听力负荷、视力负荷及其他负荷等）超过人的生理范围，长期静态或动态型操作姿势、劳动强度过大或过分用力所导致的危险。

2）对心理的影响。对机械进行操作、监视或维护而造成精神负担过重或准备不足、紧张等而产生的危险。

3）对人操作的影响。表现为操作偏差或失误而导致的危险等。

1.2.4 机械危险伤害形式和机理

1.2.4.1 机械危险与机械能

机械危险的伤害实质，是机械能（动能和势能）的非正常做功、流动或转化，导致对人员的接触性伤害。

（1）动能。动能是指物体由于做机械运动而具有的能量。

1）单纯移动机械零件的动能可用下式计算：

$$T = \frac{1}{2}mv^2 \tag{1-1}$$

式中　　m——机械零件的质量，kg；

　　　　v——机械零件的速度，m/s。

　　2）绕定轴单纯转动机械零件的动能可用下式计算：

$$T = \frac{1}{2}J\omega^2 \tag{1-2}$$

式中　　J——机械零件的转动惯量，kg·m^2；

　　　　ω——机械零件的转动角速度，rad/s。

　　3）机械上既移动又转动、做复杂运动的机械零件，其总动能可用下式计算：

$$T = \frac{1}{2}m_c v_c^2 + \frac{1}{2}J_c\omega^2 \tag{1-3}$$

式中　　v_c——机械零件质心的速度，m/s；

　　　　J_c——机械零件对通过质心且垂直于运动平面的轴的转动惯量，kg·m^2。

　　（2）势能。势能亦称位能，指物质系统由于各物体之间（或物体内各部分之间）存在相互作用而具有的能量。可分为引力势能（在重力场中也称重力势能）、弹性势能等。系统的势能由各物体的相对位置决定。

　　1）重力势能取决于位置的高度差，可用下式计算：

$$V = mgh \tag{1-4}$$

式中　　g——重力加速度，m/s^2；

　　　　h——物体离坠落地的高度，m。

　　2）弹性势能因物体发生形变而产生。以弹簧为例，其弹性势能用下式计算：

$$V = \frac{1}{2}k(r_0 - r)^2 \tag{1-5}$$

式中　　k——弹簧的弹性力，N/m；

　　r_0，r——分别为弹性体的弹簧变形前原长及变形后的长度，m。

　　物体的动能和势能可通过力的做功实现相互转化。无论机械危险以何种形式存在，总是与质量、速度、运动形式、位置和相互作用力等物理量有关。

1.2.4.2 机械危险伤害形式

　　机械危险的主要伤害形式有夹挤、碾压、剪切、切割、缠绕或卷入、戳扎或刺伤、摩擦或磨损、飞出物打击、高压流体喷射、碰撞和跌落等，其基本形式有以下几种：

　　（1）卷绕和绞缠。引起这类伤害的是做回转运动的机械部件（如轴类零件），包括联轴节、主轴、丝杠等，回转件上的凸出物和开口，例如轴上的凸出键、调整螺栓或销、圆轮形状零件（链轮、齿轮、胶带轮）的轮辐、手轮上的手柄等，在运动情况下，将人的头发、饰物（如项链）、肥大衣袖或下摆卷缠引起的伤害。

　　（2）卷入和碾压。引起这类伤害的主要危险是相互配合的运动副，例如相互啮合的齿轮之间以及齿轮与齿条之间，胶带与胶带轮、链与链轮进入啮合部位的夹紧点，两个作相对回转运动的辊子之间的夹口等所引发的卷入；滚动的旋转件引发的碾压，例如轮子与轨道、车轮与路面等。

（3）挤压和咬入。这种伤害是在两个零部件之间产生的，其中一个或两个是运动零部件。这时人体的四肢被卷进两个部件的接触处，如图 1-11 所示。

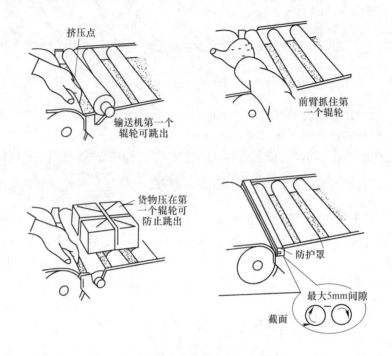

图 1-11　挤压和咬入示意图

1）挤压。典型的挤压伤害是来自于压力加工机械。当压力机滑头下落时，如人手正在安放工件或调整模具，就会受伤。这种危险不一定两个部件完全解除，只要距离很近，四肢就可能受挤压。除直线运动部件外，人手还可能在螺旋输送机、塑料注射成型机中受挤压。如果安装距离过近或操作不当，如在转动阀门的平轮或关闭防护罩时会受挤压。

2）咬入。典型的咬入点（也可叫挤压点）是啮合的明齿轮、皮带与皮带轮、链与链轮、两个反方向转动的轧辊。一般是两个运动部件直接接触，将人的四肢卷进运动中的咬入点。

（4）飞出物打击。由于发生断裂、松动、脱落或弹性位能等机械能释放，使失控的物件飞甩或反弹出去，对人造成伤害。例如：轴的破坏引起装配在其上的胶带轮、飞轮、齿轮或其他运动零部件坠落或飞出；螺栓的松动或脱落引起被其紧固的运动零部件脱落或飞出；高速运动的零件破裂碎块甩出；切削废屑的崩甩等。另外，弹性元件的位能引起的弹射有弹簧、皮带等的断裂；在压力、真空下的液体或气体位能引起的高压流体喷射等。

（5）物体坠落打击。处于高位置的物体具有势能，当它们意外坠落时，势能转化为动能，造成伤害。例如：高处掉下的零件、工具或其他物体（哪怕是很小的）；悬挂物体的吊挂零件破坏或夹具夹持不牢引起物体坠落；由于质量分布不均衡，重心不稳，在外力作用下发生倾翻、滚落；运动部件运行超行程脱轨导致的伤害等。

（6）切割和擦伤。切削刀具的锋刃，零件表面的毛刺，工件或废屑的锋利飞边，机械设备的尖棱、利角和锐边；粗糙的表面（如砂轮、毛坯）等，无论物体的状态是运动的还是静止的，这些由于形状产生的危险都会构成伤害。

（7）碰撞和剐蹭。机械结构上的凸出、悬挂部分（例如起重机的支腿、吊杆，机床的手柄等），长、大加工件伸出机床的部分等，这些物件无论是静止的还是运动的，都可能产生危险。

（8）跌倒、坠落。由于地面堆物无序或地面凸凹不平导致的磕绊跌伤，接触面摩擦力过小（光滑、油污、冰雪等）造成打滑、跌倒。假如由于跌倒引起二次伤害，那么后果将会更严重。例如：人从高处失足坠落，误踏入坑井坠落；电梯悬挂装置破坏，轿厢超速下行，撞击坑底对人员造成的伤害。

机械危险大多表现为人员与可运动物件的接触伤害，各种形式的机械危险与其他非机械危险往往交织在一起。在进行危险识别时，应该从机械系统的整体出发，考虑机械的不同状态、同一危险的不同表现方式、不同危险因素之间的联系和作用，以及显现或潜在的不同形态等。

1.3 机械安全要求与防护

机械设备在规定的整个使用期内，不得发生由于机械设备自身缺陷所引起的各类危及人身安全的事故以及对健康造成的职业损害。

1.3.1 机械安全要求

实现机械预定功能的设计不能避免、限制或充分减小的某些风险，在利用机械进行生产活动的过程中，特别是在各个生产要素处于动态作用的情况下，可能对人员造成伤害事故和职业危害。因此，在机械的设计阶段就应加以考虑，不是为了加强机械预定生产功能，而是从人的安全需要出发，针对防止危险导致的伤害而采用一些技术措施或增加配套设施，特别是对一些危险性较大的机械设备以及事故频繁发生的机械部位，更要进行专门的研究。

（1）合理的机械结构形式。机械设备的结构形式一定要与其执行的预定功能相适宜，不能因结构设计不合理而造成机械正常运行时的障碍、卡塞或松脱；不能因元件或软件的瑕疵而引起微机数据的丢失或死机；不能发生任何能够预测到的与机械设备的设计不合理有关的事件。

（2）提高可靠性和足够的抗破坏能力。可靠性是指机械或其零部件在规定的使用条件下和规定期限内，执行规定功能而不出现故障的能力。传统机械设计只按产品的性能指标进行设计，而可靠性设计除要保证性能指标外，还要保证产品的可靠性指标，即产品的无故障性、耐久性、维修性、可用性和经济性等，可靠性是体现产品耐用和可靠程度的一种性能，与安全有直接关系。

机械的各受力零部件及其连接，应满足完成预定最大载荷的足够强度、刚度和构件稳定性，在正常作业期间不应发生由于应力或工作循环次数产生断裂破碎或疲劳破坏、过度变形或垮塌；还必须考虑在此前提下机械设备的整体抗倾覆或防风抗滑的稳定性，特别是那些由于有预期载荷作用或自身质量分布不均的机械及那些可在轨道或路面行驶的机械，应保证在运输、运行、振动或有外力作用下不致发生倾覆，防止由于运行失控而产生不应有的位移。

（3）对使用环境具有足够的适应能力。机械设备必须对其使用环境（如温度、湿度、气压、雨雪、振动、负载、静电、磁场、电场、辐射、粉尘、微生物、动物、腐蚀介质等）具有足够的适应能力，特别是抗腐蚀或空蚀、耐老化磨损、抗干扰的能力，不致由于电气元件产生绝缘破坏而导致控制系统零部件临时或永久失效，或由于物理性、化学性、生物性的影响而造成事故。

（4）不得产生超标的有害物质。应采用对人无害的材料和物质（包括机械自身的各种材料、加工原材料、中间或最终产品、添加物、润滑剂、清洗剂，以及与工作介质或环境介质反应的生成物及废弃物）。对不可避免的毒害物（例如粉尘、有毒物、辐射、放射性、腐蚀等），应在设计时考虑采取密闭、排放（或吸收）、隔离、净化等措施。在人员合理暴露的场所，其成分、浓度应低于产品安全卫生标准的规定，不得构成对人体健康的危害，也不得对环境造成污染。

机械产生的噪声、振动、过高和过低温度等指标，都必须控制在低于产品安全标准中规定的允许指标，防止对人的心理及生理造成危害。

有可燃气体、液体、蒸汽、粉尘或其他易燃易爆或发火性物质的机械生产设备，应在设计时考虑防止"跑、冒、滴、漏"，根据具体情况配置监测报警、防爆泄压装置及消防安全设施，避免或消除摩擦撞击、电火花和静电积聚等，防止由此造成的火灾或爆炸危险。

（5）可靠有效的安全防护。任何机械都有这样那样的危险，当机械设备投入使用时，生产对象（各种物料）、环境条件以及操作人员处于动态结合情况下的危险性就更大。只要存在危险，即使操作者受过良好的技术培训和安全教育，有完善的规程，也不能完全避免发生机械伤害事故的风险。因此，必须建立可靠的物质屏障，即在机械上配置一种或多种专门用于保护人的安全的防护装置、安全装置或采取其他安全措施。当设备或操作的某些环节出现问题时，靠机械自身的各种安全技术措施避免事故的发生，保障人员和设备安全。危险性大或事故率高的生产设备，必须在出厂时配备好安全防护装置。

（6）履行安全人机学的要求。人机界面是指在机器上人、机进行信息交流和相互作用的界面。显示装置、控制（操纵）装置、人的作业空间和位置以及作业环境，是人机要求集中体现之处，应满足人体测量参数、人体的结构特性和机能特性、生理和心理条件，合乎卫生要求。其目的是保证人能安全、准确、高效、舒适地工作，减少差错，避免危险。

（7）维修的安全性。机械的可维修性是指机械出现故障后，在规定的条件下，按规定程序或手段实施维修，可以保持或恢复其执行预定功能状态。设备的故障会造成机械预定功能丧失，给工作带来损失，而危险故障还会引发事故。从这个意义上讲，解决了危险故障，恢复安全功能，就等于消除了安全隐患。

维修作业的安全是十分重要的，在按规定程序实施维修时，应能保证人员的安全。由于维修作业是不同于正常操作的特殊作业，往往采用一些超常规的做法，如移开防护装置，或是使安全装置不起作用。为了避免或减少维修伤害事故，应在控制系统中设置维修操作模式；从检查和维修角度，在结构设计上应考虑内部零件的可接近性；必要时，应随设备提供专用检查、维修工具或装置；在较笨重的零部件上，还应考虑方便吊装的设计。

1.3.2 安全防护装置

1.3.2.1 安全防护装置分类

安全防护是通过采用安全装置、防护装置或其他手段,对一些机械危险进行预防的安全技术措施,其目的是防止机械在运行时产生各种对人员的接触伤害。

防护装置和安全装置统称为安全防护装置。安全防护的重点是机械的传动部分、操作区、高处作业区、机械的其他运动部分、移动机械的移动区域,以及某些机器由于特殊危险形式需要采取的特殊防护等。采用何种手段防护,应根据对具体机械进行风险评价的结果来决定。

安全防护常常采用安全装置和防护装置两种方式。

(1)安全装置。安全装置是通过自身的结构功能限制或防止机械的某种危险,或限制运动速度、压力等危险因素的用于消除或减小机械伤害风险的单一装置或与防护装置联用的保护装置。按其使用功能分为安全保护装置和安全控制装置。安全保护装置是用来防止机械危险部位引起伤害的安全装置,是在操作者一旦进入危险工作状态时,能直接对操作者进行人身安全保护的机械,一般指配备在生产设备上起保障人员和设备安全作用的所有附属装置。安全控制装置有两种:一种是在操作者一旦进入危险区时,控制装置对制动器进行控制,使机械停止运转;另一种是控制装置本身创造人手不可能进入危险区的条件,如双手操纵装置。安全控制装置本身并不直接参与人身保护动作。

按具体功能分类,安全装置包括以下几种:

1)连续监测和自动控制装置。这是指监测器和控制系统相结合的装置,用来保持预定的安全水平。这种装置能连续监测有毒、有害、易燃、易爆气体、粉尘、温度、压力、振动、噪声等有害因素。监测的参数超过限定值以前就能确定危险性水平并有足够的时间采取行动,如进行调整。当监测的参数超过规定值后,监测装置自动驱动控制装置以降低危险性水平,如驱动排风机进行通风,降低有害物浓度,或切断设备电源,停止加料或停机等。

2)联锁装置。这是一种与操纵器联动的安全装置,用来确保操作者在接近危险点时的安全。联锁安全装置的作用原理是:预防罩打开,机械立即停止运行;预防罩关上,机械才能启动。联锁安全装置有多种形式,可采取机械的、电气的、液压的、气动的或组合的形式。但必须可靠,有抗干扰能力,并具有自动防止故障的能力。在设计联锁装置时,必须使其在发生任何故障时,都不使人暴露在危险之中。联锁装置大多用于传动机构、旋转部件、压力机等。

联锁装置又包括以下各类:

①直接手动开关或阀联锁开关。这种联锁装置是除非关上防护罩,控制电源的开关或阀不能操作,当开关处于运转状态位置时,防护罩打不开。

②机械联锁装置。机械联锁装置是将传动装置直接与防护罩联动。最常用的是机械压力机使用的推手式安全装置。

③利用凸轮操纵的限位开关。它是通用、有效而且难以损坏的联锁装置。限位开关可以由旋转运动来控制门式防护罩,如图1-12所示。也可以由直线运动控制限位开关来控制滑动防护罩,如图1-13所示。

这两种情况的关键特性是在安全操作位置时，开关是松开的，即开关的塞柱没有压紧，使开关电源接通。当防护罩打开时，即从安全位置位移后，开关塞柱受压，操作器跳闸而使机械停止运转。图 1-13 中（a）反向操作的开关方式是不可取的，应按正向开关操作。但是对某些高危险点，

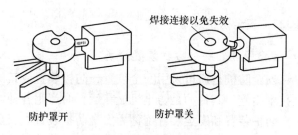

图 1-12 凸轮控制防护罩的限位开关

建议采用正向和反向开关相结合的方式，而且可以安装一个限位开关故障监测电路，如图 1-14 所示。

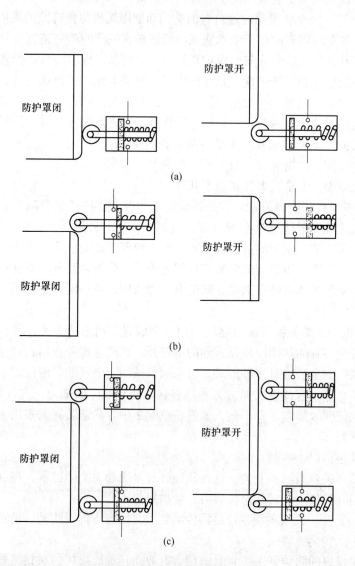

图 1-13 滑动防护罩的限位开关
（a）"正常开"开关反向操作式；（b）"正常开"开关正向操作式；（c）正反向组合式开关

　　在联锁装置中选用合适的电开关是重要的，限位开关必须正向通断，并有自动防止故障的特性，在接触的电路中能通过最大的电流，即图 1-14 中所示出的线路图：不允许使用依靠片簧弯曲接触的通断原理的小型开关（电灯开关）。

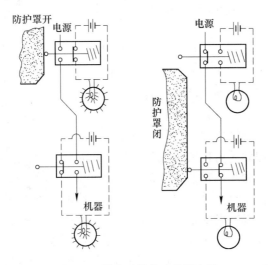

图 1-14　限位开关故障监测电路

　　④限制钥匙联锁装置（钥匙交换系统）。这种装置的工作原理（见图 1-15）是必须先用钥匙打开钥匙箱切断控制机械主开关的电源后才能打开各个防护罩的钥匙。除非所有防护罩的钥匙都放回主钥匙箱，否则主开关不能接通。每个钥匙只能使某一个防护罩打开，然后才能进入机械，当检查完毕，防护罩锁上。

　　⑤受控钥匙联锁装置。该联锁装置是一种电开关和机械闭锁装置结合在一起的简单组合件。通常钥匙附在可动式防护罩上，当防护罩关上时，钥匙对准开关的心轴。转动钥匙将防护罩关上，继续转动开关，启动电开关接通安全线路。图 1-16 是时间延期释放装置的受控钥匙联锁装置示意图。

　　⑥带有启动磁铁的电磁开关。它是一种装在防护罩上的联锁装置，其缺点是容易损坏，但是多年来已使用一定形状的磁铁。不允许使用标准的簧片开关，除非装上自动防止故障并有限制电流增长的装置。簧片开关常常可加以封闭并用于易燃性环境。还有一种开关的原理是运用感应电流。

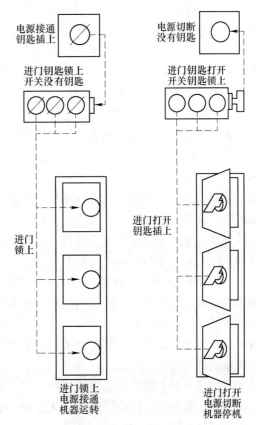

图 1-15　钥匙交换联锁装置原理图

⑦延时开关。当防护的机械有比较大的惯性时，切断电源或松开离合器后要经过相当一段时间才能停机，这种情况需要用延时装置。一般是一种机电装置，当需停机时，制动装置首先使机械跳闸，松开离合器，但机械还可运转一个循环或相当一段距离，防护罩才能打开，这时需要一个延时限位开关。这种装置一般用在机械压力机，如家用电器中洗衣机的脱水桶。线圈作用的止动栓连同使机械操纵器和跳闸电路同时启动的延时电路一起使用。

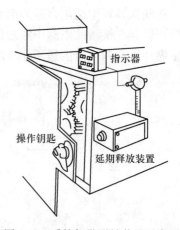

图 1-16　受控钥匙联锁装置示意图

⑧机械障碍物。有些机械压力机还可以使用机械障碍物以保护操作工将手伸到压力机的滑块和模具中间时免遭意外压伤。这种障碍物与防护装置连接在一起，每当防护罩打开时障碍物自动放在适当位置，防止滑块下落到底。

⑨自动防护装置。当机械启动后，这种装置能自动关上防护罩，其排列方式应该保证除非防护罩处在安全位置，否则机械不会运转。当防护罩就位后，机械自动开始运转。如果防护罩由于某种原因被卡住而关不上时，应该使用安全联锁跳闸装置。

⑩光线式联锁装置。这种装置主要用于压力机、剪切机的防护，是一种安全控制装置。优点是不会影响对加工区的观察。其工作原理是在加工区一边由一系列光源组成的投光器产生平行光束射向另一边由一系列光电池组成的受光器，平行光束组成一个光幕。当人体某一部分遮断光线时，受光器检测到光线被遮断，光电池形成一个电路，并输出信号使滑块不能启动或停止运行，一般是使机械停机，同时操纵制动器使滑块停止运动。这种联锁装置应具有遮断光幕使滑块停止运动后，再接通光线时（如人体离开光幕）不能恢复运行的自保功能，以确保安全。必须按动"恢复按钮"后，滑块才能再次启动。

光线式联锁装置还应具有在滑块回程期间，即使遮断光幕，滑块也不停止运行的不保护区功能。还应有一定的抗干扰能力，即在车间一般照明和压力机不大于 100W 的局部照明下，能正常工作。当联锁装置本身出现任何故障时，应立即发出或遮光一次后发出遮光状态的输出信号，使压力机的滑块处于停止状态。这种功能称为自检功能。所有上述功能都可以设置在压力机的控制线路中。这种联锁装置的光幕，必须是保护长度和保护高度构成的矩形。光幕也允许用光束代替，但光束数不得少于两束，光束超过两束以上时，光束间的距离应不少于 50mm。

（2）防护装置。防护装置是通过采用壳、罩、屏、门、盖、栅栏、封闭式装置等作为物体障碍将人与危险隔离的专门用于安全防护的装置。例如，用金属铸造或金属板焊接的防护箱罩，一般用于齿轮传动或传输距离不大的传动装置的防护；金属骨架和金属网制成防护网，常用于皮带传动装置的防护；栅栏式防护适用于防护范围比较大的场合或作为移动机械临时作业的现场防护。

防护装置有单独使用的防护装置（只有当防护装置处于关闭状态才能起防护作用）和与连锁装置联合使用的防护装置（无论防护装置处于任何状态都能起到防护作用）。按使用方式可分为固定式和活动式两种。

1）固定式防护装置。它是保持在所需位置固定不动的防护装置，不用工具不可能将其打开或拆除。常见形式有封闭式、固定间距式和固定距离式。

①封闭式。将危险区全部封闭，人员从任何地方都无法进入危险区。

②固定间距式和固定距离式。不完全封闭危险区，凭借其物理尺寸和离危险区的安全距离来防止人员进入危险区。

2）活动式防护装置。它是通过机械方法（如铁链、滑道等）与机械的构架或邻近的固定元件相连接，不用工具就可以打开的防护装置。常见的有可调式和联锁式防护装置。

①可调式防护装置。整个装置可调或装置的某组成部分可调，在特定操作期间调整件保持固定不动。

②联锁防护装置。防护装置的开闭状态直接与防护的危险状态相联锁，只要防护装置不关闭，被其"抑制"的危险机械功能就不能执行；只有当防护装置关闭时，被其"抑制"的危险机械功能才有可能执行。在危险机械功能执行过程中，只要防护装置被打开，就给出停机指令。

1.3.2.2 安全防护装置技术要求

安全防护装置要实现安全的基本功能，本身必须安全可靠。安全防护装置出现故障会增加损伤或危害健康的风险，安全防护装置在人和危险之间构成安全保护屏障，虽可减轻操作者精神压力，但也易使操作者形成心理依赖。安全防护装置如达不到相应的安全技术要求，就不可能安全，即使配备了安全防护装置也不过是形同虚设，比不设置安全防护装置更危险。为此，安全防护装置必须满足与其保护功能相适应的安全技术要求，如下：

（1）结构形式和布局设计合理，具有切实的保护功能，以确保人体不受到伤害。

（2）结构要坚固耐用，不易损坏，安装可靠，不易拆卸。

（3）装置表面应光滑、无尖棱利角，不增加任何附加危险，不应成为新的危险源。

（4）装置不容易被绕过或避开，不应出现漏保护区。

（5）满足安全距离的要求，使人体各部位（特别是手或脚）无法接触危险。

（6）不影响正常操作，不得与机械的任何可动零部件接触，对人的视线障碍最小。

（7）便于检查和修理。

需要说明的是，采取的安全措施必须不影响机械的预定使用，而且使用方便；否则，就可能出现为了追求达到机械的最大效用而导致避开安全措施的行为。

1.3.2.3 安全防护装置设置原则

（1）以操作人员所站立的平面为基准，凡高度在 2m 以内的各种传动装置必须设防护装置。

（2）以操作人员所站立的平面为基准，凡高度在 2m 以上的，在物料传输装置、皮带传动装置以及在施工机械施工处下方的作业位置，应设置防护。

（3）凡在坠落高度基准面 2m 以上的作业位置，应设置防护。

（4）为避免挤压伤害，直线运动部件之间或直线运动部件与静止部件之间的间距应符合安全距离的要求，机械设计应保证不该通过的身体部位不能通过。

（5）运动部件有行程距离要求的，应设置可靠的限位装置，防止因超行程运动而造成伤害。

（6）对可能因超负荷发生部件损坏而造成伤害的，应设置超负荷保险装置。

（7）有惯性冲撞运动部件必须采取可靠的缓冲装置，防止因惯性而造成伤害事故。

（8）运动中可能松脱的零部件必须采取有效措施加以紧固，防止由于启动、制动、冲击、振动而引起松动。

（9）每台机械都应设置紧急停机装置，使已有的或即将发生的危险得以避免。紧急停机装置的标志必须清晰、易识别，并可迅速接近其装置，使危险过程立即停止且不产生附加风险。

1.3.2.4　安全防护装置选型

选择安全防护装置的形式应考虑所涉及的机械危险和其他非机械危险，根据运动件的性质和人员进入危险区的需要决定。对特定机械安全防护应根据对该机械的风险评价结果进行选择。具体情况如下：

（1）机械正常运行期间操作者不需要进入危险区的场合。操作者不需要进入危险区的场合，应优先考虑选用固定式防护装置，包括进料（取料）装置、辅助工作台、适当高度的栅栏及通道防护装置等。

（2）机械正常运转时需要进入危险区的场合。当操作者需要进入危险区的次数较多、经常开启固定防护装置会带来不便时，可考虑采用联锁装置、自动停机装置、可调防护装置、自动关闭防护装置、双手操纵装置、可控防护装置等。

（3）对非运行状态等其他作业期间需进入危险区的场合。对于机器的设定、过程转换、查找故障、清理或维修等作业，防护装置必须移开或拆除，或安全装置功能受到抑制，可采用手动控制模式、止—动操纵装置、双手操纵装置、点动—有限运动操纵装置等。

有些情况下，可能需要几个安全防护装置联合使用。

本 章 小 结

本章从介绍机械产品主要类别及组成结构入手，引入机械安全的概念及机械安全设计的内涵。通过介绍机械使用的各个环节和不同状态，分析机械存在的危险、有害因素，并根据机械危险伤害实质及机理叙述机械危险伤害基本形式，对机械伤害类型相关基础知识进行了简要概述。此外，对机械在设计阶段需考虑的安全技术措施和安全要求作了说明，详细阐述了机械所使用的安全防护装置的概念及分类、选型、设置原则及技术要求。

复习思考题

1-1　什么是机械，其组成结构有哪几部分？各起到什么作用？

1-2　机械在使用中存在哪些状态，并对各状态下存在的危险举例。

1-3　机械的危险因素主要包括哪些类型？

1-4　机械存在哪些有害因素？

1-5　机械危险的基本伤害形式是什么？

1-6　如何选择适当的机械设计结构从而尽可能避免或减少风险？

1-7　什么是防护装置、安全装置，各起什么作用？

1-8　安全防护装置的设置原则是什么？

1-9　如何选择安全防护装置？

2 金属冷加工安全技术

本章学习要点：

（1）了解并熟悉金属切削机床的基本结构、工作特点、种类及运动形式。

（2）熟悉金属切削机床常见的运转异常现象及通用防护和保险装置种类。

（3）了解认识各类机床的结构、分类，熟悉理解各自的加工特点。

（4）熟悉各类机床在加工过程中存在的危险有害因素，能够根据其加工特点进行危险辨识。

（5）通过对各类机床的危险辨识，熟悉并掌握各自采取的安全防护装置的类型、结构及采取的相对应的安全防护措施，能够按照安全操作规程要求进行操作。

2.1 金属切削机床基础知识与安全

2.1.1 金属切削机床基础知识

金属切削机床是用切削方法对金属毛坯进行机械加工，使之获得预定的形状、精度和光洁度的设备。由于金属切削机床在工业中起着工作母机的作用，因此它的应用范围是非常广泛的。对金属切削机床的认知主要从其基本结构、工作特点、种类及运动形式几个方面进行。

（1）金属切削机床基本结构。金属切削机床种类繁多，其结构也有较大差异，但其基本结构都是一致的。因此，有些共性的装置如安全装置、传动装置、制动装置适用于各种机床，其基本结构包括以下几个部分：

1）机座（床身和机架）。机座上装有支承和传动的部件，将被加工的工件和刀具固定夹牢并带动它们做相对运动，这些部件主要有工作主轴、拖板、工作台、刀架等。由导轨、滑动轴承、滚动轴承等导向。

2）传动机构。传动机构将动力传到各运动部件，传动部件有丝杠、螺母、齿轮齿条、曲轴连杆机构、液压传动机构、齿轮及链传动机构和皮带传动机构等。为了改变工件和刀具的运动速度，机床上都设有有级或无级变速机构，一般是齿轮变速箱。

3）动力源。一般是电动机及其操纵器。

4）润滑及冷却系统。

（2）金属切削机床工作特点。金属切削机床进行切削加工过程的特点：将被加工的工件和切削工具都固定在机床上，机床的动力源通过传动系统将动力和运动传给工件和刀具，使两者产生旋转和（或）直线运动。在两者的相对运动过程中，切削工具将工件表面多余的材料切去，将工件加工成为达到设计所要求的尺寸、精度和光洁度的零件。

由于切削的对象是金属，因此旋转速度快、切削工具（刀具）锋利，这是金属加工的主要特点。正是由于金属切削机床是高速精密机械，其加工精度和安全性不仅影响产品质量和加工效率，而且关系到操作者的安全。

（3）金属切削机床运动形式。机床的运动可分为主运动和进给运动。

主运动是切削金属最基本的运动，它促使刀具和工件之间产生相对运动，从而使刀具前面接近工件；进给运动使刀具与工件之间产生附加的相对运动，加上主运动，即可不断地或连续地切削，并得出具有所需几何特性的加工表面。

机床种类不同，切削方式、工件和刀具的运动形式就不同，对安全的要求也不同。有的切削方式以工件做主运动，刀具做进给运动；有的以刀具做主运动，工件做进给运动。

（4）金属切削机床种类。切削机床种类繁多，分类方法和依据如下：

1）按照工作原理分类。根据《金属切削机床型号编制方法》（GB/T15375—2008）规定，按工作原理，机床可分为 11 大类：车床、钻床、镗床、磨床、齿轮加工机床、螺纹加工机床、铣床、刨插床、拉床、切断机床及其他机床。

2）按照通用程度分类，包括：

①通用机床。这类机床可加工多种零件的不同工序，加工范围较广，通用性大，但结构较复杂。主要适用于单件小批量生产，如卧式车床、卧式镗床、万能升降台铣床等。

②专门化机床。这类机床工艺范围较窄，专门用于加工某一类或几类零件的某一道（或几道）特定工序，如精密丝杠车床、凸轮轴车床、曲轴车床等。

③专用机床。这类机床的工艺范围最窄，只能用于加工某一零件的某一道特定工序，适用于大批量生产。如制造主轴箱的专用镗床、制造车床床身导轨的专用龙门磨床等。

3）按照加工精度分类，机床可分为普通精度机床、精密机床和高精度机床。

4）按照自动化程度分类，机床可分为手动、机动、半自动和全自动机床。

5）按照机床质量分类，机床分为仪表机床、中型机床（一般机床）、大型机床（质量达 10t 及以上）、重型机床（质量在 30t 以上）、超重型机床（质量在 100t 以上）。

6）按照机床主要工作部件的数目分类，机床可分为单轴、多轴、单刀或多刀机床。

2.1.2　金属切削机床运转异常状态

机床正常运转时，各项参数均稳定在允许范围。当各项参数偏离了正常范围，就预示系统或机床本身或设备某一零件、部位出现故障，必须立即查明变化原因，防止事态发展引起事故。常见的异常现象有以下几种：

（1）温升异常。常见于各种机床所使用的电动机及轴承齿轮箱。温升超过允许值时，说明机床超负荷或零件出现故障，严重时能闻到润滑油的恶臭和看到白烟。

（2）机床转速异常。机床运转速度突然超过或低于正常转速，可能是由于负荷突然变化或机床出现机械故障。

（3）机床在运转时出现振动和噪声。机床由于振动而产生的故障率占整个故障的 60%～70%。其原因是多方面的，包括：机床设计不良；机床制造缺陷；安装缺陷；零部件动作不平衡；零部件磨损；缺乏润滑；机床中进入异物等。

（4）机床出现撞击声。零部件松动脱落；进入异物；转子不平衡。

（5）机床的输入、输出参数异常。包括：加工精度变化；机床效率变化（如泵效率）；机床消耗的功率异常；加工产品的质量异常如球磨机粉碎物的粒度变化；加料量突然降低，说明生产系统有泄漏或堵塞；机床带病运转时输出改变等。

（6）机床内部缺陷。包括：出现裂纹；绝缘质量下降；由于腐蚀而引起的缺陷。

以上种种现象，都是事故的前兆和隐患。事故预兆除利用人的听觉、视觉和感觉可以检测到一些明显的现象（如冒烟、噪声、振动、温度变化等）外，主要应使用安装在生产线上的控制仪器和测量仪表或专用测量仪器进行监测。

2.1.3　金属切削机床通用防护和保险装置

2.1.3.1　防护装置

装设防护装置的目的是防止操作者与机床运动部件、切削刀具、被加工工件接触而造成的伤害，以及避免切屑、润滑冷却液伤人。金属切削机床的防护装置主要有以下几种：

（1）防护罩。用于隔离外露的旋转部件，如皮带轮、链轮、齿轮、链条、旋转轴、法兰盘和轴头等。

（2）防护挡板。用于隔离磨屑、切屑和润滑冷却液，避免其飞溅伤人。一般用钢板、铝板和塑料板作材料。妨碍操作人员观察的挡板，可用透明的材料制作。

（3）防护栏杆。不能在地面上操作的机床，操纵台周围应设高度不低于 0.8m 的栏杆；容易伤人的大型机床运动部位也应加设栏杆，以防工作台往复运动时撞人。

防护装置可以是固定式的（如防护栏杆），或平日固定仅在机修、加油润滑或调整时才取下（如防护罩）；也可以是活动式的（如防护挡板）。在需要时还可以用一些大尺寸的轻便挡板（如金属网）将不安全场地围起来。

2.1.3.2　主要保险装置

为了确保设备和人身安全，防止工人的误操作和设备超负荷运行造成的事故，必须从设计结构和控制上采取技术措施。切削机床上常用的安全保险装置有：保险机构、互锁机构、自动停车机构和制动机构。

（1）机床过载保险装置。机床过载保险装置多种多样，每种装置通常由感受元件、中间环节和执行机构组成。感受元件记录所检测参数的变化，并通过中间环节传令给执行机构以实现保险。所有这些部分可以组成一个部件，成为一个直接作用的保险装置，或位于保险对象的不同位置而成为间接作用的保险系统。

（2）机床限位保险装置。为了使运动部件、刀具完成行程，到达预定位置后能自动停下，常采用行程限位保险装置。当工作台到达预定位置时，挡块将行程开关压下，工作台就自动停止或返回，如图 2-1 所示。

（3）机床顺序动作联锁保险装置。在操纵机床时，若要求上一个动作未完成前，下一个动作不能进行，为了保险，可设顺序动作联锁装置，如图 2-2 所示。

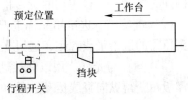

图 2-1　行程限位保险装置示意图

（4）意外事故联锁保险装置。用于电源突然中断时，补偿机构（如蓄电器、止回阀等）立即起作用使机床停车，如图 2-3 所示。

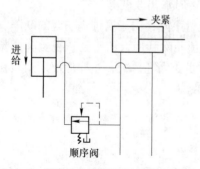

图 2-2　顺序动作联锁装置系统示意图

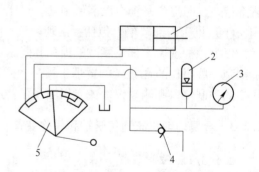

图 2-3　事故联锁保险装置示意图
1—工作油缸；2—蓄能器；3—压力表；
4—止回阀；5—手动换向阀

（5）制动装置。为迅速停机以装卸被加工工件，以及在发生突然事故时及时停机，都需要有使机床立即停止运转的制动装置。制动装置类型很多，按结构分为块状闸、具有活动套圈的圆筒闸或内块状闸、带闸、锥形闸及圆盘闸等；按制动力分为手动闸、液压闸、电力闸或气压闸等。可根据使用要求及其特点来选用。

2.2　车床安全技术

2.2.1　车床结构与分类

车床是主要用车刀对旋转的工件进行车削加工的机床。在车床上还可用钻头、扩孔钻、铰刀、丝锥、板牙和滚花工具等对内圆、外圆和螺纹等具有回转表面的如轴、盘、套的工件进行车削加工。

2.2.1.1　车床结构

车床的主要组成部件有：主轴箱、进给箱、溜板箱、刀架、尾座、光杠、丝杠和床身。

（1）主轴箱。主轴箱又称床头箱，其主要任务是将主电机传来的旋转运动经过一系列的变速机构使主轴得到所需的正反两种转向的不同转速，同时主轴箱分出部分动力将运动传给进给箱。主轴箱中的主轴是车床的关键零件。主轴在轴承上运转的平稳性直接影响工件的加工质量，一旦主轴的旋转精度降低，则机床的使用价值就会降低。

（2）进给箱。进给箱又称走刀箱，其内装有进给运动的变速机构，调整变速机构，可得到所需的进给量或螺距，通过光杠或丝杠将运动传至刀架以进行切削。

（3）丝杠与光杠。用以联接进给箱与溜板箱，并把进给箱的运动和动力传给溜板箱，使溜板箱获得纵向直线运动。丝杠是专门用来车削各种螺纹而设置的，在进行工件的其他表面车削时，只用光杠，不用丝杠。要结合溜板箱的内容区分光杠与丝杠的区别。

（4）溜板箱。溜板箱是车床进给运动的操纵箱，内装有将光杠和丝杠的旋转运动变成刀架直线运动的机构，通过光杠传动实现刀架的纵向进给运动、横向进给运动和快速移动，通过丝杠带动刀架作纵向直线运动，以便车削螺纹。

（5）刀架。刀架是用来装夹刀具的，刀架能够带动刀具做多个方向的给进运动。为此，刀架做成多层结构，从下往上分别是床鞍、中滑板、转盘、小滑板和方刀架。

（6）尾座。尾座装在车身内侧导轨上，可以沿导轨移动到所需的位置，其上可安装顶尖，支撑长工件的后端以加工长圆柱体，也可以安装孔加工刀具加工孔。尾座可以横向做少量的调整，用于加工小锥度的外锥圆。

（7）床身。床身是车床的基础零件，用来支撑和链接各主要部件并保证各部件之间有严格、正确的相对位置。床身的上面有内、外两组平行的导轨。外侧的导轨用于大滑板的运动导向和定位，内侧的导轨用于尾座的移动导向和定位。床身的左右两端分别支撑在床腿上，床腿固定在基础上。

2.2.1.2　车床分类

在各类金属切削机床中，车床的应用是最为广泛的。车床主要包括两大类：一是普通类型车床，二是数控车床。

数控车床的外形与普通车床相似，即由床身、主轴箱、刀架、进给液压系统、冷却和润滑系统等部分组成。数控车床的进给系统与普通车床有质的区别，传统普通车床有进给箱和交换齿轮架，而数控车床是直接用伺服电机通过滚珠丝杠驱动溜板和刀架实现进给运动，因而进给系统的结构大为简化。

（1）普通车床类型。按用途和结构的不同，普通车床主要有以下几种：

1）落地车床。其为主轴箱与进给箱连体结构，无床身、尾架，没有丝杠。适用于车削直径为 800～4000mm 的直径大、长度短、重量较轻的盘形、环形工件或薄壁筒形等工件。可用高速钢或硬质合金刀具对钢件、铸铁件及轻合金件进行加工，可完成外圆、内孔、端面、锥面、切槽、切断等粗、精车削加工。这种车床适用于单件、小批量生产。

2）卧式车床。在所有车床中，以卧式车床应用最为广泛。卧式车床是有机座的普通车床，主轴的旋转为主运动，刀架的直线或曲线移动为进给运动。轴卧式布置；加工对象广；主轴转速和进给量的调整范围大；主要由工人手工操作，生产效率低。用于加工各种轴、套和盘类零件上的回转表面。此外还可以车削端面、沟槽、切断及车削各种回转的成型表面如螺纹等，适用于单件、小批生产和修配车间。

3）转塔车床和回转车床。转塔车床以卡盘直径为主参数。回轮车床以最大棒料直径为主参数。具有能装多把刀具的转塔刀架，能在工件的一次装夹中由工人依次使用不同刀具完成多种工序。适于成批生产外形较复杂，且具有内孔及螺纹的中小型轴、套类零件。

4）自动车床。具有实现自动控制的凸轮机构，按一定程序自动完成中小型工件的多工序加工，能自动上下料，重复加工一批同样的工件。适于大批、大量生产形状不太复杂的小型的盘、环和轴类零件，尤其适于加工细长的工件。可车削圆柱面、圆锥面和成型表面，当采用各种附属装置时，可完成螺纹加工、孔加工、钻横孔、铣槽、滚花和端面沉割等工作。

5）多刀半自动车床。有单轴、多轴、卧式和立式之分。单轴卧式的布局形式与普通车床相似，但两组刀架分别装在主轴的前后或上下，用于加工盘、环和轴类工件，其生产率比普通车床提高 3~5 倍。

6）仿形车床。能仿照样板或样件的形状尺寸，自动完成工件的加工循环，适用于形状较复杂的工件的小批和成批生产，生产率比普通车床高 10~15 倍。有多刀架、多轴、卡盘式、立式等类型。

7）立式车床。主轴立式布置，工件装夹在水平的回转工作台上，刀架在横梁或立柱上移动。分单柱和双柱两大类。适用于加工较大、较重、难于在普通车床上安装的工件。

8）铲齿车床。在车削的同时，刀架周期地作径向往复运动，用于铲车铣刀、滚刀等的成型齿面。通常带有铲磨附件，由单独电动机驱动的小砂轮铲磨齿面。

9）专门化车床。加工某类工件的特定表面的车床，如曲轴车床、凸轮轴车床、车轮车床、车轴车床、轧辊车床和钢锭车床等。

10）联合车床。主要用于车削加工，但附加一些特殊部件和附件后还可进行镗、铣、钻、插、磨等加工，具有"一机多能"的特点，适用于工程车、船舶或移动修理站上的修配工作。

11）马鞍车床。马鞍车床在车头箱处的左端床身为下沉状，能够容纳直径大的零件。车床的外形为两头高，中间低，形似马鞍，所以称为马鞍车床。马鞍车床适合加工径向尺寸大、轴向尺寸小的零件，适于车削工件外圆、内孔、端面、切槽和公制、英制、模数、径节螺纹，还可进行钻孔、镗孔、铰孔等工艺，特别适于单件、成批生产企业使用。马鞍车床在马鞍槽内可加工较大直径工件。机床导轨经淬硬并精磨，操作方便可靠。车床具有功率大、转速高、刚性强、精度高、噪声低等特点。

（2）数控车床分类。数控车床品种繁多，规格不一，可按如下方法进行分类：

1）按车床主轴位置分类，包括：

①立式数控车床。立式数控车床简称为数控立车，其车床主轴垂直于水平面，有一个直径很大的圆形工作台，用来装夹工件。这类机床主要用于加工径向尺寸大、轴向尺寸相对较小的大型复杂零件。

②卧式数控车床。卧式数控车床又分为数控水平导轨卧式车床和数控倾斜导轨卧式车床。其倾斜导轨结构可以使车床具有更大的刚性，并易于排除切屑。具有实现自动控制的数控系统；适应性强，加工对象改变时只需改变输入的程序指令即可；可精确加工复杂的回转成型面且质量高而稳定。与普通车床大体一样，主要用于加工各种回转表面，特别适宜加工特殊螺纹和复杂的回转成型面。目前在中小批生产中广泛应用。

2）按加工零件的基本类型分类，包括：

①卡盘式数控车床。这类车床没有尾座，适合车削盘类（含短轴类）零件。夹紧方式多为电动或液动控制，卡盘结构多具有可调卡爪或不淬火卡爪（即软卡爪）。

②顶尖式数控车床。这类车床配有普通尾座或数控尾座，适合车削较长的零件及直径不太大的盘类零件。

3）按刀架数量分类，包括：

①单刀架数控车床。数控车床一般都配置有各种形式的单刀架，如四工位卧动转位刀架或多工位转塔式自动转位刀架。

②双刀架数控车床：这类车床的双刀架配置平行分布，也可以是相互垂直分布。

4）按功能分类，包括：

①经济型数控车床。采用步进电动机和单片机对普通车床的进给系统进行改造后形成的简易型数控车床，成本较低，但自动化程度和功能都比较差，车削加工精度也不高，适用于要求不高的回转类零件的车削加工。

②普通数控车床。根据车削加工要求在结构上进行专门设计并配备通用数控系统而形成的数控车床，数控系统功能强，自动化程度和加工精度也比较高，适用于一般回转类零件的车削加工。这种数控车床可同时控制两个坐标轴，即 X 轴和 Z 轴。

③车削加工中心。在普通数控车床的基础上，增加了 C 轴和动力头，更高级的数控车床带有刀库，可控制 X、Z 和 C 三个坐标轴，联动控制轴可以是（X、Z）、（X、C）或（Z、C）。由于增加了 C 轴和铣削动力头，这种数控车床的加工功能大大增强，除可以进行一般车削外还可以进行径向和轴向铣削、曲面铣削、中心线不在零件回转中心的孔和径向孔的钻削等加工。

5）其他分类方法：按数控系统的不同控制方式等指标，数控车床可以分很多种类，如直线控制数控车床，两主轴控制数控车床等；按特殊或专门工艺性能可分为螺纹数控车床、活塞数控车床、曲轴数控车床等多种。

2.2.2　车床加工特点与危险辨识

2.2.2.1　车床加工特点

车床加工过程的运动特点：主轴通过卡具带动工件旋转为主运动；拖板刀架带动刀具做沿工件轴线方向的纵向直线送进或做垂直工件轴线方向的横向直线送进为进给运动，如图 2-4 所示。

车床在进行车削加工时与其他切削加工相比，有以下特点：

（1）易于保证各加工面之间的位置精度。在一次安装加工零件各回转面时，各表面具有同一的回转轴线，可保证各加工表面的同轴度、平行度和垂直度等位置精度的要求。

（2）切削过程比较平稳。车削加工时，刀具几何形状、背吃刀量和进给量一定时，切削面积就基本

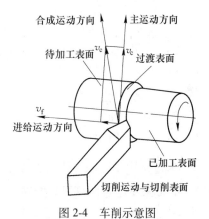

图 2-4　车削示意图

不变，因此，切削力基本上不发生变化。除加工断续表面外，切削过程要比铣削、刨削平稳。

（3）生产率高。一般情况下，车削过程是连续的，主运动为回转运动，避免了惯性力和冲击的影响，因而车削可选择较大的切削用量，进行高速切削或强力切削，使车削具有较高的生产率。

（4）生产成本低。车刀是比较简单的刀具之一，制造、刃磨和安装都比较方便。车床附件较多，生产准备时间短。

（5）适应性强。它是加工不同材质、不同精度的各种具有回转表面的零件不可缺少的工序；可加工钢、铸铁、有色金属和某些非金属材料，加工材料的硬度一般在30HRC以

下，特别适于有色金属零件的精加工。车削一般用来加工单一轴线的零件，如台阶轴和盘套类零件等。采用四爪卡盘或花盘等装置改变工件的安装位置，也可加工曲轴、偏心轮或盘形凸轮等多轴线的零件。

2.2.2.2　车床危险辨识

从车床的加工特点可以看出，车床在加工过程中存在的危险因素如下：

（1）车床在切削过程中形成的切屑卷曲、边缘锋利，特别是连续而且成螺旋状的切屑，易缠绕操作者的手或身体造成伤害。

（2）操作者被抛出的具有较高温度的崩碎切屑或带状切屑打伤、划伤或灼伤。

（3）车削加工时，由于未加防护罩，暴露在外的旋转部分，钩住操作者的衣服或将手卷入转动部分造成伤害。

（4）操作者更易与旋转的长棒料工件和异形加工物的突出部分相撞击造成伤害事故。

（5）车床运转中，操作者用手清除切屑、测量工件或用砂布打磨工件毛刺，易造成手与运动部件相撞。

（6）工件及装卡附件没有夹紧便开机工作，易使工件或刀具等飞出伤人。

（7）工件、半成品及手用工具、夹具、量具放置不当，如卡盘扳手插在卡钳内，易造成扳手飞落、工件掉落的伤人事故。

（8）机床局部照明不足或灯光刺眼，不利操作者观察切削过程，而产生错误操作，导致伤害事故。

（9）车床周围布局不合理、卫生条件不好、切屑堆放不当、未及时清理，不仅妨碍操作者正常操作，而且容易使人滑倒或砸伤、割伤。

（10）车床技术状态不好、缺乏定期检修、保险装置失灵等，也会造成机床事故而引起伤害事故。

（11）操作者由于违反安全规程，未穿戴合适的防护服和护目镜，穿戴过分肥大的衣物，导致袖口、领带、头巾等物品卷入车床的旋转部件中，使得操作者的手、臂或身体的其他部分绞伤、划伤。

在车床上用车刀切削各类工件，产生的有害因素主要是无机粉尘和噪声等有害因素。

2.2.3　车床安全防护装置与措施

2.2.3.1　车床安全防护装置

车床安全防护装置包括车床防护装置和车床安全保险装置两种。

（1）车床防护装置。主要包括以下几种：

1）经常加工长棒料的车床工作时，棒料露在车床外面，转速很高，人一旦接触到它，就有可能被卷入或打伤，如图2-5（a）所示。为防止这类事故发生，可采用如图2-5（b）所示的安全装置，使人与旋转的棒料隔离。

2）图2-6所示为安装在六角车床上的可伸缩式卡盘安全防护罩。其主要作用是将卡爪罩起来，防止在转动时卡盘爪钩住操作人员的衣物。通常情况下，它由固定的金属罩壳和活动罩网组成，罩网可以推进罩壳，使卡盘外露，以便装卸工作。在工作时，通过手柄将罩网拉出，卡盘被遮住。罩壳用套管和螺钉装紧在两个横杆上，横杆通过底座固定在车

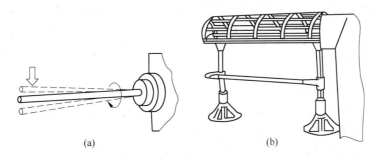

(a)   (b)

图 2-5　长棒料的防护装置

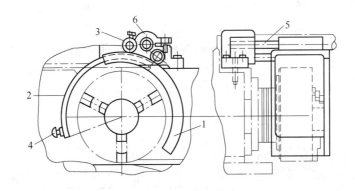

图 2-6　伸缩式防护罩

1—金属罩壳；2—活动罩网；3—套管；4—手柄；5—横杆；6—底座

床上。

3）安装在立式车床上的环形活动式防护罩。在立式车床的回转花盘周围，用薄钢板做成两个半圆形的防护罩，用铰链与机床相连，以封闭回转花盘边缘，防止花盘的卡爪或凸出的工件撞击操作者或者将操作者衣服钩住或切屑水平飞出伤人。机床工作时，防护罩关闭；工人安全装工件或调整机床时，可打开一个半圆形防护罩。

4）旋转夹具的防护。拨盘的拨杆、鸡心夹的尾端、卡盘的卡盘爪在转动时都有可能钩住操作人员的衣服，引起伤害事故。为消除这些危险，应该使用安全型鸡心夹头和安全拨盘等安全防护装置，如图 2-7 和图 2-8 所示。

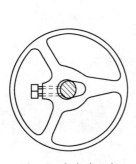

图 2-7　安全鸡心夹

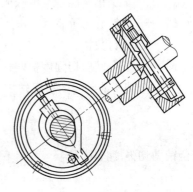

图 2-8　安全拨盘

5）旋转工件的防护。车床作业时旋转工件上凸出的部分钩住衣服或者打击身体造成伤害，有时也会因为工件不牢而飞出伤人。为防止这类事故发生，在高速旋转时，应保证夹具有良好的状态；使用顶尖支撑工件时，后顶尖要保持良好的润滑，以防因顶尖过热磨损造成工件脱落飞出。

（2）车床安全保险装置。为了确保车床和人身安全，防止工人的误操作和车床超负荷运行造成的事故，必须从车床设备结构和控制上采取技术措施。常用的车床安全保险装置有：保险机构、互锁机构、自动停车机构和制动机构。

1）保险机构。作用是防止车床设备由于超负荷运行造成设备损坏而引起的伤害事故。其工作原理通常是运用薄弱环节，即设备负荷超出预定极限时保险机构中的某一薄弱件首先破坏或自动切断动力源使设备停止运转，以免设备其他零部件遭受破坏。常用的保险机构有：

①破坏式剪切销。这种带剪切销的保险机构是在连接两个轴的部位有两个圆盘，两圆盘靠孔中用销子连接，销子强度小于传动系统中最弱的零件。当车床设备超负荷传动时，销子首先切断，使被动轴停止转动，如图2-9为带有剪切销的单剪与双剪联轴器。

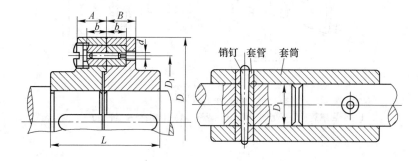

图 2-9　单剪（左）和双剪（右）剪切销安全联轴器

保证销钉强度在可承受负荷情况下的关键是要确定销钉的直径，销钉直径可由式（2-1）计算：

$$d = \sqrt{\frac{8T_{\max}}{\pi D_1 Z [\tau]}} \qquad (2\text{-}1)$$

式中　$T_{\max}$——安全销所能承受的极限转矩，N·m；

　　　D_1——销钉分布圆直径，m；

　　　Z——销钉数目；

　　　$[\tau]$——安全销剪切强度极限，MPa。

其中，安全销所能承受的极限转矩 $T_{\max}$，通过下式计算：

$$T_{\max} = \frac{\pi Z D_1 [\tau] d^2}{8} \qquad (2\text{-}2)$$

安全销剪切强度极限 $[\tau]$，可用下式计算：

$$[\tau] = (0.6 \sim 0.8) e_b \qquad (2\text{-}3)$$

式中　e_b——材料抗拉强度极限，MPa。

根据材料力学知识，作用于安全销上的最大剪切应力 τ_{max} 计算公式为：

$$\tau_{max} = \frac{8\,T_{max}}{\pi D_1 Z d^2} \qquad (2\text{-}4)$$

当 $\tau_{max} \geqslant [\tau]$ 时，安全销被切断，也就是说，当工作转矩超过 T_{max} 时，安全销即被剪断。

②自动保险机构。在车床传动中，摩擦离合器、齿爪式离合器、安全阀、脱落蜗杆（见图 2-10）等已成为车床本身的传动部件。一般情况下，这些机构随车床正常工作，当由于某种原因车床出现过载时，这些保险机构就会由于摩擦力不足而打滑，使动力中断传输，被动轴停止转动。当负荷恢复正常时，能自动复位。

2）互锁机构。互锁机构是一种更完善的安全装置，能直接防止操作失误而引起的伤害。常见的互锁机构有丝杠和光杠的互锁、刀架纵向进给和横向进给的互锁、夹具夹紧工件与机床运动的互锁，如毛坯没夹紧不可能接通主轴运动等。互锁机构是一种联锁装置，通常用机械的或电气的方法进行互锁。

如图 2-11 所示为车床尾座锁紧装置示意图。松开尾座上的锁紧螺母或锁紧机构后，可推动尾座沿导轨纵向移动，旋转尾座上的调节螺钉，可使尾座相对于导轨作横向偏置移动，从而调整尾座的横向位置。

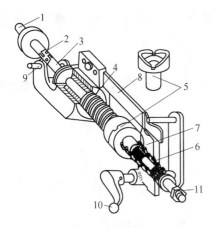

图 2-10　脱落蜗杆机构示意图
1，3—轴；2—万向接头；4—蜗杆；
5—牙嵌离合器；6—弹簧；7—杠杆；
8—蜗杆支架；9—铰链；10—手柄；11—螺母

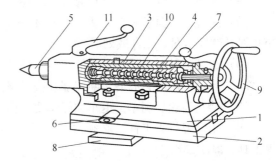

图 2-11　车床尾座锁紧装置
1—座体；2—底座；3—套筒；4—丝杠螺母；
5—顶尖；6—螺钉；7—尾架锁紧手柄；8—压板；
9—手轮；10—丝杠；11—套筒锁紧手柄

在大批量生产中多使用气动或液压夹具，由于工作紧张，往往发生夹具未夹紧工件即开车加工，以致工件飞出而造成事故。可在气动或液压夹具拉杆的夹紧位置上装一个行程开关，串联在车床的主电路上，只有当工件被夹紧后，拉杆上的行程开关接通，车床主电路才能接通，启动车床进行加工。

3）自动停车机构。主要作用是在机床受到阻碍或在预定位置碰到挡块时，有关部件能自动停止运动。如为了防止刀架与卡盘相碰，可在接近相碰位置外装一挡铁，当刀架的溜板箱与挡铁相碰时，保险机构即可使溜板停止运动，从而防止车床和人身发生事故。常用的自动停车机构还有电磁式自动停车机构。

4）制动机构。当切断车床电源或运动部分的离合器分开后，由于惯性作用工件及其夹具仍在转动。操作者往往误认为已断电或已与主动部分脱开，就在工件尚未停止转动的情况下去测量或卸下工件，有时还用手去制止车床的转动，因而发生严重的人身伤害事故。为使惯性转动迅速停止，可采用制动机构，并使其处于可靠的工作状态。制动机构的操纵和电动机或车床启动机构相联锁，在停车的同时制动机构进行制动。

2.2.3.2　车床安全防护措施

为保证车床加工的安全，需要根据车削加工的特点，对车床有针对性的采取安全防护措施。包括管理措施和技术措施。技术措施主要是在车床上安装安全防护装置。而管理措施包括两方面：一是规范要求，二是安全操作要求。

在车床加工过程中，除需要满足《金属切削机床安全防护通用技术条件》（GB15760—2004）中规定的消除和减少机床在使用、调整和维护等阶段存在的机械危险和非机械危险的一般安全要求和措施外，操作者还应做到以下要求：

（1）穿紧身防护服，袖口不要敞开，长发者戴好防护帽；操作时，不能戴手套。

（2）工作前按规定润滑车床，检查各手柄是否到位，并开慢车试运转五分钟，确认一切正常方能操作。

（3）用顶尖装夹工件时，要注意顶尖中心与主轴中心孔应完全一致，不能使用破损或歪斜的顶尖，使用前应将顶尖、中心孔擦干净，尾座顶尖要顶牢。

（4）卡盘夹头要上牢，开机时扳手不能留在卡盘或夹头上。

（5）工件和刀具装夹要牢固，刀杆不应伸出过长（镗孔除外）；转动小刀架要停车，防止刀具碰撞卡盘、工件或划破手。

（6）工件运转时，操作者不能正对工件站立，身不靠车床，脚不踏油盘。

（7）高速切削时，应使用断屑器和挡护屏。

（8）禁止高速反刹车，退车和停车要平稳，清除铁屑，应用刷子或专用钩。

（9）用锉刀打光工件，必须右手在前，左手在后；用砂布打光工件，要用"手夹"等工具，以防绞伤。

（10）一切在用工、量、刃具应放于附近的安全位置，做到整齐有序。

（11）车床未停稳，禁止在车头上取工件或测量工件，车床工作时，禁止打开或卸下防护装置。

（12）临近下班，应清扫和擦拭车床，并将尾座和溜板箱退到床身最右端，工作场地应保持整洁，过道通畅，毛坯和零件堆放整齐。

2.3　钻床安全技术

2.3.1　钻床结构与分类

钻床指主要用钻头在工件上加工孔的机床。钻床结构简单，加工精度相对较低，可钻通孔、盲孔，更换特殊刀具，可扩、锪孔、铰孔或进行攻丝等加工。

2.3.1.1　钻床结构

以摇臂钻为例说明其结构，如图 2-12 所示，摇臂钻床主要由底座、内立柱、外立柱、摇臂、主轴箱及工作台等部分组成。内立柱固定在底座的一端，在它的外面套有外立柱，外立柱可绕内立柱回转 360°。摇臂的一端为套筒，它套装在外立柱做上下移动。由于丝杆与外立柱连成一体，而升降螺母固定在摇臂上，因此摇臂不能绕外立柱转动，只能与外立柱一起绕内立柱回转。主轴箱是一个复合部件，由主传动电动机、主轴和主轴传动机构、进给和变速机构、机床的操作机构等部分组成。工件固定在底座的工作台上，主轴的旋转和轴向进给运动由电动机通过主轴箱实现。主轴箱安装在摇臂的水平导轨上，可在摇臂的导轨上横向移动，摇臂借助电动机及丝杠的传动，可沿立柱上下移动，这样可方便地将刀具调整到所需的工作位置。

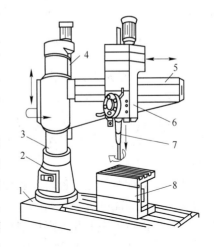

图 2-12　摇臂钻床结构示意图

1—底座；2—内立柱；3—外立柱；

4—摇臂升降丝杠；5—摇臂；6—主轴箱；

7—主轴；8—工作台

2.3.1.2　钻床分类

钻床根据用途和结构主要分为以下几类：

（1）立式钻床。立式钻床的主轴不能在垂直其轴线的平面内移动，转孔时要使钻头与工件孔的中心重合，就必须移动工件。因此，立式钻床只适合加工中小型工件。

（2）台式钻床。简称台钻，一种小型立式钻床。安装在钳工台上使用，钻孔一般在 13mm 以下，最小可加工 0.1mm 的孔，其主轴变速是通过改变三角带在塔形带轮上的位置来实现，主轴进给是手动的，常用来加工小型工件的小孔等。

（3）摇臂钻床。主轴箱能在摇臂上移动，摇臂能回转和升降，工件固定不动，适用于加工大而重和多孔的工件，广泛应用于机械制造中。

（4）铣钻床。工作台可纵横向移动，钻轴垂直布置，能进行铣削的钻床。它可用来加工平面、台阶、斜面、沟槽、成型表面、齿轮和切断等。

（5）深孔钻床。使用特制深孔钻头，工件旋转，钻削深孔的钻床。它是用深孔钻钻削深度比直径大得多的孔（如枪管、炮筒和机床主轴等零件的深孔）的专门化机床，为便于清除切屑及避免机床过于高大，一般为卧式布局，常备有冷却液输送装置（由刀具内部输入冷却液至切削部位）及周期退刀排屑装置等。

（6）平端面中心孔钻床。切削轴类端面和用中心钻加工的中心孔钻床，适用于成批和大量生产各种轴类零件的端面加工。包括端面的铣削，钻中心孔，如更换刀盘和采用专用刀杆还可以对工件进行钻孔、锪孔、刮平面、倒角、套车外圆、铣槽等加工工序。液压自定心夹紧工件。

（7）卧式钻床。主轴水平布置，主轴箱可垂直移动的钻床。一般比立式钻床加工效率高，可多面同时加工。

（8）多轴钻床。立体钻床，有多个可用钻轴，可灵活调节。多轴钻床也称群钻床，可用来钻孔或攻牙，一般型号可同时钻 2~16 个孔，提升效率。多轴钻床广泛应用于机械行业多孔零部件的钻孔及攻丝加工。常用于机械制造和修配工厂加工中、小型工件的孔。

2.3.2 钻床加工特点与危险辨识

2.3.2.1 钻床加工特点

钻床加工运动特点：加工过程中工件固定不动，刀具和钻头的旋转运动为主切削运动，刀具中心对正孔中心，并沿主轴方向进给，操作可以是手动，也可以是机动，如图 2-13 所示。

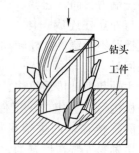

图 2-13　压样冲和钻孔示意图

在钻床上配有工艺装备时，还可以进行镗孔，在钻床上配万能工作台还能进行分割钻孔、扩孔、铰孔。

在各类机器零件上经常需要进行钻孔，因此钻削的应用还是很广泛的。但是，由于钻削的精度较低，表面较粗糙，一般加工精度在 IT10 以下，表面粗糙度 R_a 值大于 $12.5\mu m$，生产效率也比较低。因此，钻孔主要用于粗加工，例如精度和粗糙度要求不高的螺钉孔、油孔和螺纹底孔等。但精度和粗糙度要求较高的孔，也要以钻孔作为预加工工序。

单件、小批生产中，中小型工件上的小孔（一般 $D<13mm$）常用台式钻床加工，中小型工件上直径较大的孔（一般 $D<50mm$）常用立式钻床加工；大中型工件上的孔应采用摇臂钻床加工；回转体工件上的孔多在车床上加工。

在成批和大量生产中，为了保证加工精度，提高生产效率和降低加工成本，广泛使用钻模、多轴钻的或组合机床进行孔的加工。

钻削是一种半封闭式切削，切屑变形大，排屑困难，而且难于冷却润滑，故钻削温度较高。同时，钻削力较大，钻头容易磨损。

2.3.2.2 钻床危险辨识

从钻床的加工特点看，在钻床上加工工件时，主要危险来自自转的主轴、钻头、钻夹以及随钻头一体旋转的长螺旋形的切屑。事故也常常发生在装卡和卸下工件时，装卡不牢固会发生钻头带动工件旋转而伤人。钻床加工存在的危险因素如下：

（1）钻床的轴、钻头和传动装置等回转部分，没有设置适当的防护装置，操作者没有穿戴合适的防护用品，衣服和头发易被卷入造成绞伤操作者的事故。

（2）工件装夹不牢，在切削力大的作用下，工件松动歪斜，甚至随钻头一起旋转而伤人。

（3）在钻床工作中用手清除切屑、用手触摸钻头、主轴等易于割伤、划伤操作者的手、臂或身体其他部位造成伤害事故。

（4）卸下钻头时，钻头落下砸伤脚。

（5）钻床技术状态不佳，照明不足、制动失灵、使用钝钻头、修磨角度不良的钻头或钻削进给量过大等原因，使钻头折断都会造成伤害事故。

（6）由排屑螺旋槽排出的带状切屑，随钻头一起旋转，极易割伤操作者的手。

钻床在加工过程中产生的有害因素主要是无机粉尘。

2.3.3 钻床安全防护装置与措施

2.3.3.1 钻床安全防护装置

为了使钻床正常工作，避免伤害事故的发生，应该对切削刀具、钻夹头进行保护。常见的钻床安全防护装置有：

（1）伸缩型防护罩。该装置可适应钻床主轴和钻头在加工过程中位置变化的情况，即将主轴和钻头整个工作部位罩住，随主轴的送进，防护罩可部分重叠并缩短。当需要更换钻头时，只要将直径大的部分举起来，就可以使罩子缩短。该装置能很好地预防操作者的手和头部与主轴、钻头接触。

（2）螺旋型弹簧防护罩。钻头工作时，弹簧罩随钻头的下降被压缩，切屑留在罩内。该装置能很好地隔离操作者的手与钻头接触，并可防止切屑伤人，同时也不影响操作者对钻削加工情况的观察。弹簧罩的长度因钻孔的深度而有所改变。

（3）防护挡板。用金属网或透明塑料制成的防护挡板，安装在操作者与钻头之间，可以有效地防止切屑和断裂的钻头伤害操作人员，同时不妨碍对加工情况的观察，如图 2-14 所示。

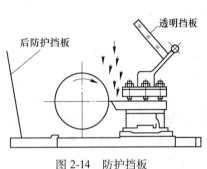

图 2-14 防护挡板

（4）带把手楔铁。在普通钻头楔铁上铣一个狭槽并铆上一个弯状把手，把手下端能沿轴线方向靠在钻头外侧。拆钻头时，一只手同时握住钻头和把手，另一只手敲击楔铁。该装置可预防楔铁反弹飞出钻头坠落砸伤操作者。

2.3.3.2 钻床安全防护措施

为保证钻床加工的安全，减少伤害事故的发生，除在钻床上安装安全防护装置外，还应采取以下安全防护措施：

（1）操作前要穿紧身防护服，袖口扣紧，上衣下摆不能敞开，严禁戴手套，不得在开动的机床旁穿、脱换衣服，或围布于身上，防止机器绞伤。必须戴好安全帽，辫子应放入帽内，不得穿裙子、拖鞋。

（2）开车前应检查钻床传动是否正常、工具、电气、安全防护装置，冷却液挡水板是否完好，钻床上保险块、挡块不准拆除，并按加工情况调整使用。

（3）摇臂钻床在校夹或校正工件时，摇臂必须移离工件并升高，刹好车，必须用压板压紧或夹住工作物，以免回转甩出伤人。横臂回转范围内不准站人，不准有障碍物。横臂及工作台上不准堆放物件。工作时横臂必须夹紧。

（4）立钻在钻孔前要先紧固工作台，然后再开钻。

（5）钻床床面上不要放其他东西，换钻头、夹具及装卸工件时须停车进行。带有毛刺和不清洁的锥柄，不允许装入主轴锥孔，装卸钻头要用楔铁，严禁用手锤敲打。

（6）钻头的装夹应精确而牢固。安装钻头前，仔细检查钻头、钻夹头、钻套配合表面有无磕伤或拉痕，钻头刃口是否完好，以防切削时，钻头折断伤人。

（7）钻小的工件时，要用台虎钳，钳紧后再钻，严禁用手去停住转动着的钻头。

（8）薄板、大型或长形的工件竖着钻孔时，必须压牢，严禁用手扶着加工，工件钻通孔时应减压慢速，防止损伤平台。

（9）钻床开动后，严禁戴手套操作，清除铁屑要用刷子，禁止用嘴吹。

（10）钻床及摇臂转动范围内，不准堆放物品，应保持清洁。

（11）工作完毕后，应切断电源，卸下钻头，主轴箱必须靠近端，将横臂下降到立柱的下部边端，并刹好车，以防止发生意外。同时清理工具，做好钻床保养工作。

2.4　铣床安全技术

2.4.1　铣床结构与分类

铣床指主要用铣刀在工件上进行铣削加工各种表面的机床。铣床除能铣削平面、沟槽、齿轮、螺纹和花键轴外，还能加工比较复杂的型面，效率较刨床高，在机械制造和修理部门得到广泛应用。

2.4.1.1　铣床结构

铣床具有一种主轴水平布置的升降台，床身用来固定和支承铣床上所有部件。铣床种类虽然很多，但各类铣床的基本结构大致相同。现以 X6132 型万能升降台铣床为例，如图 2-15 所示，介绍铣床各部分的名称及其功用。

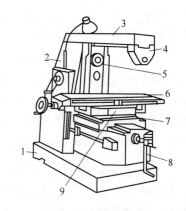

图 2-15　万能升降台铣床
1—底座；2—床身；3—横梁；
4—刀杆支架；5—主轴；6—纵向工作台；
7—横向工作台（床鞍）；8—升降台；
9—回转盘

（1）底座。底座是整部机床的支承部件，具有足够的强度和刚度。底座的内腔盛装切削液，供切削时冷却润滑。

（2）床身。床身是机床的主体，机床上大部分的部件都安装在床身上。床身的前壁有燕尾形的垂直导轨，升降台可沿导轨上下移动；床身的顶部有水平导轨，悬梁可在导轨上水平移动；床身的内部装有主轴、主轴变速机构、润滑油泵等。

（3）悬梁与悬梁支架。悬梁的一端装有支架，支架上面有与主轴同轴线的支撑孔，用来支撑铣刀轴的外端，以增强铣刀轴的刚性。悬梁向外伸出的长度可以根据铣刀轴的长度进行调节。

（4）主轴。主轴是一根空心轴，前端有锥度为 7∶24 的圆锥孔，铣刀轴一端就安装在锥孔中。主轴前端面有两键槽，通过键连接传递扭矩，主轴通过铣刀轴带动铣刀作同步旋转运动。

（5）主轴变速机构。由主传动电动机（7.5kW，1450r/min）通过带传动、齿轮传动机构带动主轴旋转，操纵床身侧面的手柄和转盘，可使主轴获得 18 种不同的转速。

（6）纵向工作台。纵向工作台用来安装工件或夹具，并带动工件做纵向进给运动。工作台上面有一条 T 形槽，用来安放 T 形螺钉以固定夹具和工件。工作台前侧面有一条 T 形槽，用来固定自动挡铁，控制铣削长度。

（7）床鞍。床鞍也称横拖板，带动纵向工作台做横向移动。

（8）回转盘。回转盘装在床鞍和纵向工作台之间，用来带动纵向工作台在水平面内做±45°的水平调整，以满足加工的需要。

（9）升降台。升降台装在床身正面的垂直导轨上，用来支撑工作台，并带动工作台上下移动。升降台中下部有丝杆与底座螺母连接；铣床进给系统中的电动机和变速机构等就安装在其内部。

（10）进给变速机构。进给变速机构装在升降台内部，它将进给电动机的固定转速通过其齿轮变速机构，变换成 18 级不同的转速，使工作台获得不同的进给速度，以满足不同的铣削需要。

2.4.1.2　铣床分类

铣床根据不同的分类原理，可分为不同类型。

（1）按其结构分类，包括：

1）台式铣床。小型的用于铣削仪器、仪表等小型零件的铣床。

2）悬臂式铣床。铣刀装在悬臂上的铣床，床身水平布置，悬臂通常可沿床身一侧立柱导轨作垂直移动，铣刀沿悬臂导轨移动。

3）滑枕式铣床。主轴装在滑枕上的铣床，床身水平布置，滑枕可沿滑鞍导轨作横向移动，滑鞍可沿立柱导轨作垂直移动。

4）龙门式铣床。床身水平布置，其两侧的立柱和连接梁构成门架的铣床。铣头装在横梁和立柱上，可沿其导轨移动。通常横梁可沿立柱导轨垂向移动，工作台可沿床身导轨纵向移动。用于大件加工。

5）平面铣床。用于铣削平面和成型面的铣床，床身水平布置，通常工作台沿床身导轨纵向移动，主轴可轴向移动。它结构简单，生产效率高。

6）仿形铣床。对工件进行仿形加工的铣床。一般用于加工复杂形状工件。

7）升降台铣床。具有可沿床身导轨垂直移动的升降台的铣床，通常安装在升降台上的工作台和滑鞍可分别作纵向、横向移动。

8）摇臂铣床。摇臂装在床身顶部，铣头装在摇臂一端，摇臂可在水平面内回转和移动，铣头能在摇臂的端面上回转一定角度的铣床。

9）床身式铣床。工作台不能升降，可沿床身导轨作纵向移动，铣头或立柱可作垂直移动的铣床。

10）专用铣床。例如工具铣床：用于铣削工具模具的铣床，加工精度高，加工形状复杂。

（2）按布局形式和适用范围分类，主要包括：升降台铣床、龙门铣床、单柱铣床和单臂铣床、仪表铣床、工具铣床等。

升降台铣床有万能式、卧式和立式几种，主要用于加工中小型零件，应用最广；龙门铣床包括龙门铣镗床、龙门铣刨床和双柱铣床，均用于加工大型零件；单柱铣床的水平铣头可沿立柱导轨移动，工作台作纵向进给；单臂铣床的立铣头可沿悬臂导轨水平移动，悬臂也可沿立柱导轨调整高度。单柱铣床和单臂铣床均用于加工大型零件。仪表铣床是一种小型的升降台铣床，用于加工仪器仪表和其他小型零件；工具铣床主要用于模具和工具制造，配有立铣头、万能角度工作台和插头等多种附件，还可进行钻削、镗削和插削等加工。其他铣床还有键槽铣床、凸轮铣床、曲轴铣床、轧辊轴颈铣床和方钢锭铣床等，它们都是为加工相应的工件而制造的专用铣床。

（3）按控制方式分类。铣床又可分为仿形铣床、程序控制铣床和数控铣床等。

2.4.2　铣床加工特点与危险辨识

2.4.2.1　铣床加工特点

铣床的铣削加工是指在铣床上用铣刀从毛坯（铸件、锻件或型材）上切除多余的金属材料，以获得形状、尺寸、位置精度和表面质量等符合技术要求的零件的铣削加工过程。铣削加工既适合于单件小批量零件的加工生产，又适合于大批量的零件加工生产，主要用于粗加工和半精加工。在切削加工中，铣床的工作量仅次于车床。

铣削加工时，主轴带动刀具所作的旋转运动为主运动，零件的移动为进给运动，如图2-16所示。

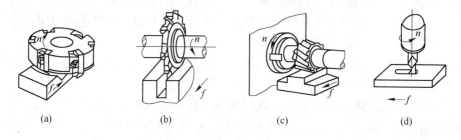

图 2-16　铣削加工

（a）端铣刀铣大平面；（b）三面刃铣刀铣直槽；（c）圆柱铣刀铣平面；（d）键槽铣刀铣键槽

铣削加工的尺寸精度为 IT8~IT7，表面粗糙度 R_a 值为 3.2~1.6μm。若以高的切削速度、小的背吃刀量对非铁金属进行精铣，则表面粗糙度 R_a 值可达 0.4μm。

铣削加工的特点：

（1）生产率高。铣刀是典型的多齿刀具，铣削时刀具同时参加工作的切削刃较多，可利用硬质合金镶片刀具，采用较大的切削用量，且切削运动是连续的，因此，与刨削相比，铣削生产效率较高。

（2）刀齿散热条件较好。铣削时，每个刀齿是间歇地进行切削，切削刃的散热条件好，但切入切出时热的变化及力的冲击将加速刀具的磨损，甚至可能引起硬质合金刀片的碎裂。

（3）容易产生振动。由于铣刀刀齿不断切入切出，使铣削力不断变化，因而容易产生振动，这将限制铣削生产率和加工质量的进一步提高。

2.4.2.2　铣床危险辨识

铣床在加工过程中高速旋转的铣刀以及铣削产生的飞屑是最主要的不安全因素。其他可能产生的危险因素如下：

（1）铣床运转时，用手清除切屑，调整冷却液，测量工件等，均可能使手触到旋转的刀具。

（2）操作人员操作时没有戴护目镜，被飞溅切屑伤眼。

（3）手套、衣服袖口被旋转的刀具卷进去。

（4）工件夹紧不牢，铣削中松动，用手去调整或紧固工件，工件在铣削中飞出。

（5）在快速自动进给时，手轮离合器没有打开，造成手轮飞转打人。

另外，由于铣削是多刃切削，受力不均易产生振动和噪声等有害因素。

2.4.3　铣床安全防护装置与措施

2.4.3.1　铣床安全防护装置

（1）对铣刀进行防护，是保证铣削安全、避免人身事故的主要措施。为防止铣刀伤手事故发生，可在旋转的铣刀上安装防护罩。防护罩可采用活动式的，如图2-17所示，当铣刀工作时，防护罩在弹簧的作用下向上升起，当结束铣削时，防护罩下降，遮住铣刀。

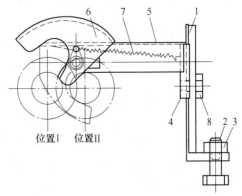

图 2-17　铣刀的自动防护装置
1—支柱；2, 8—螺栓；3—螺母；
4—滑板；5—悬臂；6—防护罩；
7—螺旋弹簧

铣刀自动防护装置的工作原理：在铣床工作台上用螺栓2及螺母3将支柱1紧固，螺栓头插在铣床工作台的T形槽内。在支柱1上用螺栓8紧固滑板4，滑板上焊有悬臂5，悬臂上吊挂着防护罩6。在铣削时，由于螺旋弹簧7的作用，防护罩向上升起，直到工作完毕为止。随后当铣床的工作台连同工件向右运动时，防护罩的支臂抵住刀轴，因而使防护罩下降，遮住铣刀。

（2）铣削为多刃切削，所以将引起铣床的振动，产生噪声。另外，铣削时刀刃切削力变化强烈，致使主轴和刀杆产生扭转振动。造成主轴箱中齿轮受到反复变化冲击载荷作用，产生振动和噪声。当振动传到铣刀刀刃时，将会发生崩刃现象。为减小铣床的振动，多数铣床的主轴都装有飞轮。对卧式铣床，可在铣床悬梁上采用防振动装置。在悬梁的空腔内，充满和黏稠油混合在一起的大小不同的钢球。当铣削引起振动时，黏稠油快速流过刚体之间的缝隙，便产生了与振动方向相反的黏滞阻力，因而起到很好的吸振作用。

（3）高速铣削时，在切屑飞出的方向必须安装合适的防护网或防护板，防止飞屑烫人事故，如图2-18所示为安装在铣床工作台上的活动防护挡板。

活动防护挡板的工作原理：它通过法兰1固定在铣床工作台上，球形轴承2固定在法兰上，立柱4的端头是球座3，悬臂5可沿立柱滑动，螺钉6用于固定悬臂的位置，悬臂终端是球铰7，在其上装有防护挡板8。

2.4.3.2　铣床安全防护措施

为保证铣床加工的安全，除采取针对性的安全防护装置外，还需要按照规范要求进行安全操作。铣床的安全操作规程如下：

（1）操作前需要做到：

1）操作前检查铣床各部位手柄是否正常，按规定加注润滑油，并低速试运转1～

2min，方能操作。

2）工作前应穿好工作服，女工要戴工作帽，操作时严禁戴手套。

3）装夹工件要稳固。装卸、对刀、测量、变速、紧固心轴及清洁机床，都必须在机床停稳后进行。

4）铣削不规则的工件及使用虎钳、分度头及专用夹具夹持工件时，不规则工件的重心及虎钳、分度头、专用夹具等应尽可能放在工作台的中间部位，避免工作台受力不匀，产生变形。

5）工作台上禁止放置工量具、工件及其他杂物。

（2）操作时需要做到：

1）开车时，应检查工件和铣刀相互位置是否恰当。铣削平面时，必须使用有四个刀头以上的刀盘，选择合适的切削用量，防止机床在铣削中产生振动。

2）铣床自动走刀时，手把与丝扣要脱开；工作台不能走到两个极限位置，限位块应安置牢

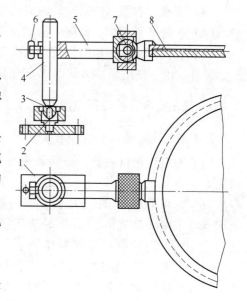

图 2-18　活动防护挡板
1—法兰；2—球形轴承；3—球座；
4—立柱；5—悬臂；6—螺钉；
7—球铰；8—防护挡板

固。在快速或自动进给铣削时，不准把工作台走到两极端，以免挤坏丝杆。工作台换向时，须先将换向手柄停在中间位置，然后再换向，不准直接换向。

3）铣床运转时，禁止徒手或用棉纱清扫机床，人不能站在铣刀的切线方向，更不得用嘴吹切屑。

4）工作台与升降台移动前，必须将固定螺丝松开；不移动时，将螺母拧紧。

5）刀杆、拉杆、夹头和刀具要在开机前装好并拧紧，不得利用主轴转动来帮助装卸。

（3）操作后需要做到：

1）工作后将工作台停在中间位置，升降台落到最低的位置上。

2）关闭电源，清扫机床，并将手柄置于空位，工作台移至正中。

2.5　刨床安全技术

2.5.1　刨床结构与分类

刨床是用刨刀对工件的平面、沟槽或成型表面进行刨削的直线运动机床。在刨床上可以刨削水平面、垂直面、斜面、曲面、台阶面、燕尾形工件、T 形槽、V 形槽，也可以刨削孔、齿轮和齿条等。使用刨床加工，刀具较简单，除加工长而窄的平面外，生产率较低，因而主要用于单件，小批量生产及机修车间，在大批量生产中往往被铣床所代替。

2.5.1.1　刨床结构

刨削类机床中牛头刨床是应用最为广泛的一种。下面以 B6065 型牛头刨床为例进行介

绍，如图 2-19 所示。

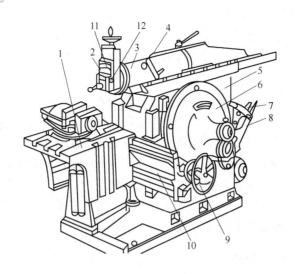

图 2-19　B6065 型牛头刨床
1—工作台；2—刀架；3—滑枕；4—行程位置调整手柄；5—床身；6—摆杆机构；7—变速手柄；
8—行程长度调整方榫；9—进给机构；10—横梁；11—刀座；12—轴 A

（1）床身。床身用来支承和连接刨床上各个部件。顶面的水平导轨用以支承滑枕作往复直线运动，前侧面的垂直导轨用于工作台的升降。床身的内部装有传动机构。

（2）刀架。刀架是用来夹持刨刀的结构。转动刀架的手柄，滑板可沿转盘上的导轨带动刨刀作上下移动。松开转盘上的螺母，将转盘转过一定的角度，可使刀架斜向进给，以便刨削斜面。滑板上装有可偏转的刀座（又叫刀盒），可使抬刀板绕刀座的轴 A 向上抬起，以便在返回行程时刀夹内刨刀上抬，减少刀具与工件间的摩擦。

（3）滑枕。滑枕前端装有刀架，可以带动刨刀一起运动。滑枕的运动由床身内部的一套摆杆机构带动。摆杆上端与滑枕内的螺母相连，下端与支架相连。偏心滑块与摆杆齿轮相连，嵌在摆杆的滑槽内，可沿滑槽运动。当摆杆齿轮由与其啮合的小齿轮带动转动时，偏心滑块则带动摆杆绕支架中心左右摆动，从而可以带动滑枕作往复直线运动。

（4）工作台。工作台用来装夹工件，其上开有多条 T 形槽，以便安装工件和夹具。小型工件装夹在平口钳上，大型工件可直接装夹在工作台上。工作台可随横梁一起作上下调整，以改变工件高度，并可沿横梁作水平进给运动。

2.5.1.2　刨床分类

根据结构和性能，刨床主要分为牛头刨床、龙门刨床、单臂刨床及专门化刨床（如刨削大钢板边缘部分的刨边机、刨削冲头和复杂形状工件的刨模机）等。

常用的刨床有：牛头刨床、龙门刨床和单臂刨床。

（1）牛头刨床。牛头刨床因滑枕和刀架形似牛头而得名，刨刀装在滑枕的刀架上作纵向往复运动，多用于切削各种平面和沟槽。适用于刨削长度不超过 1000mm 的中小型零件。牛头刨床的特点是调整方便，但由于是单刃切削，而且切削速度低，回程时不工作，所以生产效率低，适用于单件小批量生产。刨削精度一般为 IT9~IT7，表面粗糙度 R_a 值为 6.3~3.2μm，牛头刨床的主参数是最大刨削长度。

（2）龙门刨床。龙门刨床因有一个由顶梁和立柱组成的龙门式框架结构而得名，工作台带着工件通过龙门框架作直线往复运动，多用于加工大平面（尤其是长而窄的平面），也用来加工沟槽或同时加工数个中小零件的平面，大型龙门刨床往往附有铣头和磨头等部件，这样就可以使工件在一次安装后完成刨、铣及磨平面等工作。龙门刨床主要加工大型工件或同时加工多个工件。与牛头刨床相比，从结构上看，其形体大，结构复杂，刚性好；从机床运动上看，龙门刨床的主运动是工作台的直线往复运动，而进给运动则是刨刀的横向或垂直间歇运动，这刚好与牛头刨床的运动相反。龙门刨床由直流电机带动，并可进行无级调速，运动平稳。龙门刨床的所有刀架在水平和垂直方向都可平动。

龙门刨床主要用来加工大平面，尤其是长而窄的平面，一般可刨削的工件宽度达 1m，长度在 3m 以上。龙门刨床的主参数是最大刨削宽度。

（3）单臂刨床。单臂刨床具有单立柱和悬臂，工作台沿床身导轨作纵向往复运动，多用于加工宽度较大而又不需要在整个宽度上加工的工件。

2.5.2　刨床加工特点与危险辨识

2.5.2.1　刨床加工特点

刨床刨削的运动特点：刨床是使刀具和工刨床件之间产生相对的直线往复运动来达到刨削工件表面的目的。往复运动是刨床上的主运动。机床除了有主运动以外，还有辅助运动，也叫进刀运动，刨床的进刀运动是工作台（或刨刀）的间歇移动，如牛头刨床滑枕带动刀具作主运动，工作台带动工件作间歇的进给运动，如图 2-20 所示。

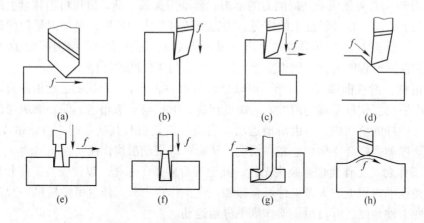

图 2-20　刨削示意图
（a）刨平面；（b）刨垂直面；（c）刨台阶面；（d）刨斜面；
（e）刨直槽；（f）切断；（g）刨 T 形槽；（h）刨成型面

刨床的加工特点：

（1）由于刨床结构较为简单，调整、操作都较方便，加上刨刀的制造与刃磨也很容易，价格低廉，所以加工成本较低。

（2）其主运动是直线往复运动，一方面由于冲击与振动等不利因素，影响加工质量；另一方面由于切削速度低和空行程的影响，生产率也较低。但在刨狭长平面（如导轨），或在龙门刨床上进行多件、多刀同时切削时，则有较高的切削效率。

（3）刨削加工的精度通常为 IT9～IT7 级，表面粗糙度 R_a 值为 12.5～3.2μm。在龙门刨床上采用宽刃刨刀刨削时，表面粗糙度 R_a 值为 1.6～0.8μm。直线度误差在 1000mm 内不大于 0.02mm。

（4）刨削为间歇切削，每一行程开始吃刀有冲击，易使刀具崩刃或损坏，故切削速度受到限制，因此所产生的切削热不多，除精刨外，一般刨削皆不需采用冷却润滑液。

2.5.2.2　刨床危险辨识

刨床在加工工件时，速度较慢，因此从设备方面看，危险性较车床等小，主要的危险有害因素如下：

（1）牛头刨床。刀具受冲击较大，易使刀具崩刃或工件滑出，造成割伤、划伤等伤害事故；滑枕可能使操作者的手挤在刀具与工件之间，或将操作者身体挤向固定物体，如墙壁、柱子及堆放物等；刨削时飞溅的切屑易伤人，散落在机床周围的切削金属也会伤及人的脚部。

（2）龙门刨床。运动的工作台会撞击操作者或将操作者压向固定物体；由于加工大型零件，工人往往站在工作台上调整工件或刀具，由于机床失灵造成伤害事故。

（3）机床运转中，装拆工件、调整刀具、测量和检查工件，或操作时站在牛头刨床的正前方等，均容易被刀具、滑枕撞击。

2.5.3　刨床安全防护装置与措施

2.5.3.1　刨床安全防护装置

为保证刨削加工中的安全，可根据刨床的运动特点，采取以下的安全防护装置。

采用的安全装置主要是限位开关。为防止高速切削时，刨床工作台飞出造成伤害，应设置限位开关、液压缓冲器或刀具切削缓冲器。

采用的防护装置包括：

（1）在牛头刨床工作台的端头设置铁屑收集筒，以便收集铁屑。

（2）在龙门刨床上设置固定式或可调式防护栏杆，以防止工作台撞击操作者或将操作者压向墙壁或其他固定物。

2.5.3.2　刨床安全防护措施

为避免伤害事故的发生，刨床在加工工件过程中需要按照以下规程进行操作：

（1）启动前准备：

1）工件必须夹牢在夹具或工作台上，夹装工件的压板不得长出工作台，在机床最大行程内不准站人。刀具不得伸出过长，应装夹牢靠。

2）校正工件时，严禁用金属物猛敲或用刀架推顶工件。

3）工件宽度超出单臂刨床加工宽度时，其重心对工作台重心的偏移量不应大于工作台宽度的四分之一。

4）调整冲程应使刀具不接触工件，用手柄摇动进行全行程试验，滑枕调整后应锁紧并随时取下摇手柄，以免落下伤人。

5）龙门刨床的床面或工件伸出过长时，应设防护栏杆，在栏杆内禁止通过行人或堆码物品。

6）龙门刨床在刨削大工件前，应先检查工件与龙门柱、刀架间的预留空隙，并检查工件高度限位器安装是否正确牢固。

7）龙门刨的工作台面和床面及刀架上禁止站人、存放工具和其他物品。操作人员不得跨越台面。

8）作用于牛头刨床手柄上的力，在工作台水平移动时，不应超过78.4N，上下移动时，不应超过98N。

9）工件装卸、翻身时应注意锐边、毛刺割手。

10）横梁、工作台位置要调整好，以防开车后，工件与滑轨或横梁相撞。

（2）运转中注意事项：

1）在刨削行程范围内，前后不得站人，不准将头、手伸到牛头前观察切削部分和刀具，未停稳前，不准测量工件或清除切屑。

2）吃刀量和进刀量要适当，进刀前应使刨刀缓慢接近工件。

3）刨床必须先运转后方准吃刀或进刀，在刨削进行中欲使刨床停止运转时，应先将刨床退离工件。

4）运转速度稳定时，滑动轴承温升不应超过60℃，滚动轴承温升不应超过80℃。

5）进行龙门刨床工作台行程调整时，必须停机，最大行程时两端余量不得少于0.45m。

6）经常检查刀具、工件的固定情况和机床各部件的运转是否正常。

7）工件、刀具和夹具装夹要牢靠，以防切削中产生工件"移动"。甚至滑出以及刀具损坏或折断，造成设备或人身事故。

8）机床运转中，不允许装卸工件、调整刀具、测量及检查工件，以防止被刀具、滑枕撞击。

9）牛头刨床工作台或龙门刨床刀架座快速移动时，应将手柄取下或脱开离合器，以免手柄快速转动或飞出伤人。

（3）停机注意事项：

1）工作中如发现滑枕升温过高；换向冲击声或行程振荡声异响；或突然停车等不良状况，应立即切断电源；退出刀具，进行检查、调整、修理等。

2）停机后，应将牛头滑枕或龙门刨工作台面、刀架回到规定位置。

2.6　磨床安全技术

2.6.1　磨床结构与分类

磨床是利用磨具对工件表面进行磨削加工的机床。大多数的磨床是使用高速旋转的砂轮进行磨削加工，少数的是使用油石、砂带等其他磨具和游离磨料进行加工。磨床能加工硬度较高的材料，如淬硬钢、硬质合金等；也能加工脆性材料，如玻璃、花岗石。磨床能作高精度和表面粗糙度很小的磨削，也能进行高效率的磨削，如强力磨削等。

2.6.1.1 磨床结构

磨床的种类较多，现以常用的万能外圆磨床为例（见图 2-21）。

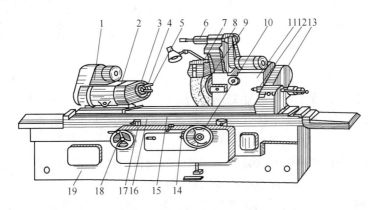

图 2-21 万能外圆磨床
1—变速机构；2—头架；3—拨盘；4—顶尖；5—拨杆；6—内圆磨具；7—喷嘴；
8—支架；9—砂轮；10—横向进给手轮；11—砂轮架；12—尾座套筒；13—尾座；14—砂轮架快速进退手柄；
15—上工作台；16—下工作台；17—撞块；18—手轮；19—床身

（1）床身。床身是一个箱形铸件，其纵向导轨上装有工作台，床身后方垫板的横向导轨上装有砂轮架。床身内还装有液压装置、横向进给机构和纵向进给机构等。床身是磨床的基础部件。

（2）头架。头架内有主轴和变速机构。在主轴前端的锥孔中，可安装顶尖以支承工件的中心孔，使工件形成精确的旋转中心。主轴端也可安装卡盘用以装夹工件，磨削工件的内圆表面。调节变速机构，可使拨盘获得各种不同的转速，工件由拨盘带动旋转。

（3）尾座。在尾座套筒的前端可安装顶尖，用以支承工件另一端的中心孔，实现工件两中心孔的定位。尾座套筒后端的弹簧，可调节顶尖对工件的顶紧力。通常工件都用两顶尖装夹。

（4）工作台。工作台分上下两层，上工作台可回转角度，以便磨削圆锥面。下工作台由机械或液压传动，可沿着床身的纵向导轨作纵向进给运动。工作台的纵向行程由撞块控制。

（5）砂轮架。砂轮架安装在床身垫板的横向导轨上，操作横向进给手轮，可实现砂轮的横向进给，以控制背吃刀量。借助液压传动，也可实现砂轮的自动周期横向进给。砂轮架还可以由液压传动，实现一定行程的快速进退运动。砂轮装在砂轮架主轴端，并由电动机经带轮、传动带传动，实现砂轮的磨削运动。在砂轮上方为浇注切削液的喷嘴，磨削时打开喷嘴，可冷却润滑工件。

（6）内圆磨具。内圆磨具用于磨削工件的内孔，在它的主轴端可安装内圆砂轮。主轴由电动机经带轮、传动带带动做磨削运动。内圆磨具主轴的转速极高。内圆磨具装在可绕铰链回转的砂轮架支架上，使用时可向下翻转至工作位置。

（7）液压传动系统。液压传动系统主要包括：工作台往复运动、砂轮架快速进退运动和砂轮架自动周期进给运动三个部分。工作台往复运动是外圆磨削主要的进给运动之一，以使砂轮能均匀地磨削加工的表面。装卸工件时，需将砂轮快速退出；磨削时又将砂轮快速引进至磨削位置。砂轮架快速进退量为50mm。为了保证操作安全，在测量工件尺寸时，也要将砂轮退离工件。砂轮架自动周期进给有四种状态可供选择：双向进给、右进给、左进给、无进给。其中，右进给和左进给为单向进给，即砂轮磨削至工件左或右端进给。

2.6.1.2 磨床分类

磨削加工的应用范围很广，它能完成外圆、内孔、平面以及齿轮、螺纹等成型表面的精加工，磨床可分为万能外圆磨床、普通外圆磨床、内圆磨床、平面磨床、工具磨床以及专用磨床等。

随着高精度、高硬度机械零件数量的增加，以及精密铸造和精密锻造工艺的发展，磨床的性能、品种和产量都在不断地提高和增长。

（1）外圆磨床。外圆磨床是普通型的基型系列，主要用于磨削圆柱形和圆锥形外表面的磨床。

（2）内圆磨床。内圆磨床是普通型的基型系列，主要用于磨削圆柱形和圆锥形内表面的磨床。

（3）坐标磨床。坐标磨床是具有精密坐标定位装置的内圆磨床。

（4）无心磨床。无心磨床的工件采用无心夹持，一般支承在导轮和托架之间，由导轮驱动工件旋转，主要用于磨削圆柱形表面的磨床。

（5）平面磨床。平面磨床主要用于磨削工件平面的磨床。

（6）砂带磨床。砂带磨床是用快速运动的砂带进行磨削的磨床。

（7）珩磨机。珩磨机是用于珩磨工件各种表面的磨床。

（8）研磨机。研磨机是用于研磨工件平面或圆柱形内、外表面的磨床。

（9）导轨磨床。导轨磨床主要用于磨削机床导轨面的磨床。

（10）工具磨床。工具磨床是用于磨削工具的磨床。

（11）多用磨床。多用磨床是用于磨削圆柱、圆锥形内、外表面或平面，并能用随动装置及附件磨削多种工件的磨床。

（12）专用磨床。专用磨床是从事对某类零件进行磨削的专用机床。按其加工对象又可分为：花键轴磨床、曲轴磨床、凸轮磨床、齿轮磨床、螺纹磨床、曲线磨床等。

2.6.2 磨床加工特点与危险辨识

2.6.2.1 磨床加工特点

磨床加工的运动特点：用磨具如砂轮以较高线速度对工件表面进行加工，磨具旋转做主运动，工件作进给运动（见图2-22）。

磨床加工的特点：

（1）磨削属多刃、微刃切削。磨削用的砂轮是由许多细小坚硬的磨粒用结合剂黏结在一起经焙烧而成的疏松多孔体。这些锋利的磨粒就像铣刀的切削刃，在砂轮高速旋转的条件下，切入零件表面，故磨削是一种多刃、微刃切削过程。

（2）加工尺寸精度高，表面粗糙度值低。磨削的切削厚度极薄，每个磨粒的切削厚度

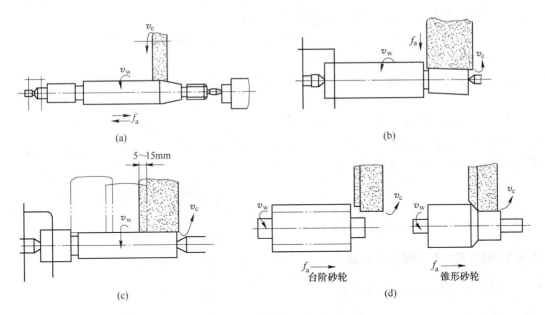

图 2-22　磨削加工示意图

（a）纵磨法；（b）横磨法；（c）综合磨法；（d）深磨法

可小到微米，故磨削的尺寸精度可达 IT6～IT5，表面粗糙度 R_a 值达 $0.8\sim0.1\mu m$。高精度磨削时，尺寸精度可超过 IT5，表面粗糙度 R_a 值不大于 $0.012\mu m$。

（3）加工材料广泛。由于磨料硬度极高，故磨削不仅可加工一般金属材料，如碳钢、铸铁等，还可加工一般刀具难以加工的高硬度材料，如淬火钢、各种切削刀具材料及硬质合金等。

（4）砂轮有自锐性。当作用在磨粒上的切削力超过磨粒的极限强度时，磨粒就会破碎，形成新的锋利棱角进行磨削；当此切削力超过结合剂的黏结强度时，钝化的磨粒就会自行脱落，使砂轮表面露出一层新鲜锋利的磨粒，从而使磨削加工能够继续进行。砂轮的这种自行推陈出新、保持自身锋利的性能称为自锐性。砂轮有自锐性可使砂轮连续进行加工，这是其他刀具没有的特性。

（5）磨削温度高。磨削过程中，由于切削速度很高，产生大量切削热，温度超过 1000℃。同时，高温的磨屑在空气中发生氧化作用，产生火花。在如此高温下，将会使零件材料性能改变而影响质量。因此，为减少摩擦和迅速散热，降低磨削温度，及时冲走屑末，以保证零件表面质量，磨削时需使用大量切削液。

2.6.2.2　磨床危险辨识

磨床在磨削加工过程中，产生的危险因素如下：

（1）由于砂轮自身缺陷、磨削用量选择不当，缺乏及时修整及操作不当，如磨削工件楔入磨削工件靠板与砂轮之间等原因均可发生砂轮破碎而使人受伤。

（2）工件中心架调整不适当或未备中心架，导致工件飞出砸伤操作者。

（3）工件夹固不牢或电磁盘失灵等原因造成工件飞出伤人。

（4）磨削时砂轮的工件上飞溅出的微细砂屑及金属屑，会伤害工人的眼睛。

（5）磨削产生的火星、火花对操作者造成灼伤。

（6）由于振动或超速运转，导致砂轮破裂，碎片飞出对操作者造成伤害。

磨削加工产生的主要有害因素如下：

（1）磨削时产生的噪声最高可达 110dB（A）以上，如不采取降噪措施，会影响操作者的健康。

（2）磨削时产生的金属磨屑、脱落的磨料及结合剂等形成的微细粒状的粉尘（粒径在 $5\mu m$ 以下的达 $80\% \sim 90\%$），极易被人吸入，影响健康。

磨削加工过程中以上几种危险有害因素可能是同时存在的，如图 2-23 所示。

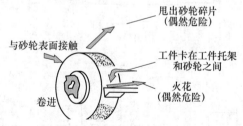

图 2-23　砂轮运转时的危险因素

2.6.3　磨床安全防护装置与措施

2.6.3.1　磨床安全防护装置

磨削加工应用较为广泛，是机器零件精密加工的主要方法之一。但是，由于磨床砂轮的转速很高，砂轮又比较硬、脆，经不起较重的撞击，偶然的操作不当，撞碎砂轮会造成非常严重的后果。因此，必须采取可靠的安全防护装置，操作要精神集中。

为了保证磨床工作安全，不但在磨具的选择和准备工作时需采取预防措施，而且在设计磨床时需要有适当的安全防护装置。磨床除有金属切削机床一般安全防护装置外，还应有保证安全的特殊装置。

（1）普通磨削砂轮的防护罩。磨床防护装置中以砂轮防护罩最为重要，因砂轮转速高，当砂轮破碎时，其破坏性不亚于炮弹。砂轮防护罩的构造主要取决于加工件的形状、尺寸、加工方法以及磨床的构造，其基本原则是：砂轮安装防护罩后使砂轮的外露部分以能满足工作时的需要为依据，砂轮外露部分角度尽量减小，在砂轮破裂时发生的危险性也愈小。如图 2-24 所示，依照各种磨床上所用防护罩的位置不同而具有最大的容许外露角度。防护罩必须保证装卸方便，可拆卸部分必须装夹牢固。

（2）磁性台面的防护装置。在平面磨床上，采用电磁吸盘夹持工件，其主要危险是因为电磁吸盘失去磁性而将工件抛出伤人。为了防止因失磁而引起的危险事故，在电路中设置报警指示灯，当电磁吸盘失磁时报警指示灯亮，便于操作人员及时停车。并装设联锁装置，当平台断电时，磨床电机也断电停机。或将平台改为永久磁性的，并且在平台两端装设固定的防护挡板。对于非导磁性工件（铜合金、铝合金），应采用精密虎钳或其他专用夹具（见图 2-25）装夹后，再放到磁性平台上。

（3）限位换向操纵机构。当磨削键、垫圈等尺寸小而壁较薄的工件时，因工件与磁性平台接触面积小、吸力弱、容易被磨削力弹出而造成事故，因此，装卡这类工件时，需在工件四周或左、右两端用挡铁围住，以免磨削时工件发生位移。磨床工作台的行程长度由改变挡块的位置来调整（见图 2-26），因此，必须检查挡块固定的可靠性，否则在自动送进打开后，挡块会被推离原位，换向不起作用，砂轮就会撞到前、后床头上或工件的端面上。

（4）机床的防护装置。机床的导轨、丝杆和防止冷却液飞溅均可采用防护罩防

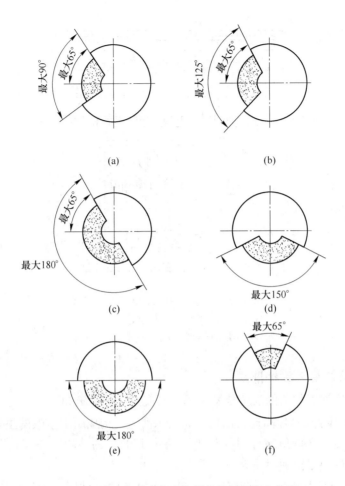

图 2-24 用于各种磨床防护罩的外露角度和位置

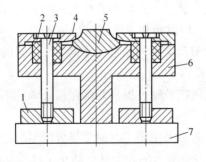

图 2-25 在磁性平台上固定非磁性材料工件的夹具
1—铁磁体；2—减振环；3—螺钉；4—压板；5—工件；6—本体；7—磁性平台挡

护。防护罩有单层固定式、双层和多层伸缩式、折叠式、钢带式等。防止冷却液飞溅的防护罩根据机床而定。一般磨床用铁皮防护，也有用透明的有机玻璃防护罩，便于工人观察。

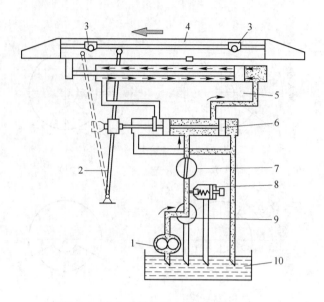

图 2-26 磨床上限位换向操纵机构示意图

1—油泵；2—操纵手柄；3—挡块；4—工作台；5—油缸；6—换向滑阀；
7—节流阀；8—安全阀；9—转阀；10—油池

2.6.3.2 磨床安全防护措施

磨削加工时应注意相关的安全技术问题，其安全防护措施如下：

（1）砂轮破碎导致碎片高速飞出伤人，后果严重，构成磨削事故的主要危险源，故应设置具有足够张度、开口角度合理（最大不超过 150°）的砂轮防护罩，罩内最好敷设缓冲材料，以减小碎块二次弹射伤人。

（2）在磁力吸盘上装键、薄臂环、垫圈等小尺寸的工件时，四周应加长条形挡铁围栏，以防因磁力小，工件在磨削力作用下叠加挤碎砂轮或工件飞出伤人。

（3）磨削加工时应设吸尘装置，以减小粉尘的污染和对操作人员的危害。平面磨床砂轮工作点设置排风吸尘装置，以改善作业区卫生环境。

（4）磨削加工可通过选用低噪声的油泵和降低油泵电机的转速，使用低噪声的溢流阀及浸油型电磁阀等措施降低噪声。

（5）采用高硬度材料制造接长轴，提高和确保接长轴的刚性，预防砂轮因振动而引起破碎。

（6）在磁盘上安放小件时，采用使工件遮盖尽可能多的绝磁层，并且对称于绝磁层的措施，增加对工件的吸力和各处吸力的均匀性，防止工件走动或翘起。

磨床在操作工程中一般按照以下安全要求进行：

（1）开车启动前：

1）开车前应认真地对机床进行全面检查，包括对操纵机构、电气设备及磁力吸盘等卡具的检查。

2）检查后再经润滑，润滑后进行试车，确认一切良好，方可使用。

3）装卡工件时要注意卡正、卡紧，在磨削过程中工件松脱会造成工件飞出伤人或撞碎砂轮等严重后果。

4）用磁力吸盘时，要将盘面、工件擦净、靠紧、吸牢，必要时可加挡铁，防止工件移位或飞出。

5）要注意装好砂轮防护罩或机床挡板，站位要侧过高速旋转砂轮的正面。

6）研磨前，校正砂轮平衡；必须依工件材质、硬度慎选砂轮。

（2）操作运行中：

1）开始工作时，应用手调方式，使砂轮慢些与工件靠近，开始进给量要小，不许用力过猛，防止碰撞砂轮。

2）需要用挡铁控制工作台往复运动时，要根据工件磨削长度，准确调好，将挡铁紧牢。

3）更换砂轮时，必须先进行外观检查，是否有外伤，再用木锤或木棒敲击，要求声音清脆确无裂纹。

4）安装砂轮时必须按规定的方法和要求装配，静平衡调试后进行安装，试车，一切正常后，方可使用。

5）工人在工作中要戴好防护眼镜，修整砂轮时要平衡地进行，防止撞击。

6）测量工件、调整或擦拭机床都要在停机后进行。

（3）操作结束：

1）作业完毕，清除磨床各部位的研磨屑。

2）注意主轴旋转方向，禁止使用空气枪清洁工作物及机器。

3）机件各处，尤其是滑动部位，应擦拭干净后上油。

（4）维护保养：

1）磨床的日常保养，要有专人负责保养和使用，定期检修，确保机床处于良好状态。

2）主轴端与砂轮凸缘应涂薄油膜以防生锈。

3）注意钢索是否松动，及时调整。

4）注意油窗油路是否顺畅。

5）吸力弱时检查吸尘管是否有粉屑堵塞，保持吸尘管道清洁，否则会引起燃烧。

6）磨床吸盘的保养。永久磁铁吸盘或电磁吸盘的盘面为工作物研磨精度能否保证的基础，应妥善维护、保养。

7）磨床润滑系统的保养。润滑油初次使用满一个月后即更换，以后每3~6个月更换一次，油槽下方有泄油栓，可资利用。并注意换油时，将槽内部及过滤器一并清洗。

2.7　冲压机械的安全技术

2.7.1　冲压机械结构与分类

用冲压设备和冲模使金属或非金属板料产生分离或成型而得到制件的工艺方法称为板料冲压，简称冲压。这种加工方法通常是在常温下进行的，所以又称冷冲压。冲压的原材料是具有较高塑性的金属薄板，如低碳钢、铜及其合金、镁合金等。非金属板料，如石棉板、硬橡胶、胶木板、纤维板、绝缘纸、皮革等也适于冲压加工。用于冲压加工的板料厚度一般小于 6mm，当板厚超过 8~10mm 时则采用热冲压。广泛用于汽车、拖拉机、电机、仪器仪表等制造部门，是危险性较大的加工方法。

2.7.1.1　冲压机械结构

冲压所用的机械设备种类有多种，主要机械有剪床和冲床。

（1）剪床。剪床是下料用的基本设备，它是将板料切成一定宽度的条料或块料，以供给冲压所用。反映剪床的主要技术参数是它所能剪板料的厚度和长度，如 Q11-2×1000 型剪床，表示能剪厚度为 2mm、长度为 1000mm 的板材。如图 2-27 所示为剪床的传动机构。

电动机带动带轮和齿轮转动，离合器闭合使曲轴旋转，带动装有上刀片的滑块沿导轨作上下运动，与装在工作台上的下刀片相剪切而进行工作。为了减小剪切力和利于剪切宽而薄的板料，一般将上刀片做成具有斜度为 6°~9° 的斜刃，对于窄而厚的板料则用平刃剪切；挡铁起定位作用，便于控制下料尺寸；制动器控制滑块的运动，使上刀片剪切后停在最高位置上，便于下次剪切。

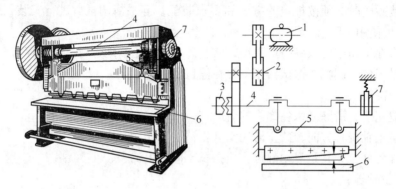

图 2-27　剪床外形图（左）和传动机构简图（右）
1—电动机；2—传动轴；3—离合器；4—曲轴；5—滑块；6—工作台；7—制动器

（2）冲床。冲床是进行冲压加工的基本设备，它可完成除剪切外的绝大多数冲压基本工序。冲床按其结构可分为单柱式和双柱式、开式和闭式等；按滑块的驱动方式分为液压驱动和机械驱动两类。机械式冲床的工作机构主要由滑块驱动机构（如曲柄、偏心齿轮、凸轮等）、连杆和滑块组成。如图 2-28 所示，为开式双柱式冲床的外形和传动简图。电动机通过减速系统带动大带轮转动。当踩下踏板后，离合器闭合并带动曲轴旋转，再经连杆带动滑块沿导轨作上、下往复运动，完成冲压动作。冲模的上模装在滑块的下端，随滑块上、下运动，下模固定在工作台上，上、下模闭合一次即完成一次冲压过程。踏板踩下后立即抬起，滑块冲压一次后便在制动器作用下，停止在最高位置上，以便进行下一次冲压。若踏板不抬起，则滑块进行连续冲压。

2.7.1.2　冲压机械分类

冲压机械设备类型主要包括曲柄压力机、剪板机和液压机等。

（1）曲柄压力机。曲柄压力机是一种将旋转运动转变为直线往复运动的机器。压力机由电动机通过皮带轮及齿轮驱动曲轴转动，曲轴的轴心线与其上的曲柄轴心线偏移一个偏心距，便可通过连杆带动滑块做上下往复运动。压力机曲柄滑块机构的滑块运动速度随曲柄转角的位置变化而变化，其加速度也随着做周期性变化。

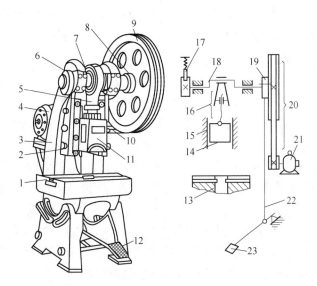

图 2-28　冲床外观图（左）和传动简图（右）

1，13—工作台；2，15—导轨；3—床身；4，21—电动机；5，16—连杆；
6，17—制动器；7，18—曲轴；8，19—离合器；9—带轮；10—三角胶带；
11，14—滑块；12，23—踏板；20—三角胶带减速系统；22—拉杆

（2）剪板机。剪板机是机加工工业生产中应用比较广泛的一种剪切设备，它能剪切各种厚度的钢板材料。常用的剪板机分为平剪、滚剪及震动剪 3 种类型，其中平剪床使用最多。剪切厚度小于 10mm 的剪板机多为机械传动，大于 10mm 的为液压传动。一般用脚踏或按钮操纵进行单次或连续剪切金属。

（3）压力机。压力机是对材料进行压力加工的机床，通过对坯件施加强大的压力使其发生变形和断裂来加工成零件。有液压传动和机械传动的压力机，其中液压传动的压力机又称为液压机和油压机。通常压力机由四部分组成：上压式四立柱油压机、组合控制机柜、电加热系统和保温装置、模具输送台架。

2.7.2　冲压机械加工特点与危险辨识

2.7.2.1　冲压机械加工特点

（1）冲压通常是在常温下利用压力机、模具等装备成型制件的工艺，具有加工速度快、生产效率高的特点。操作者在模区往返操作次数每班可达上百次，甚至上千次，体力消耗大。

（2）一般来说，冲压操作的顺序及内容主要包括：冲模在设备上的安装与调整、开机送料进行冲压、使板料或坯料变成成品零件，以及在冲压过程中对出现的故障进行临时性处理。整个操作较为简单，动作单一极少变化，但因操作多数以人工送料、取件、卸料为主，因此劳动量大，且操作人员在长期工作以后，很容易因疲劳而发生人身伤害事故或设备损坏事故。

（3）冲压加工过程中，由于压力机加工速度快，且压力机、冲模工作时，彼此间要承受较大的冲击载荷，且动作猛烈，作用时间短，因此压力机及冲模易发生故障。又因冲压

件生产批量较大，故冲压操作稍不注意就会产生成批次的废次品等产品质量事故。

（4）冲压机械噪声大，振动大，作业环境恶劣。

2.7.2.2 冲压机械危险辨识

冲压作业的危险因素从两个方面来考虑：冲压设备危险和冲压工艺危险。

（1）冲压设备危险。冲压事故有可能发生在冲压设备的各个危险部位，但以发生在模具行程间为绝大多数，且伤害部位主要是作业者的手部。即当操作者的手处于模具行程之间时模块下落，就会造成冲手事故。这是设备缺陷和人的行为错误所造成的事故。在冲压作业中，冲压机械设备、模具、作业方式对安全影响很大。具体情况如下：

1）设备结构具有的危险。相当一部分冲压设备采用的是刚性离合器。这是利用凸轮或结合键机构使离合器接合或脱开，一旦接合运行，就一定要完成一个循环，才会停止。假如在此循环中的下冲程，手不能及时从模具中抽出，就必然会发生伤手事故。

2）动作失控。设备在运行中还会受到经常性的强烈冲击和震动，使一些零部件变形、磨损以至碎裂，引起设备动作失控而发生危险的连冲事故。

3）开关失灵。设备的开关控制系统由于人为或外界因素引起的误动作。

4）模具的危险。模具担负着使工件加工成型的主要功能，是整个系统能量的集中释放部位。由于模具设计不合理或有缺陷，可增加受伤的可能性。有缺陷的模具则可能因磨损、变形或损坏等原因，在正常运行条件下发生意外而导致事故。

（2）冲压工艺危险。冲压作业，一般分为送料、定料、操纵设备、出件、清理废料、工作点布置等工序。这些工序因其多用人工操作，用手或脚去启动设备，用手工甚至用手直接伸进模具内进行上下料、定料作业，极易发生失误动作而造成伤手事故。其主要危险来自于加工区，且冲压作业操作单调、频繁，容易引起精神疲劳，而出现操作失误导致伤害事故。其危险常常表现为以下几种形式：

1）手工送料或取件时，操作者体力消耗大，极易造成精神和身体疲劳，特别是采用脚踏开关时，更易导致出现失误动作而切伤人手。

2）由于冲压机械本身故障，尤其是安全防护装置失灵，如离合器失灵发生连冲，调整模具时滑块突然自动下滑；传动系统防护罩意外脱落等故障，从而造成意外事故。

3）多人操作的大型冲压机械，因为相互配合不好，动作不协调，引发伤人事故。

4）在模具的起重、安装、拆卸时易造成砸伤、挤伤事故。

5）液压元件超负荷作业，压力超过允许值，使高压液体冲出伤人。

6）齿轮或传动机构将人员绞伤。

2.7.3 冲压机械安全防护装置与措施

2.7.3.1 冲压机械安全防护装置

冲压机械的安全防护装置包括安全装置和防护装置两类。

（1）冲压设备的安全装置。冲压设备的安全装置形式较多，按结构分为机械式、按钮式、感应式、光电式等。

1）机械式安全装置。主要有以下 3 种类型：

①推手式保护装置。推手式保护装置是一种与滑块联动的，通过挡板的摆动将手推离

开模口的机械式保护装置，当滑块向下运动时，固定在曲轴上的挡板由里向外运动，挡住下模口的危险区，若此时手还在危险区内，则手被推出，如图 2-29 所示。

②摆杆护手装置又称拨手保护装置。该装置是运用杠杆原理将手拨开的装置，如图 2-30 所示，在冲压时，将操作者的手强制性脱离危险区，通过带有拉簧的拨杆，在滑块下行时，将手拨出危险区。动力来源主要是由滑块和曲轴直接带动。

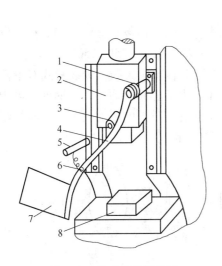

图 2-29 推手式保护装置

1—固定轴架；2—滑块；3—滚动套；

4—摆动杆；5—拉簧固定柱；6—拉簧；

7—遮护板；8—下模

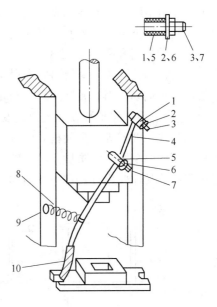

图 2-30 摆杆护手装置

1，5—套筒；2，6—挡圈；3，7—轴；

4—拨杆；8—拉簧；9—拉簧座；

10—拨手外套

③拉手安全装置。拉手安全装置是一种用滑轮、杠杆、绳索将操作者的手动作与滑块运动联动的装置，如图 2-31 所示，压力机工作时，滑块下行，固定在滑块上的拉杆将杠杆拉下，杠杆的另一端同时将绳索放松弹簧往上拉动，另一端套住操作者的手臂。因此绳索放松弹簧能自动将手拉出模具危险区。

机械式安全装置结构简单、制造方便，但对作业干扰影响较大，操作人员不太喜欢使用，有局限性。

2）双手按钮式保护装置。双手按钮式保护装置是一种用电气开关控制的保护装置。启动滑块时，强制将人手限制在模外，实现隔离保护。只有操作者的双手同时按下两个按钮时，中间继电器才有电，电磁铁动作，滑块启动。凸轮中开关在下死点前处于开路状态，若中途放开任何一个开关时，电磁铁都会失电，使滑块停止运动，直到滑块到达下死点后，凸轮开关才闭合，这时放开按钮，滑块仍

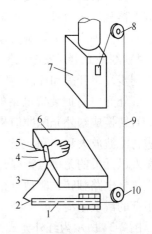

图 2-31 侧向拉手式防护装置

1—支撑导管；2—绳索放松弹簧；

3—拉手绳；4—手臂；5—手腕套；

6—工作台；7—滑块；

8，10—导向轮；9—绳索

能自动回程。

双手按钮式保护装置原理如图 2-32 所示，1A 为停止按钮，2A、3A 为启动按钮，J 为控制启动装置的中间继电器线圈，s 为凸轮开关。当需要启动时，只有用双手同时按启动按钮 2A 和 3A，中间继电器 J 才开始作用，并使压力机动作，滑块才随之下行，直到滑块下行到下死点位置后才能离开。从而强制双手始终离开冲模危险区，起到了安全保护

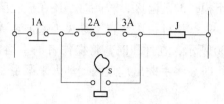

图 2-32　双手按钮式保护装置

作用。因此，凸轮开关 s 是闭路，则滑块可自动回程；如果中途放在 2A 或 3A，则 J 没有电，滑块停止运动，因此 s 是开路。凸轮开关的压开角度一般为 135°～150°。

3）电容感应式保护装置。在压力机模区前，设置电容感应天线。天线形式有平面框式、多面框式、杆式等。平面框式和杆式天线可用于压力机正面的防护，多面框式可用于压力机正面和两个侧面的防护。将天线和联结器固定在需要防护的压力机上，并与控制箱及电源联结。具体应用方式和电气线路框图如图 2-33 所示。

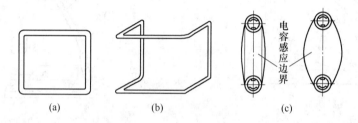

图 2-33　电容感应天线

（a）平面框式；（b）多面框式；（c）电容感应边界

当操作者的手进入或停留在天线感应防护区内时，装置的调谐频率发生变化，线路上的继电器触发压力机上的控制机构使压力机滑块停止运动，电容感应式安全装置结构简单，防护范围广，不影响操作视线，安全方便。

4）红外光电式安全保护装置。红外光电防护装置红外光电保护装置由发光器、受光器、同步发讯开关和控制器四个部分组成。

红外光电防护装置电路的工作原理是将预先调制成频率为 1kHz 的脉冲电流通过发光二极管转换成红外光脉冲信号。受光装置接收到光束信号以后，再将它变成脉冲电信号，并进行滤波放大和鉴别。当其中任意一束被人或工件遮断时，经鉴别电路鉴别判断后，由同步发讯开关的无接点行程开关发出讯号和鉴别器输出信号给"与"门。"与"门输出信号使记忆电路翻转，驱动电路随即驱动继电器切断冲压机械的制动电磁铁或空气制动阀，使下落的滑块制动。

图 2-34 所示为红外光式冲压安全保护装置在压力机上的安装位置。

光电式安全保护装置的安全距离是指光幕至工作危险区——模具刃口之间的最短距离，即从手遮挡光幕的位置开始到达危险边界之前，能够使滑块停止所需要的距离。安全距离是确保光电保护器实现保护功能的必要条件之一，必须正确计算安全距离。其计算方法应根据压力机制动方式而定。

对于滑块能在行程的任意位置制动停止的压力机，安全距离按下式计算。

$$D_s = 1.6(T_1 + T_2) \qquad (2\text{-}5)$$

式中　D_s——安全距离，m；

　　　1.6——人手的伸缩速度，m/s；

　　　T_1——光电保护器的响应时间，一般情况下为 0.02s；

　　　T_2——压力机制动时间，即从制动开始到滑块停止的时间，s，从实际制动情况测定。

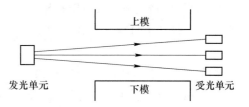

图 2-34　红外光式冲压保护装置安装位置

滑块不能在行程的任意位置制动停止的压力机，安全距离按下式计算。

$$D_s = 1.6 T_s \qquad (2\text{-}6)$$

式中　D_s——安全距离，m；

　　　1.6——人手伸缩速度，m/s；

　　　T_s——从人手离开光幕（即允许启动滑块）至压力机滑块到达下死点的时间，即滑块的下行程时间，s。距冲压机械制造日期使用不满一年的，采用标牌上所记载的急停时间；超过一年的，则需要测定出急停时间，与标牌上记载的数值相比较，然后选其中较大的数值。

T_s 还可依下列公式计算。

$$T_s = \left(\frac{1}{2} + \frac{1}{N} \right) T_n \qquad (2\text{-}7)$$

式中　N——离合器的接合槽数；

　　　T_n——曲轴回转一周的时间，s。

如果传感器安装位置与危险区域距离太近，则在滑块下行过程中，人手进入危险区域的时间小于光电的响应时间 T_1 与压力机的制动时间 T_2（或滑块的下行程时间 T_s）之和，则人手一旦进入危险区域，即使遮断光幕，光电装置输出停车信号，机床也不能完全停车，仍然可能造成伤残事故。

（2）冲压作业的防护装置。防护装置主要是针对模具作业区安装防护装置。设置模具防护罩（板）是实行安全区操作的一种措施，将操作者的双手隔离在冲模危险区之外，实行作业保护。模具防护罩或防护板形式很多，有固定式、折叠式、弹簧式等。

1）固定在下模的防护板。如图 2-35 所示，坯料从正面防护板下方的条缝中送入，防止送料不当时将手伸入模内。

2）折叠式凸模防护罩。在滑块处于上死点时，环形叠片与下模之间仅留出可供坯料进出的间隙，滑块下行时，防护罩轻压在坯料上面，并使环片依次折叠起来。

3）固定在凹模上的防护栅栏。它由开缝的金属板

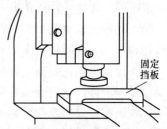

图 2-35　开有送料槽孔的防护板图

制成，可从正面和侧面将危险区封闭起来，在两侧或前侧开有供进退料用的间隙。使用栅栏时，其横缝必须竖直开设，以增加操作者的可见度和减轻视力疲劳。

4）锥形弹簧构成的模具防护罩。在自由状态下弹簧相邻两圈的间隙不大于8mm，手指进不去，滑块下行时，弹簧被压缩。这样即封闭了危险区，又避免了弹簧压伤手指的危险。

2.7.3.2　冲压机械安全防护措施

冲压机械安全防护措施从冲压作业安全技术措施和冲压机械安全管理措施两方面衡量。

（1）冲压作业的安全技术措施。安全技术措施范围很广，包括改进冲压作业方式、改革冲模结构、实现机械化自动化、设置模具和设备的防护装置等。

1）手用安全工具。在冲压操作过程中，使用安全工具操作时，用专用工具将单件毛坯放入模内并将冲制后的零件、废料取出，实现模外作业，完成送料、定位、取件及清理边角料等操作，避免用手直接伸入上下模口之间，保证人体安全。采用劳动强度小、使用灵活方便的手工工具。

目前，使用的安全工具一般根据本企业的作业特点自行设计制造。按其不同特点，大致归纳为以下4类：

①专用夹钳。在大量生产同类零件时，可根据零件的具体形状和尺寸，设计专用夹钳，使之能夹持方便、稳定，适用于中等重量及大小的零件。

②弹性夹钳。适用于重量轻、体积小、壁薄的小零件生产，可根据零件形状、尺寸，设计合适的机构。利用夹钳的弹性夹持零件非常灵活、方便。

③气动卡钳。适用于较大的、形状也较复杂零件，可根据工件的形状和卡持的部位设计卡钳的结构。这种卡钳能减轻手部的用力和劳动强度。

④磁力吸盘。适用于钢质薄片型较小零件，由于零件有较平的吸取处，操作方便。

在不影响模具强度和制件质量的情况下，可将原有的各种手工送料的单工序模具加以改进，以提高安全性。具体措施如下：将模具上模板的正面改成斜面；在卸料板与凸模之间做成凹槽或斜面；导板在刚性卸料板与凸模固定板之间保持足够的间隙，一般不小于15~20mm；在不影响定位要求时，将挡料销布置在模具的一侧；单面冲裁时，尽量将凸模的凸起部分和平衡挡块安排在模具的后面或侧面；在装有活动挡料销和固定卸料板的大型模具上，用凸轮或斜面机械控制挡料销的位置。

2）冲压作业的机械化和自动化。由于冲压作业程序多，有送料、定料、出料、清理废料、润滑、调整模具等操作，冲压作业的防护范围也很广，要实现不同程序上的防护是比较困难的。因此，冲压作业的机械化和自动化非常必要。冲压生产的产品批量一般都较大，操作动作比较单调，工人容易疲劳，特别是容易发生人身伤害事故。因此，冲压作业机械化和自动化是减轻工人劳动强度、保证人身安全的根本措施。

冲压作业机械化是指用各种机械装置的动作来代替人工操作的动作；自动化是指冲压的操作过程全部自动进行，并且能自动调节和保护，发生故障时能自动停机。

实践证明，采用复合模、多工位连续模代替单工序的模具，或者在模具上设置机械进出料机构，实现机械化、自动化等，都能达到提高产品质量和生产效率、减轻劳动强度、方便操作、保证安全的目的，这是冲压技术的发展方向，也是实现冲压安全保护的根本途径。

（2）冲压机械的安全管理措施。为防止各种冲压机械的伤害事故，操作时必须遵循以下规则：

1）正常作业安全：

①加强冲压机械的定期检修，严禁带病运转。

②开始操作前，必须认真检查防护装置是否完好，离合器制动装置是否灵活和安全可靠。

③把工作台上的一切不必要的物件清理干净，以防工作时震落到脚踏开关上，造成冲床突然启动而发生事故。

④冲小工件时，不得用手，应该用专用工具，最好安装自动送料装置。

⑤操作者对脚踏开关的控制必须小心谨慎，装卸工件时，脚应离开脚踏开关，严禁其他人员在脚踏开关的周围停留。

⑥如果工件卡在模子里，应用专用工具取出，不准用手拿，并应先将脚从脚踏板上移开。

2）模具的安装、调整与拆卸中的安全：

①安装前应仔细检查模具是否完整，必要的防护装置及其他附件是否齐全。

②检查压力机和模具的闭合高度，保证所用模具的闭合高度介于压力机的最大与最小闭合高度之间。

③使用压力机的卸料装置时，应将其暂时调到最高位置，以免调整压力机闭合高度时被折弯。

④安装、调整模具时，对小型压力机（公称压力 150t 以下）要求用手扳动飞轮，带动滑块作上下运动进行操作；而对大型压力机用动力操纵，采用按微动按钮启动，不许使用脚踏开关操纵。

⑤模具的安装一般先装上模，后装下模。

⑥模具安装完后，应进行空转或试冲，检验上、下模位置的正确性以及卸料、打料及顶料装置是否灵活、可靠，并装上全部安全防护装置，直至全部符合要求方可投入生产。

⑦拆卸模具时，应切断电源，用手或撬杆转动压力机飞轮（大型压力机则按微动按钮开启电动机），使滑块降至下死点，上、下模处于闭合状态。而后，先拆上模，拆完后将滑块升至上死点，使其与上模完全脱开，最后拆去下模，并将拆下的模具运到指定地点，再仔细擦去表面油污，涂上防锈油，稳妥存放，以备再用。

2.8　砂轮机安全技术

2.8.1　砂轮机结构与分类

砂轮机是供各工矿企业、农机修理、磨削钢锭、铸件的浇冒口、飞边、缝口，还可修磨刀刃具，对零件去毛刺及清理等工作，是工矿企业常用设备。

2.8.1.1　砂轮机结构

砂轮机是金属切削各工种工人用来刃磨刀具（如车刀、刨刀、钻头、錾子等）或打磨工件所必需的基本设备之一。它主要是由基座、砂轮、电动机或其他动力源、托架、防护罩和给水器等所组成，砂轮设置于基座的顶面，基座内部具有供容置动力源的空间，动力源传动至减速器，减速器具有一穿出基座顶面的传动轴供固接砂轮，基座对应砂轮的底部位置具有凹陷的集水区，集水区向外延伸至流道，给水器是设于砂轮一侧上方，给水器内具有盛装水液的空间，且给水器对应砂轮的一侧具有出水口。具有整体传动机构十分精简完善，使研磨的过程更加方便顺畅及提高整体砂轮机的研磨效能的特点。砂轮机安装的结构形式如图 2-36 所示。

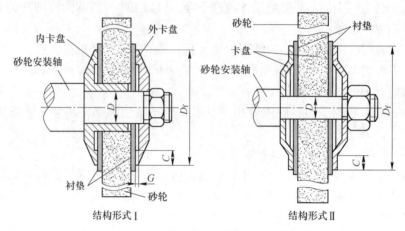

图 2-36　砂轮机安装的结构形式示意图

2.8.1.2　砂轮机分类

根据结构与规格大小分，砂轮机主要包括以下几种：

（1）软轴式砂轮机。主要对大型笨重不易搬动的零件或铸件表面，按所需形状磨削、去毛刺、修磨及清理等工作，因它功率大，比手提式砂轮机生产效率高。

（2）单相台式砂轮机。供无三相电源处用，目前均制成湿热带型，供国外使用，主要对刀刃具进行粗精修磨，也用作普通小零件磨削去毛刺及清理等工作，国内很少采用。

（3）三相台式砂轮机。主要对刀刃具进行粗、精修磨，也用作普通小零件磨削去毛刺及清理等工作。

（4）落地式砂轮机。对小规格落地式砂轮机主要对刀刃具进行粗、精修磨，也用作普通小零件磨削去毛刺及清理等工作，对大规格的例如 SL-400 落地式砂轮机主要对铸件、浇钢件、锻件进行粗磨浇冒口、飞边、缝口以及去毛刺、修磨清理等用。

（5）悬挂式砂轮机。主要对大型笨重不易搬动浇钢件、铸件磨削浇冒口、飞边、缝口及局部不平整地方等用，磨削时根据工件安置地点，形状、磨削部位，砂轮机可悬挂在轨道内移动，操作方便，生产效率高。

（6）落地式抛光机。主要用作中小电镀件的抛光，一般普通小零件的抛平之用。

2.8.2　砂轮机加工特点与危险辨识

2.8.2.1　砂轮机加工特点

砂轮机的运动特点是砂轮旋转作主运动，工件作进给运动，如图 2-37 所示。

砂轮机工作时的基本特点是砂轮的转速高（可达 2000r/min）、振动大、噪声大且粉尘多。操作者在工作中的任何疏忽大意均可造成砂轮碎裂或人身事故。

砂轮的使用和安全性能是由砂轮的组织、磨料、粒度、硬度、结合剂、形状、尺寸六大特性所决定的，并且各特性要素对砂轮的机械强度有不同的影响作用。安全使用砂轮要统筹考虑各因素的综合作用效果。

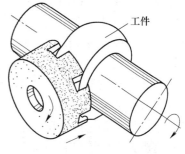

图 2-37　砂轮切削工件示意图

2.8.2.2　砂轮机危险辨识

砂轮机在加工过程中存在的主要危险因素来自于高速旋转的砂轮，具体如下：

（1）砂轮主轴直径不正确或主轴的螺纹不合适，因而当主轴旋转时螺母松开，造成砂轮飞出砸伤或撞击操作者的事故。

（2）砂轮立轴卷缠衣服致人伤害。

（3）由于砂轮质脆易碎、转速高、砂轮自身缺陷、型号选用不当、砂轮平衡不好、安装不当等原因均可发生砂轮破碎而使人致伤。

（4）在砂轮运转时，调整机床、紧固工件或测量工件时可能与高速旋转的砂轮相接触，造成伤害事故。

（5）工件趋近砂轮太快，与砂轮碰撞而产生反弹伤人。

（6）安装砂轮时未使用缓冲垫、在高于砂轮中心线位置上磨削工件、砂轮卡盘尺寸不符，直径不等或产生间隙等都易造成砂轮破裂飞出而伤人。

（7）砂轮未安装防护罩或开口角度过大，工件托架与砂轮间距太大，与操作者接触极易产生伤害事故。

砂轮机加工过程中产生的主要有害因素是高速旋转的砂轮会产生较大的噪声和振动，长期受此有害因素影响，会对人身体造成伤害。

2.8.3　砂轮机安全防护装置与措施

2.8.3.1　砂轮机安全防护装置

砂轮机在运转时易产生危险造成伤害事故的发生。对砂轮机进行安全防护是十分必要的。砂轮机的安全防护装置主要包括以下几种：

（1）砂轮的防护装置。砂轮防护装置的构造主要取决于砂轮和工件的形状及尺寸。防护罩是砂轮机最主要的防护装置，其作用是当砂轮在工作中因故破坏时，能够有效地罩住砂轮碎片，保证人员的安全。使用砂轮必须保证装卸方便。当砂轮工作时，罩的可装卸部分必须牢固地装紧在罩壳上，因为砂轮碎裂向四周飞射的碎片，都朝罩的侧面击落。为防止装有螺帽一端的砂轮的心轴缠住工人的衣服造成伤害，这种零件在工作过程中需要用特制螺帽遮住，螺帽连装在罩的可揭开侧板上。

砂轮与罩壳之间需要有足够的间隙，不要使夹装砂轮的零部件碰触罩壳的内表面。但是，太大的间隙在砂轮碎裂时会增大碎片飞射的危险性和减弱吸取磨屑的条件。所以新砂轮与罩壳板正面之间留有 20~30mm 的间隙，砂轮的侧面与罩壳板侧面之间留有 10~15mm 间隙为宜。此外，必须注意防护罩有足够的强度。

砂轮防护罩的开口角度在主轴水平面以上不允许超过 90°，防护罩的安装要牢固可靠，不得随意拆卸或丢弃不用。

防护罩在主轴水平面以上开口大于等于 30°时必须设挡屑屏板，以遮挡磨削飞屑伤及操作人员。挡板安装于防护罩开口正端，宽度应大于砂轮防护罩宽度，并且应牢固地固定在防护罩上。此外，砂轮圆周表面与挡板的间隙应小于 6mm，如图 2-38 所示。

（2）砂轮机的防护屏及工作台。砂轮机防护屏是为操作时观察方便又使操作人员眼部不受砂轮磨粒及金属碎屑伤害的防护装置。防护屏中间为有机玻璃板，周边为金属框架并通过金属框架与砂轮机外壳固定。防护屏还可以调整角度，以适应操作者观察的需要。

砂轮机工作台是刃磨刀具及工件的装置，工作台能上下前后（相对于砂轮）调整位置，其目的是使砂轮与工作台保持适当的间隙，并使工件与砂轮轴心处于适当的水平位置便于磨削操作。工作台与砂轮间间隙不得超过 3mm，否则工作时加工件可能嵌镶在工作台与砂轮之间引起挤伤、磨伤或砂轮破裂事故。此外安装工作台要使加工表面与砂轮接触的磨削位置在砂轮轴的水平线上或略高于砂轮轴的水平线（10mm 内），否则同样有危险。砂轮机的防护屏和工作台装置情况如图 2-39 所示。

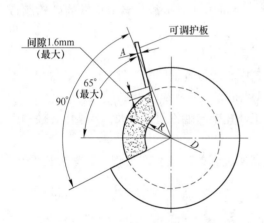

图 2-38　砂轮机防护罩及最大间隙

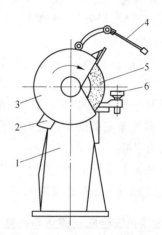

图 2-39　砂轮机的防护屏和工作台
1—砂轮机；2—吸尘通道；3—砂轮防护罩；
4—防护屏；5—砂轮；6—工作台

2.8.3.2　砂轮机安全防护措施

为防止砂轮机在整个加工过程中伤害事故的发生，掌握砂轮在储存、运输、安装和使用砂轮中的有关保障安全的防护措施是非常重要的，对于保证磨削加工人员的安全也是十分必要的。砂轮机的安装位置是否合理，是否符合安全要求；砂轮机的使用方法是否正确，是否符合安全操作规程，这些问题都直接关系到每一位职工的人身安全，因此在实际的使用中必须引起足够的重视。

（1）砂轮运输安全。砂轮在运输过程中要注意以下两点：

1）砂轮对撞击和振动有高度的敏感性，有时轻微的冲击都可能使其产生裂纹。因此在搬运时，应注意轻拿轻放，以防碰撞和摔落，更不能在硬质地面上滚动砂轮。

2）在厂内搬动砂轮时，必须用带弹簧座的小车或使用充气轮胎的小车搬运。另外，还应用砂子，锯末或其他软物垫衬，以免砂轮震裂。

（2）砂轮存储安全。砂轮在停止工作时，要注意做好对其的保管工作，满足以下要求：

1）砂轮存放室应干燥，且温度变化不大，库内温度不能过高也不能低于结冰点，如果存放温度低于 0℃，湿的砂轮就会破裂。

2）砂轮应根据尺寸形状的不同，分别存放在专用的木质储存架上。较重砂轮存放在底部，较轻的砂轮放在架子上部。

3）橡胶结合剂砂轮不要接触油类物质；树脂结合剂砂轮不要接触碱类物质，否则将大大降低砂轮的强度。

4）由于橡胶、树脂都有"老化"的现象，所以这两种结合剂的砂轮，储放期不能太长。砂轮的保管应以制造厂的说明书为准，不能随便用过期的砂轮，因砂轮存放过久，越过安全期就会变质。树脂结合剂砂轮存放期为一年、橡胶结合剂砂轮存放期为二年。超过存放日期的砂轮，必须重新检验合格后才能使用。

（3）砂轮机安装安全。具体如下：

砂轮安装前，应先检查其外观是否完好，有无隐形缺陷。检查方法是将砂轮放置于平整的硬地面之上，用 200~300g 重的小木槌敲击。敲击点在砂轮任一侧面上，垂直中线两旁 45°，距砂轮外圆表面 20~50mm 处。敲击后将砂轮旋转 45°再重复进行一次。若砂轮无裂纹，则发出清脆的声音，允许使用。如果是发出闷声或哑声的，就不准使用。

安装砂轮前必须核对砂轮主轴的转速，不准超过砂轮允许的最高工作速度。一般通过设定承载砂轮的主轴转速来限制砂轮的最高圆周线速度，二者的换算关系如下：

$$n \leqslant \frac{60 \times 1000[v]}{\pi D} \tag{2-8}$$

$$v = \frac{\pi D n}{60 \times 1000} \leqslant [v] \tag{2-9}$$

式中　v——砂轮外圆圆周速度，m/s；

　　　n——砂轮主轴的转速，r/min；

　　　D——砂轮外径，mm。

只有在保证砂轮强度和机床运行平稳的前提下，提高砂轮的工作速度才是合理的。在实际工作时，主要通过保持加工工件的速度与砂轮速度之间的适当比例来实现。

砂轮安装时必须遵守下列规程：

1）左右两个法兰盘的直径必须相符，以保证左右两部分的压紧环形面的位置及径向宽度一致，使砂轮不受弯曲应力的作用。

2）法兰盘与砂轮端面间要垫上 1~2mm 厚的弹性材料制的衬垫（橡胶、软纸板、毛毡、皮革等），衬垫的直径要比法兰盘直径稍大一些，以消除砂轮表面的不平度，增加法兰盘和砂轮的接触面，使砂轮受力均匀。

3）保证法兰盘与砂轮侧面非接触面的间隙一般不应小于 1.5mm。

4）拧紧紧固螺钉，不要用力过猛，一般可按对角顺序逐步拧紧螺钉，使砂轮受力均匀。

5）选用的法兰盘直径不得小于砂轮直径的 1/3。切断砂轮的法兰盘直径不得小于砂轮直径的 1/4。

6）砂轮孔与法兰盘轴颈部分应有恰当间隙，一般为 0.1~0.5mm。如发现砂轮孔与法兰盘轴颈配合过紧，可以修刮砂轮内孔，不可用力压入，以免砂轮破碎。如果太松，砂轮中心与法兰盘中心偏移太大，砂轮将失去平衡，这时应在法兰盘轴颈上垫上一层纸加以清除。如间隙过大，应重新配法兰盘。

7）砂轮在法兰盘上装夹定位后，即可装入磨床主轴，应保证法兰盘的锥孔与主轴锥体有良好的接触面。

8）砂轮轴上的紧固螺钉的旋向与主轴旋转的方向相反，在主轴旋转时螺帽趋向夹紧，以防止磨床主轴高速旋转时螺母自动松开。

9）新砂轮装入磨头后，先点动或低速试转，若无明显振动，再改用正常转速，空转 10min，情况正常后才能使用。空转时人员应站在砂轮的侧面。

10）砂轮机禁止安装在正对着附近设备及操作人员或经常有人过往的地方，较大的车间应设置专用的砂轮机房。如果因厂房地形的限制不能设置专用的砂轮机房，则应在砂轮机正面装设不低于 1.8m 高度的防护挡板，并且挡板要求牢固有效。

11）砂轮的不平衡会造成危害，因此，要求直径大于或等于 200mm 的砂轮装上法兰盘后应先进行静平衡调试，砂轮在经过整形修整后或在工作中发现不平衡时，应重复进行静平衡。

12）砂轮与卡盘的匹配问题主要是指卡盘与砂轮的安装配套问题。按标准要求，砂轮法兰盘直径不得小于被安装砂轮直径的 1/3，且规定砂轮磨损到直径比法兰盘直径大 10mm 时应更换新砂轮。此外，在砂轮与法兰盘之间还应加装直径大于卡盘直径 2mm、厚度为 1~2mm 的软垫。

13）砂轮机的工件托架是砂轮机常用的附件之一。砂轮直径在 150mm 以上的砂轮机必须设置可调托架。砂轮与托架之间的距离应小于被磨工件最小外形尺寸的 1/2，但最大不应超过 3mm。

14）砂轮机的外壳必须有良好的接地保护装置。

15）对于落地式砂轮机，砂轮防护罩上都应装有能够调节的挡板，使罩的上部和砂轮之间保持最小间隙。挡板要非常牢固，因为砂轮碎裂时，挡板上时常受到冲击。

16）砂轮工作面前应装有支放工件的托架，托架应能上下、左右两个方向调整，用来调整托架与砂轮间的空隙和使工件与砂轮心轴处于同一水平位置，并能装紧在所需位置。托架与砂轮间的空隙不得超过 3mm，否则工作时可能嵌牢在托架与砂轮之间而引起砂轮碎裂的危险。此外，安装托架需要使加工表面与砂轮相接触处在砂轮轴的水平线上或略高出砂轮轴的水平线（10mm 以内），否则也有同样危险。

（4）砂轮的安全使用。具体如下：

砂轮应选择适合工件工艺性能的类型，包括磨料粒度、强度、结合剂、形状尺寸和线速度等，使其在磨削中不断剥落以击碎的磨粒重新露出锋利锐角，保持磨料的锐利特性，及砂轮的自锐性。

砂轮在启动后，应空转 1~2min 再开始工作。除了特殊允许在砂轮侧面磨削工件的以外，一般不应在砂轮侧面磨削。

接触砂轮时用力要平稳、不应撞击，禁止用工件敲击砂轮。砂轮机上应装有透明的防护挡板，或操作者应戴护目镜。砂轮用于磨削铸件、铝制品、非金属材料及抛光工件时，都会产生大量尘屑，这时砂轮机防护罩应同排尘系统一并考虑。

砂轮机的使用中禁止侧面磨削，按规定用圆周表面做工作面的砂轮不宜使用侧面进行磨削，砂轮的径向强度较大，而轴向强度很小，操作者用力过大会造成砂轮破碎，甚至伤人。不准正面操作，使用砂轮机磨削工件时，操作者应站在砂轮的侧面，不得在砂轮的正面进行操作，以免砂轮出故障时，砂轮破碎飞出伤人。不准共同操作。2 人共用 1 台砂轮机同时操作，是一种严重的违章操作行为，应严格禁止。

（5）砂轮机安全操作规程。为保证砂轮机的安全，应按照以下规程进行操作：

1）操作前要穿紧身防护服，袖口扣紧，上衣下摆不能敞开，严禁戴手套，不得在开动的砂轮机旁穿、脱换衣服，或围布于身上，防止机器绞伤。长发的操作者必须戴好工作帽，辫子应放入帽内，不得穿裙子、拖鞋。要戴好防护镜，以防铁屑飞溅伤眼。

2）砂轮机要有专人负责，经常检查，以保证正常运转。调换砂轮时不可用手锤敲击，拧紧砂轮夹紧螺丝时，要用力均匀。调换后，先试车，运转正常三分钟后才能工作。

3）使用前应检查砂轮是否完好（不应有裂痕、裂纹或伤残），砂轮轴是否安装牢固、可靠。砂轮机与防护罩之间有无杂物，是否符合安全要求，确认无问题时，再开动砂轮机。

4）不准在普通砂轮上磨硬质合金物，严禁在砂轮机上磨削铝、铜、锡、铅及非金属等物品，磨铁质工件应勤沾水使其冷却。

5）砂轮使用最高速度，不得超过砂轮规定的安全线速度。

6）使用砂轮机时，人不得直对砂轮运转方向。

7）磨工件或刀具时，不能用力过猛，不准撞击砂轮。

8）在同一块砂轮上，禁止两人同时使用，更不准在砂轮的侧面磨削，磨削时，操作者应站在砂轮机的侧面，不要站在砂轮机的正面，以防砂轮崩裂，发生事故。

9）砂轮磨薄、磨小及磨损严重时不准使用，应及时更换，保证安全。

10）砂轮机用完后，应立即切断电源，不要让砂轮机空转。

本 章 小 结

本章首先以介绍金属切削机床的基本结构、工作特点、运动形式、种类、运转异常现象、通用防护和保险装置等基础知识为铺垫，说明了车床、钻床、铣床、刨床、磨床、冲压机械和砂轮机的结构、分类、加工特点。根据运动特点进行危险辨识，重点阐述了以上各类机械存在的危险有害因素，并根据机械危险采取针对性的安全防护装置及措施。安全防护装置从安全装置和防护装置两方面介绍，安全防护措施包括管理措施和技术措施，管理措施从安全要求和安全操作规程两方面进行详细说明。

复习思考题

2-1 简述金属切削机床的运动形式。
2-2 简述机床运转常见的异常现象种类。
2-3 车床加工时有哪些危险有害因素？
2-4 车床安全防护装置有哪些？
2-5 钻床危险有害因素与安全防护装置有哪些？

2-6　阐述铣床安全防护装置及措施。

2-7　刨床如何安全操作?

2-8　试分析磨床加工时的危险有害因素。

2-9　冲床作业的特点及危险有害因素是什么?

2-10　冲床的安全防护措施有哪些?

2-11　砂轮机安装的安全要求是什么?

2-12　砂轮机如何进行安全操作?

2-13　砂轮机的危险有害因素是什么?

3　金属热加工安全技术

本章学习要点:

(1) 了解铸造、锻造、热处理、焊接与切割工艺的分类及设备设施。

(2) 熟悉铸造、锻造、热处理、焊接与切割工艺特点以及危险有害因素。

(3) 掌握铸造、锻造、热处理、焊接与切割工艺的安全防护装置及操作要点。

3.1　铸造安全技术

铸造是将金属熔炼成符合一定要求的液体并浇进铸型里,经冷却凝固、清整处理后得到有预定形状、尺寸和性能的铸件的工艺过程。铸造毛坯因近乎成型,而达到免机械加工或少量加工的目的,降低了成本并在一定程度上减少了时间,铸造是现代制造工业的基础工艺之一。

3.1.1　铸造工艺与设备设施

3.1.1.1　铸造工艺的分类

按照造型材料进行铸造工艺方法的分类是最典型的分类方法。现代工业技术中广泛采用的铸造工艺方法包括以下几类。

(1) 普通砂型铸造。砂型铸造以具有一定粒度的砂粒为主体,加入黏结剂和其他添加剂,形成具有一定流动性的型砂。在铸件的模样周围填充型砂,并在冲击、振动等外力作用下可以成型出复杂的铸型。

根据造型用黏结剂的不同,砂型铸造又可分为黏土砂、水玻璃砂、油砂、树脂砂等。黏土砂在含水的湿态下浇铸称为湿砂型铸造,烘干后浇铸称为干砂型铸造。砂型铸造都是一次性的,每一个铸型只能浇铸一个铸件。

(2) 特种铸造。按造型材料又可分为以天然矿产砂石为主要造型材料的特种铸造(如熔模铸造、泥型铸造、壳型铸造、负压铸造、实型铸造、陶瓷型铸造等)和以金属为主要铸型材料的特种铸造(如金属型铸造、压力铸造、连续铸造、低压铸造、离心铸造等)两类。

3.1.1.2　铸造的主要设备

铸造工艺可分为三个基本部分,即铸型准备、铸造金属准备和铸件处理。各个部分使用的设备不尽相同,而且种类繁多。

(1) 铸型(使液态金属成为固态铸件的容器)准备。以应用最广泛的砂型铸造为例,铸型准备包括造型材料准备和造型、造芯两大项工作。造型材料准备是按照铸件的要求、金属的性质，选择合适的原砂、黏结剂和辅料，然后按一定的比例把它们混合成具有一定性能的型砂和芯砂。常用的混砂设备有碾轮式混砂机、逆流式混砂机和叶片沟槽式混砂机。后者是专为混合化学自硬砂设计的，连续混合，速度快。

造型、造芯是根据铸造工艺要求，在确定好造型方法，准备好造型材料的基础上进行的。常用的砂型造型、造芯设备有高、中、低压造型机、抛砂机、射压造型机、气流造型机、射芯机、冷和热芯盒机等。

（2）金属熔炼设备。金属熔炼不仅仅是单纯的熔化，还包括冶炼过程，使浇进铸型的金属，在温度、化学成分和纯净度方面都符合预期要求。为此，在熔炼过程中要进行以控制质量为目的的各种检查测试，液态金属在达到各项规定指标后方能允许浇注。有时，为了达到更高要求，金属液在出炉后还要经炉外处理，如脱硫、真空脱气、炉外精炼、孕育或变质处理等。熔炼金属常用的设备有冲天炉、电弧炉、感应炉、电阻炉、反射炉等。

（3）铸件处理。铸件处理包括清除型芯和铸件表面异物、切除浇冒口、铲磨毛刺披缝等凸出物以及热处理、整形、防锈处理和粗加工等。进行这种工作的设备包括落砂设备（如振动落砂机和滚筒落砂机）、除芯机械（如振动落芯机、水力清砂设备和电液压清砂设备）、表面清理机械（抛丸清理机和喷丸清理机）以及浇冒口、飞边毛刺清理设备。

3.1.2　铸造工艺特点与危险辨识

3.1.2.1　铸造工艺特点

铸造生产是机械制造工业的重要组成部分，在机械制造工业所用的零件毛坯中，约70%是铸件。铸造加工一般有物料重而多、运输量大而复杂、环境恶劣等特点，从环境保护和职业健康安全的角度来分析，铸造生产具有如下特点：

（1）铸造生产的工序繁多，工艺装备和物流设施众多，分布于地面、空中、地下，安全事故比一般的机器制造车间多。如铸造车间内有各种熔炉和烘炉，熔炼过程和浇注过程容易引起爆炸和烫伤；车间的上部有行车和各种起重运输设备，地面上有各种造型材料、熔炼材料和造好的铸型及砂箱，还有灼热未冷的铸件和烘过的铸型，稍不留意，就会碰伤或烫伤。

（2）铸造属高温明火作业，且使用众多易燃易爆危险化学品，极易引起火灾、爆炸、金属液和危险化学品意外泄漏或倾翻等重大突发事故。

（3）粉尘、烟尘、有害气体、噪声、光热辐射、固废等污染严重，不仅危害周边环境，更直接危害操作人员的健康，作业现场的粉尘、噪声普遍超标，加强劳动保护工作十分重要。

（4）能源、资源消耗大，能耗一般占机电工业总能耗的1/4~1/2，有巨大的节能降耗潜力。

3.1.2.2　铸造生产的危险有害因素

铸造生产因其工序多，生产过程伴随高温，并产生毒害性气体和粉尘、烟雾和噪声等特点，使得铸造作业经常发生火灾、爆炸、灼烫和机械伤害等事故；另外，还易造成硅肺等职业病。据统计，在机械制造厂内，铸造车间发生的安全事故约占总事故的35%~40%。

表 3-1 列出了铸造过程中极易发生的安全事故。

表 3-1 铸造安全事故的类型

安全事故类型	极易发生的工序或场合	安全事故类型	极易发生的工序或场合
火灾	熔炼、焊补与气割	热辐射	熔炼、浇注、热处理
爆炸	熔炼、浇注、气割	烫冻伤	熔炼、浇注、热处理
工业中毒	熔炼、精密铸造	噪声	机械设备、风动工具、风机
空气污染	熔炼、物料输送、清理	喷溅伤	高压设备、落砂、清理
水质污染	水爆清砂、水力清砂	砸碰伤	物料运输和破碎
眼障碍	熔炼、浇注、热处理	坍塌	仓库、造型砂箱
反射线	含有放射性合金的熔炼和使用射线探伤	触电	电接触

（1）机械伤害。分为静止的危险（如炉料准备、模具砂箱库、压力铸造等作业过程）和运动的危险（如造型、制芯、配砂、清理、铸件打磨、热处理设备及铸型输送机、分箱机、翻箱机、合箱机、压铁机等造型辅机以及工具、铸件等在工作运转时直接与人体接触可引起挤压、夹击、碰撞、剪切、卷入等机械伤害）。

（2）火灾。铸造车间内机械设备使用的油料（润滑油和液压油）、铸造工艺使用的树脂和涂料等，如果保管使用不当，泄漏后遇高热、明火可引起火灾。

（3）爆炸。在铸造过程中引起金属熔融物爆炸与喷溅的主要原因是高温金属熔融物与水或潮湿物料、工具等接触而产生了大量水蒸气。

铸造电炉冷却水系统漏水、水温过高、水压过低、断水以及没有安全供水设施等原因都有可能导致炉体烧穿，致使熔融金属与水接触而引起爆炸。

废钢铁原料中含有爆炸性物质或密闭容器，一旦进入电炉受到强热会剧烈反应或膨胀，造成爆炸。原料潮湿有水，或原料露天运输途中遇到雨雪天气，会使原料进水；一旦含水或潮湿原料加入电炉，水与熔融物接触可引起爆炸与熔融物喷溅。

浇注区域地面如果存有积水，一旦熔融金属与水接触可引起爆炸。造型现场如果存在积水，很容易导致砂型内混入水分，在浇注时，砂型内的水分迅速汽化并急剧膨胀而导致爆炸。

铁（钢）水罐、中间罐、渣罐等盛装金属熔融物的容器，新砌筑的及待用罐，如果使用前没有按安全操作规程去烘烤，或烘烤不彻底，当盛装金属熔融物时水受热剧烈汽化和膨胀，当压力达到一定值时，即可发生爆炸与喷溅。

此外，烘干炉和热处理加热炉等使用燃气的场所如果未按要求设置可燃气体报警装置，室内通风不良，燃气发生泄漏与空气混合达到爆炸极限，遇点火源可引发爆炸事故。

（4）高温。铸造生产的许多工序如金属熔炼、浇注、铸模、脱模、热处理、铸型、烘干都有大量的辐射热向外放出。金属熔炼时本身会产生大量热能，其他工序有大量余热放出，据统计，每生产 1t 铸件，就会有约 1000kJ 的余热释放（见表 3-2）。辐射热会对人体造成不同程度的伤害，其中 $1.5 \sim 3 \mu m$ 的红外线对皮肤造成的伤害最大。在铸造车间中还要输送温度高达 1500℃ 的高温液体金属，在手工浇注铸件时，容易发生烫伤灼伤等事故。

表 3-2　在铸造生产线上每浇注 1t 金属液各工段余热释放量　　　　（kcal/t）

余热释放源	热铸件从落砂工段传送至清砂工段冷却时		铸件在落砂工段冷却时	
	小件	中件	小件	中件
浇注工段	20	30	20	30
冷却工段	15	15	15	15
落砂工段	15	20	30	40
清砂工段	25	35	10	15
烧焦的造型材料	25	35	25	35

注：1cal＝1.1840J。

（5）粉尘。粉尘主要来自于型砂筛分及混合、造型、落砂、清理、抛丸、打磨等工序。烟尘主要来自于型芯烘干、浇注时有机物的燃烧、金属熔炼及炉前精炼等。铸造生产过程中产生的粉尘多数属于微尘和超微尘，在作业环境中长时期悬浮在空气中，尤其是粒度为 $1\sim10\mu m$ 的粉尘危险性最大，若没有有效的排尘措施，易患硅肺病。表 3-3 列出铸造车间粉尘颗粒分散度。

表 3-3　铸造车间粉尘颗粒分散度（质量）　　　　（%）

工种	工作地点	粉尘粒径/μm			
		<2	2~5	5~10	>10
铸钢	大型造型	20	45	24	11
	电弧炉炼钢	31	41	23	5
	落砂开箱	30	40	17	13
	清理中小件	38	48	12	2
	切割中小件	65	26	6	3
	混碾旧砂	7	45	26	22
	混碾新砂	16	55	25	4
	碾轧耐火砖	25	61	13	1
	抛丸清理室内	67	15	15	3
	振动落砂地沟内	79	4	3	14
	喷砂室内	56	38	4	2
铸铁	大型造型	25	57	16	2
	制芯	16	60	20	4
	清理铸件	52	30	12	4
	混碾旧砂	30	36	24	10
	混碾新砂	40	29	20	11
	滚筒破碎筛筛砂	10	46	30	14
	湿型落砂开箱	13	22	35	30
	干型落砂开箱	40	17	10	33
	悬挂砂轮打磨	29	54	6	11
	冲天炉加料处	8	13	53	26
	地沟内	40	9	21	30

（6）有害气体。铸造废气中含有大量的有毒有害气体，它几乎来自于铸造生产的各个过程。包括熔炼过程中产生的烟气、铸件浇注后产生的烟气以及采用有机黏结剂制芯与造型过程产生的气体等。如丙烯醛、丙酮、苯、二氧化碳、一氧化碳、二氧化硫、二氧化氮等，其中主要有害因素是一氧化碳。有害气体主要来源见表3-4，如果操作人员长期吸入这些有毒气体，会引发中毒、肺气肿、呼吸道炎症等疾病。

表3-4　铸造车间有害气体的来源

有害因素	发生部位
油烟	脱模剂气化、淬火、铸件加工、磨削等
二氧化硫	锅炉房、冲天炉熔炼、电弧炉熔炼、湿型浇注、酸硬化树脂砂、冷芯盒制芯等
一氧化碳	锅炉房、冲天炉熔炼、电弧炉熔炼、湿型浇注、七O砂浇注等
氧化镁烟	球化处理、镁合金铸造等
石蜡烟	熔模铸造等
重金属（铅、铜、铬、镍等）	有色铸造、合金钢熔化及焊补、铸件化学氧化及阳极氧化等
氟、氯及其化合物	有色精炼变质等
酸雾、碱雾	蜡料回收、酸洗、化学氧化及阳极氧化、蓄电池充电、化学分析、金相检验等
苯系物（苯、甲苯、二甲苯）	喷漆、涂装、粘接、酸硬化树脂砂等
甲醛、酚类	树脂砂铸造等
氨	水玻璃及硅酸乙酯熔模精铸、热处理、树脂砂制芯等
三乙胺	冷芯盒制芯

（7）噪声。铸造车间中许多设备（如电炉、轮碾机、破碎机、搅拌机、传送带、造型机、清理滚筒、球磨机、抛砂机、振动筛、振动落砂机等）会产生较强的噪声，尤其是造型、落砂、清理、修整等工序更为严重，其噪声声压级往往超过国家规定的标准（见表3-5）。

表3-5　铸造车间噪声的声级及频谱特性

噪声源	声强级/dB（A）	频谱特性	噪声源	声强级/dB（A）	频谱特性
冲天炉附近	95~98	低频	清砂	96~106	高频
冲天炉风机房	110~120	宽带	风铲清理	115~120	高频
空压机站	110	高频	气吊	95~105	中频
气动造型机	114	高频	喷砂	110	高频
风锤	109	高频	清理滚筒	108~113	—
滚筒和球磨机	100~110	高频	清铲工段	95~115	—

噪声的类别和来源主要有：

1）机械振动噪声：造型、制芯、配料加料、落砂、清理打磨、滚筒精整、抛丸、风力送砂、机械加工、试验检验等作业过程。

2）空气动力噪声：鼓风机、空压机、风动砂轮工具、造型、射芯、通风除尘等作业过程。

3）电磁噪声：焊补、感应炉熔化、电弧炉熔化、电加工、电动机、变压器等作业过程。

4）运输噪声：厂内超重、运输、物流设备等作业过程。

（8）振动。铸造生产中的主要振动源来自落砂床、气动铸造成型机、离心机等机械，产生局部振动的机械主要是气动气锤、压桩机等，振动也会给人带来伤害，长期接触强烈振动，会引发神经系统、心血管系统和骨髓方面的病症。

（9）电磁场。铸造生产中采用高频电加热设备时会产生电磁场，如果用高频电加热设备进行金属熔炼、加热、铸模、铸芯和干燥时。长期在电磁场环境下，人也会受到伤害。

3.1.3　铸造设备安全防护设施

3.1.3.1　造型材料制备设备安全防护

（1）散装料库、地坑、深井等，一般应加盖。条件不许可时要设置栏杆或挡板，挡板可用角铁制造，固定在坑沿上。

（2）旧砂中常混入浇冒口、芯铁、飞边毛刺、铁钉、铁豆，它们危及到砂处理设备的安全运转。为此，在旧砂运输系统中应设置磁力分离器，在新砂运输系统中要设筛选装置。

（3）皮带输送机工作速度一般控制在 $0.8 \sim 1.2 \mathrm{m/min}$ 左右，当输送机下部有工作地或通道时，下部应有隔网或防护板。对于开式和交叉式皮带，其长度的近似值按公式 3-1 计算，超过 40m 长的输送机，每隔 $30 \sim 40 \mathrm{m}$ 设一紧急开关。当多台设备串联工作时，应有联锁保护。启动与停止顺序应符合图 3-1 的规定。

$$L = 2A + \frac{\pi}{2}(D + d) + \frac{(D\text{-}d)^2}{4A} \tag{3-1}$$

式中　L——皮带长度，m；

　　　D——大皮带轮直径，m；

　　　d——小皮带轮直径，m；

　　　A——两轮间中心距，m。

图 3-1　输送机启动与停止顺序

启动顺序 8→1；停止顺序 1→8

1—给料机；2—烘干炉；3，5，7—输送机；4—提升机；6—筛选机；8—砂库

（4）在皮带运输机下料口、混砂机上部，都应安设防尘罩。

（5）过载保护装置。电子转速开关是用于带式输送机（斗式提升机等）过载保护的一种继电器，其工作原理如图 3-2 所示。该继电器由传感元件（磁性开关）和电器元件组成。磁性开关 6 安装在带式输送机从动轴轮 1 附近，轴转动时，磁性开关将设备的转速变换为电信号输入电容充放电转换开关，再由开关电路输出电信号使继电器吸合，通过指示灯表示设备运转正常。当由于故障使轴 1 的转速降到正常转速范围以下时，开关电路截止，继电器断开并切断主电路，使设备停止运转。

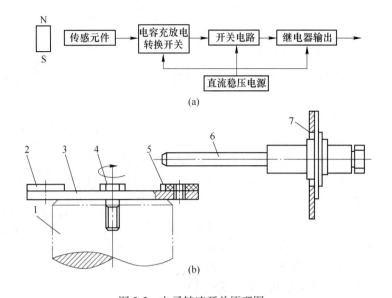

图 3-2　电子转速开关原理图

（a）工作原理方框图；（b）磁性开关安装示意图

1—轴；2，5—永磁体；3—非磁性转盘；4—螺钉；6—磁性开关；7—支架

（6）滚筒筛应由密闭罩防护，或由安装在离筛砂机 500mm 处的栏杆围起来。电动的移动式筛砂机应接地，以防触电。同时应注意防止电缆被磨损或刮破而漏电。

（7）碾轮式混砂机的主要危险是操作者在混砂机运转时伸手取砂样，或试图铲出型砂，结果造成手被打伤或被拖进混砂机。为此，需在混砂机的加料口装设筛网加以封闭；设有卸料口，在其上装设联锁装置，在敞口时混砂机不能开动。取砂样应用专设的取样器，无专设取样器的碾砂机，须在停机后取样。

（8）螺旋搅拌机的顶部必须用坚固的格栅盖上，以防止人手伸进搅拌机，被旋转的叶片绞伤。同时，格栅盖应与驱动叶片的电动机联锁，即在叶片停止转动前盖打不开，盖没盖好叶片不能转动。

（9）当检修混砂机时，为防止电机突然开动造成事故，在混砂机罩壳检修门上装联锁开关，当门打开时，混砂机主电源便切断（见图 3-3）。有时也可将混砂机开关闸箱用只有一把钥匙的锁锁上，检修混砂机时，由维修者携带钥匙。

3.1.3.2　造型、造芯机安全防护

目前，很多造型、造芯机都是以压缩空气为其动力源。为保证安全，在结构、气路系统和操作中，应设有相应的装置。

（1）限位装置。如在震压式造型机上，为防止震击、压实时活塞在升降过程中发生转动，工作台上装有

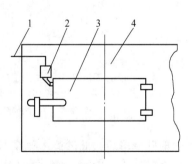

图 3-3　混砂机门限位开关

1—控制线路；2—限位开关；

3—检修用门；4—混砂机罩壳

防转向的导向杆。导向杆下装有止程螺母，防止控制阀失灵时活塞冲出汽缸造成事故。如

图 3-4 所示。

（2）顺序动作与联锁装置。图 3-5 是震压式造型机气路系统图。利用设于其中的按压阀 3、控制分配阀 4，可实现按造型工艺需要的顺序操纵：即震击（A），压头转至工作位置（B），压实（C），压头转至非工作位置（D），起模（E），复位、停止（F）六个工序，以保证造型机正常安全地工作。图中梭阀 11 的作用是使转臂机在压实时通以压缩空气，使转臂梁不产生位移，以实现联锁控制，确保安全。

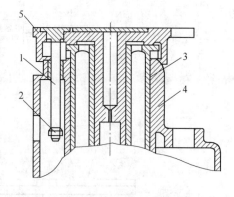

图 3-4　震压式造型机上限位装置
1—导向杆；2—止程螺母；3—活塞；
4—汽缸；5—工作台

（3）安全阀与排气阀。在射砂机气路系统中设有安全阀。安全阀是一个起联锁作用的二位二通行程开关，它的作用是当闸板处开启加砂位置时，除闸板汽缸外，其他工作机构的气路全被安全阀切断而不能动作，避免在加砂时因误开射砂阀而造成芯砂向外喷射的事故。

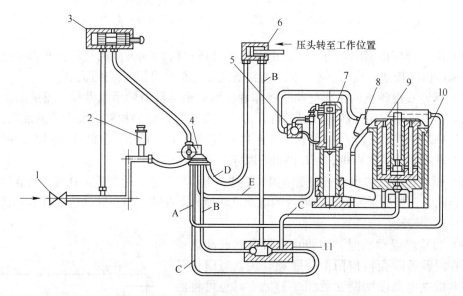

图 3-5　震压式造型机气路系统
1—截门；2—吸油阀；3—按压阀；4—分配阀；5—启动阀；
6—转臂阀；7—起模缸；8—振动器；9—工作台；10—压实活塞；11—梭阀

射砂完毕后，储砂筒内剩余压缩空气仍有相当高的压力。此时，若使工作台下降，芯盒离开射砂头，则这些剩余的压缩空气就会将储砂筒内的剩余砂从射砂头射出，造成事故。因而，射砂完毕后，应先将储砂筒内剩余压缩空气排掉，这个工作由排气阀完成。在射砂时，排气阀必先关闭；射砂完毕，排气阀应立即打开。射砂排气阀的结构如图 3-6 所示。排气阀管 3 用螺纹固定在射砂机构横梁的工作头外壁上，射砂时由阀盖 1 上的小孔通入压缩空气，使橡胶或塑料膜片 2 的左边受压（见图 3-6（a）），紧贴阀管 3 左端的开口部将阀管封闭。射砂完毕时，小孔通大气，膜片右面在储砂筒内剩余压缩空气压力的作用下（见图3-6（b）），膜片离开阀管3左端的开口部，剩余空气便经排气管5排向大气。

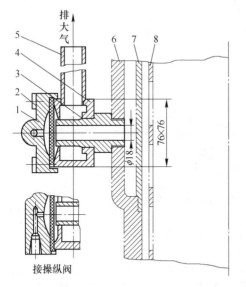
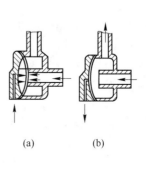

图 3-6　射砂排气阀

（a）射砂时；（b）射砂完毕

1—阀盖；2—膜片；3—排气阀管；4—阀体；5—排气管；

6—射砂机构（横梁）；7—导气筒；8—储砂筒

（4）风动启动装置的保险机构。为了防止偶然碰撞启动手柄，造成机器动作而发生事故，应设保险装置。有一种保险装置是在手柄上加设止动销（见图3-7），手柄1转到一定位置后，止动销2在弹簧4作用下插入固定孔3中，使手柄定位，不能转动。要想转动它，必须先将止动销从固定孔中拔出。

（5）为防止射芯机喷砂，还应密封各结合部位。在砂斗与储砂筒之间闸板处设密封圈，射砂时通入压缩空气进行密封；射砂头与芯盒之间采用橡胶密封垫密封。

（6）射芯机须设双手控制的操纵器，以防操作者将手放入芯盒顶部与射砂头之间而被夹伤。为了在移动芯盒时不会将手放在芯盒上面而造成伤害，芯盒都应装设手柄。

（7）为保证安全，可实行造型自动化。图3-8是抛砂模拟遥控装置示意图。

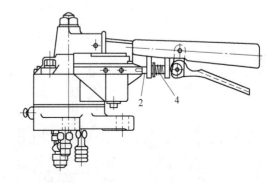
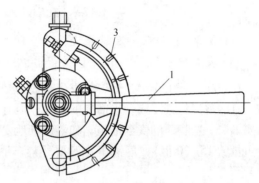

图 3-7　启动阀的保险手柄

1—手柄；2—止动销；3—固定孔；4—弹簧

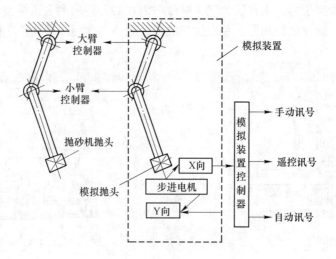

图 3-8　抛砂模拟遥控装置示意图

（8）抛砂机抛头护板与叶片的间隙应调整在 0.5～4mm 之间，不允许有摩擦现象；罩壳应完好，开口应向下，不允许砂流向前方射出；抛头轮及叶片必须经动平衡试验。叶片不允许有裂纹或缺损。抛头只有一个叶片时，对称位置应有平衡配重；抛头有两个叶片时，应对称安装，其重量差不得大于设计允许值和叶片正常磨损量。

（9）为保证过载时的安全，轴流式抛砂机可装自动卸荷销。过载时卸荷销断裂，抛头不再工作（见图 3-9）。

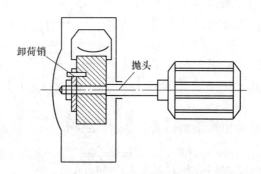

图 3-9　轴流式抛砂机自动卸荷销装置

3.1.3.3　炉料破碎及熔化浇注安全防护

A　炉料破碎

在炉料准备工作中，最容易发生事故的是破碎炉料工序。生铁及部分废钢可分别采用破碎机、剪床将其变成合乎需要的尺寸，但有些厚大的铁铸件一般要用落锤来破碎，这就需要采取一些特殊的安全措施。如落锤场地要足够大，有坚固的围墙，基础要牢固（为落锤重量的 15～20 倍），落锤工作时要严禁车辆、人员停留在危险区内（一般为 50m 范围内）等。

对设置落锤的安全要求及落锤的动力影响区半径，分别列于表 3-6 与表 3-7 中。

表 3-6　对设置落锤的安全要求

技术参数	数　值	技术参数	数　值
落锤场所离生产车间和生活用户距离/m	≥100	钢板围墙的厚度/mm	20~30
落锤场围墙高度/m	6	飞出碎片具有最大动能的高度对落锤提升总高度比	0.33
落锤场围墙高度与锤头提升高度比	0.75	落锤基座质量对落锤质量比	15~20
围墙用枕木厚度/mm	150	侧建筑物上层窗户的防护网的尺寸 m×m	20×20
用枕木或钢板做的围墙的双层部分的高度/m	4	落锤工作时其危险区宽度/m	50

表 3-7　落锤的动力影响区半径

落锤场地特点	锤头重量为下列吨位时落锤的动力影响区半径/m	
	≤3t	>3t
石质场地	10	15~25
砂质场地	15	35~40
黏土、砂黏土和湿砂质地	25	30~50

B　冲天炉

（1）冲天炉应设火花捕集器及消烟除尘装置，以防火灾及对大气的污染。图 3-10 是具有上述功能的一种联合装置。

（2）修理冲天炉炉膛时，为防止从加料口落入物料等，操作者在进入炉内前应在加料口处安放安全罩，安全罩通常由钢骨架与铁丝网制成，如图 3-11 所示。

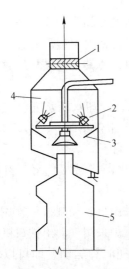

图 3-10　冲天炉火花捕集及消烟除尘装置

1—挡天板；2—喷嘴；3—挡板；4—火花
捕集器；5—冲天炉

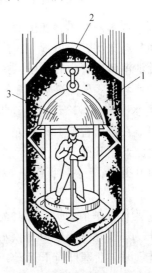

图 3-11　修理炉膛用的保护装置

1—冲天炉炉膛；2—起重机吊钩；3—活动的防护棚

（3）防爆装置。在冲天炉熔炼过程中要产生大量的 CO 气体和可燃性粉尘，在冲天炉停风时，炉内气体经风口灌入到风箱和风管内，达到爆炸极限时，如遇点火源会发生火灾爆炸。为防止爆炸发生，通常在风箱上安装有防爆阀（图 3-12）和安全逆止阀（图 3-13）等安全装置。

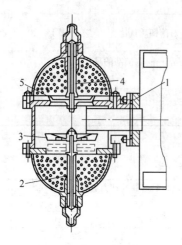

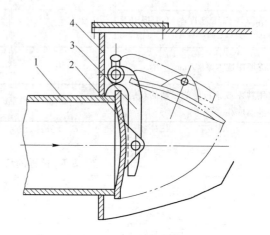

图 3-12　冲天炉防爆阀
1—网状膜片；2，4—弹簧；
3，5—风塞

图 3-13　安全逆止阀
1—风管；2—阀片；3—连杆；4—风箱

防爆阀紧固在风箱（或靠近风箱的送风管）上，在阀与风箱之间安置网状膜片 1，以防止其他东西落到里面。当风箱的压力降到低于 1961Pa（200mm 水柱；当关闭风机停风）时，下阀门弹簧 2 应能打开风塞 3，使风箱内气体排入大气。当风箱压力超过 9806～11768Pa（1000～1200mm 水柱；当风口被渣堵塞）时，上阀门的风塞 5 被推开，多余的风被排出。

安装在风箱内的风管连接处的逆止阀，当送风时由压力推开阀门，当停止送风时因阀片自重而自行关闭，靠风管与阀片的接触起到密封作用，尽管密封不很严密，但爆炸的气浪从此处泄漏到风管中后，可以减少风管后的容器内的压力，使其不受破坏。这种结构在自动控制或者仪表检测装置较多的冲天炉上使用较多。

（4）水冷冲天炉冷却水自动报警装置。如图 3-14 所示，冷却水从水套下端进入，从上端流出。在流出管道 1～2m 处，安装电极 A 和 B。当水正常供给时，两极冷却水相通，发射极电路产生基极电流，从而控制灵敏继电器 J 动作，绿灯亮，表示正常。反之，断水时，A 和 B 开路，三极管无偏流相通，继电器 J 释放，发出断水警报信号，红灯亮，电铃响。

（5）为保证炉前、炉后及时配合，达到生产安全，可采用自动控制显示（图 3-15）。

（6）为减少堵塞出铁口时铁水喷溅伤人，大、中型冲天炉采用气动出铁口机构。当汽缸上端进气时，活塞杆向下运动，同时曲柄 3 带动堵杆 5 逆时针运动，即可以堵住出铁口。反之亦然。更换泥塞头时，可将活动挡板 4 向后翻转，将泥塞座 6 向上翻起，更换泥塞头后复位，如图 3-16 所示。

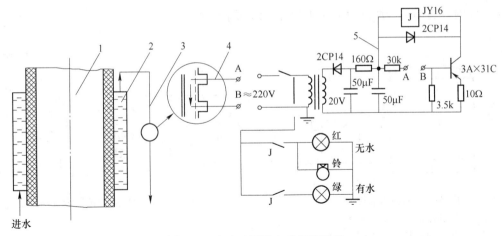

图 3-14　水冷冲天炉自动报警装置
1—冲天炉；2—冷却水套；3—出水管；4—电极；5—控制电器

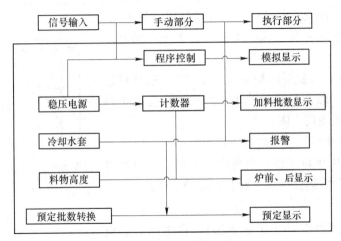

图 3-15　控制显示报警方框图

固定式前炉每次出铁或出渣时，首先需要捅开出铁（渣）口，出铁（渣）后再将其阻塞，常常因出铁口损坏而导致前炉跑火。为此，长期连续熔化的水冷式冲天炉普遍使用回转式前炉。因炉内熔炼出的铁水可随时流入前炉中储存，需要时转动前炉即可倒出铁水。由于前炉的出铁口位置高，正常位置时铁水流不出来，也就不需要堵塞出铁口（见图 3-17）。

（7）排风装置。为防止操作场地的烟尘对操作者的危害，除了对车间进行整体通风外，还应在产烟地点（炉前坑、出渣口、加料口附近）安装排风系统，将产生的烟尘排出，如图 3-18 所示。

（8）为了防止熔渣或液体金属溢入风口，在下排风口下要有一保险槽，内填易熔金属，当液体金属或熔渣到达

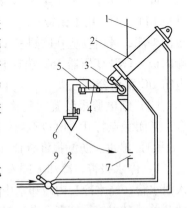

图 3-16　气动堵出铁口结构
1—前炉；2—汽缸；3—曲柄；4—活动
挡板；5—堵杆；6—泥塞座；7—出
铁口；8—换向阀；9—排气阀

这个高度时，将易熔金属熔化而流出炉外，从而不流入风口。

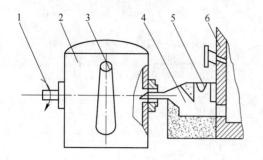

图 3-17　回转式前炉

1—回转机构；2—前炉；3—出铁口；

4—分渣室；5—出渣口；6—冲天炉

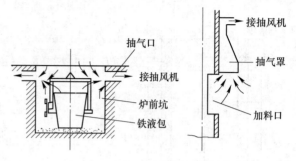

图 3-18　产尘地点的排风装置

（9）出渣口必须设置挡板或防护装置，防止熔渣喷到工人身上。有些冲天炉出渣口还设置排气罩收集渣棉，有时渣棉由湿式化渣系统收集，熔渣被放入充水的容器或槽中，并冲走。

（10）采用气、液缸开闭炉底（图 3-19），这样可以实现远距离操纵，以防剩余的铁水、炉渣和高温的炉料从炉底冲出时飞溅烫伤人体。

（11）在新耐火砖与炉壳之间应留有足够的空隙（不小于 20mm），其中填以干砂，当耐火砖受热膨胀时起缓冲垫的作用，不会将炉壳撑裂。同时也起隔热的作用。

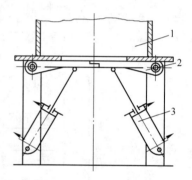

图 3-19　气、液缸开闭炉底示意图

1—冲天炉；2—炉底门；3—汽、液缸

C　感应电炉

（1）坩埚故障报警器（见图 3-20）。在坩埚和感应线圈间，放两层互相绝缘的不锈钢板，靠近坩埚的一层叫内极 a11，靠近感应器的一层叫外极 b11，炉底用不锈钢丝和铁水相连叫铁水极 C。当坩埚破损后，铁水沿缝隙向感应器方向外流，此时反应在欧姆表 1R 读数开始下降（新炉欧姆读数为 500~600）。若铁水接触内极，1KB 变压器 36V 端有电压、次级电压为 100V，1C 动作一次信号，红灯 2XD 亮，电笛 DC 发出警报。

（2）断电警报装置（见图 3-21）。按下按钮开关，电磁开关线圈导通，常开触点闭合，常闭触点打开，电铃不响；反之，电铃响。

（3）停水、防漏报警装置（见图 3-22）。

1）停水报警。冷却水进入水管、水冷铜套、出水管而流入水箱；溢出水由溢水管流入泄水管；当水冷套内冷却水中断或渗漏时，水箱水位下降，浮球下落，与浮球相连的微动开关闭合，信号灯亮，电铃报警。

2）漏底报警。在水冷铜套上装有两个相插但不相连的锯齿形铜极（与水冷套之间有绝缘隔热层）。由两个铜极分别引出两根铜线与报警线路连接。两个铜极相当于一个常开开关。当炉底渗漏液时，两个锯齿形铜极相连接，电路导通，指示灯亮，电铃报警。

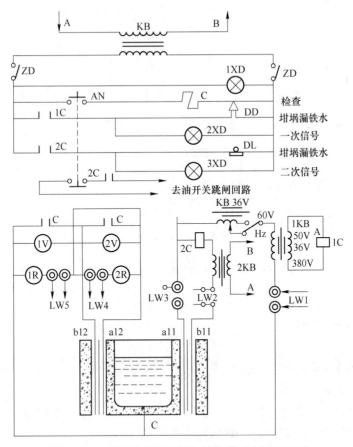

图 3-20 工频感应电炉坩埚故障报警器电器原理图

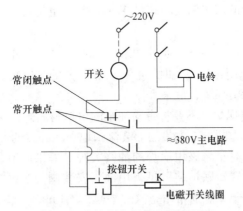

图 3-21 电炉断电报警电器原理图

D 电弧炉

电弧炉是生产铸钢时广泛应用的熔炼设备。

（1）为保证安全，电弧炉出钢、出渣和修补时，倾斜角度不得超过允许角度。为此需安装倾斜度限制器。倾炉用蜗轮—蜗杆传动机构应能自动刹车。传动机构上均应设防护罩，并确保动作自如。

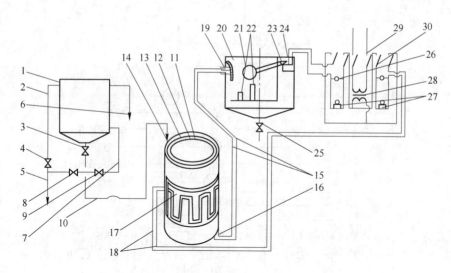

图 3-22　感应炉停水、防漏报警原理

1—储水箱；2,5—水管；3,4,8,9—阀门；6—溢水管；7,10—入水管；11—密封圈；12—绝缘隔热层；
13—水冷铜套；14—进水管接头；15—出水管；16—出水管接头；17—铜极；18—铜线；19—水箱进水管；
20—水箱；21—浮球；22—溢水管；23—浮球支座；24—微动开关；25—泄水阀；26—指示灯；
27—电铃；28—变压器；29,30—开关

（2）电弧炉炼钢要产生大量的烟气，每炼 1t 钢约产生 8~14kg 粉尘，因此应设排烟除尘装置，防止空气污染，保障人体健康。

（3）高压电气部分应与车间隔开，安放在单独的房间。变压器应加强维护和冷却，注意温升不得超过规定值，以防变压器烧毁。

（4）炉框架、电极座均须装有水冷循环装置，并使出水温度不超过 80℃，进水压力不小于 0.96MPa。冷却水的回水温度不超过 45℃，有些电炉还采用水冷炉盖。

E　坩埚炉

坩埚炉一般用来熔炼非铁合金，根据其用途不同，有石墨坩埚和铸铁坩埚。

（1）在熔炼铜合金或用氯气脱氢时，必须装备强烈的排风装置，以免熔炼时产生的氧化锌和氯气等有害气体污染环境、危害人体。

（2）以油为燃料的坩埚炉，不要将带动油泵的电机与向炉内送风的动力连接在同一电源上，因为一旦送风的动力断电，大量的油会流到地上。补救的办法是在供油管上安一阀门，以便在送风发生故障时，将该坩埚炉的油路关掉。如果调节装置和燃烧器由电控制，此阀可装成类似的联锁装置。联锁装置是采用油管安装阀门操纵杆进行机械关闭的方式，即释放重量进行关闭。由于重量通常由空汽缸举起，当切断空气，供油立即停止。为了在油压消失时汽缸中的空气能迅速放出，汽缸中可钻一小孔。

（3）从炉中移出大型坩埚需要使用抱钳（见图 3-23）。当坩埚、抱钳和金属质量超过 50kg 时，应尽可能使用起重装置。

抱钳（或抱包式抬架）的选择必须符合使用的坩埚形状和大小，和坩埚的接触面积要大，以防损坏坩埚。

F　浇包

浇包盛有高温金属熔液，是金属浇注的主要工具。

（1）吊车式浇包的倾转机构，一般均采用能自锁的蜗轮—蜗杆机构，以防止浇包翻转，造成重大事故。图 3-24 所示的浇包，其上设有可翻转的卡子 1，在运送金属液时可将卡子翻转到卡在吊杆上的位置，以防浇包翻转。

图 3-23　坩埚抱钳

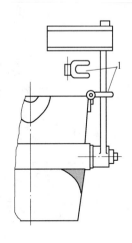

图 3-24　带有安全卡的浇包

（2）浇包结构要合理、牢固、可靠，浇包的转轴要有安全装置，以防意外倾斜。装满液态金属后其重心应比其旋转轴心至少低 200mm，以防浇包意外倾倒，造成重大事故。容量大于 500kg 的浇包，必须装有转动机构并能自锁。浇包转动装置要设防护壳，以防飞溅金属进入而卡住。

（3）吊车式浇包须作外观检查，重点部位是加固圈、吊包轴、拉杆、大架、吊环及倾转机构等，特别重要的部位须用放大镜仔细检查。检查前，要清除污垢、锈斑、油污。如发现零件有裂纹、裂口、弯曲、焊缝与螺栓连接不良、铆钉连接不可靠等，均须拆换或修理。

（4）要注意浇包的质量检查和试验。吊车式浇包至少每半年检查与试验一次；手抬式浇包每两个月检查与试验一次。

（5）浇包包壳上必须设有适当数量的排气孔。

（6）浇包包衬应有一定厚度，否则寿命低、易产生烧穿事故。铁水包的包衬厚度应符合表 3-8 的要求。

表 3-8　铁水包的包衬厚度

铁水包质量/kg	包衬厚度（不小于）/mm	铁水包质量/kg	包衬厚度（不小于）/mm
100~500	30~60	1000~3000	80~100
500~1000	60~80	3000~5000	100~120

3.1.3.4　落砂、清理设备安全防护

（1）密闭式落砂设备。目前，落砂机除尘罩大都是安装在落砂机上方或侧面，其优点是造价低，铸型装卸方便，但除尘效果较差。另一类是全密闭罩式吸尘，如图 3-25 所示，其工作原理如图 3-26 所示（图中虚线范围装置为检修时备用）。其优点是除尘效率高，效

果好。通常，全密闭罩式除尘罩由左右两个罩壳组成，两个罩壳可在轨道上移动并对合，把落砂机密闭起来。在左右罩壳上方留有开口，可以不脱钩落砂，加快铸件装卸。在罩壳开口处及对合处都粘有泡沫材料，提高了密封效果。由电动机带动钢丝绳使左右罩壳分开或合拢，密封和除尘效果都较好。

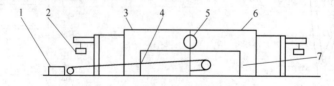

图 3-25　密闭式除尘罩示意图

1—电动机；2—配重；3—左罩壳；4—钢丝绳；5—吸尘风管；6—右罩壳；7—落砂机

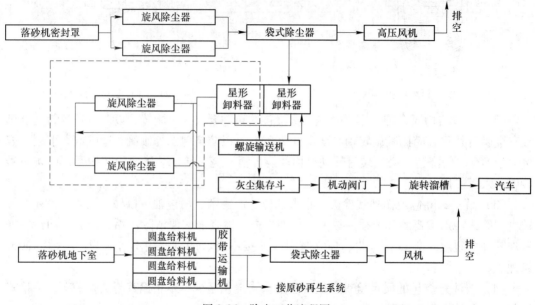

图 3-26　除尘工艺流程图

（2）落砂机周围区域应无砂和废料，传送带敞开部分的旁边应有防护栏或挡板。

（3）水爆清砂。采用水爆清砂时，爆炸产生巨大的冲击力（见表 3-9），因此，吊车钩上应加挂减振钩（见图 3-27），水爆池也必须有良好的缓振弹簧，以减轻对水爆池及周围建筑物的强烈震动，并避免发生脱钩等。水爆清砂的吊车司机室应设置金属网及有机玻璃防护板，必要时采用有线或无线遥控操纵吊车。

表 3-9　铸钢件水爆清砂的冲击力

铸件质量/t	垂直水爆力/kN	铸件质量/t	垂直水爆力/kN
<2	1000	4~6	3000
2~4	1200	6~10	3300

（4）在铸件清理中，还常用风錾来清铲大铸件。为了防止錾子从风錾中飞出以及錾子由铸件跳出时击伤操作者的手，风錾最好装上用薄钢板做的防护罩，如图 3-28 所示。

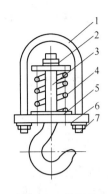

图 3-27　减振钩

1—吊环；2，7—螺母；3—吊钩；
4—弹簧；5—定位板；6—底座

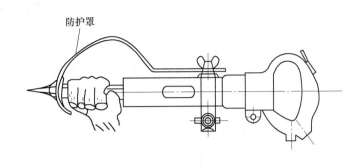

图 3-28　带有护手罩的风錾

（5）水力清砂用高压水的压力达 100~160MPa，因此，水力清砂室应尽可能做到完全封闭，并用信号、电铃与高压泵站联系；要安设联锁装置以保证先开水枪阀门，再开砂门；停止工作时先关砂门，再关水枪阀门。

（6）滚筒清理。清理滚筒、抛丸滚筒用于清理小铸件。它们可由滚筒的空心轴处排风或在筒体外加全密闭罩，从其上部接管排风，并在通风系统中安置除尘器。为了降低噪声，滚筒宜布置在隔声的小室中或地坑内。滚筒上应有锁定机构，以防在装卸工件时滚筒发生转动，造成事故。

（7）抛丸室、喷丸室、喷砂室清理。抛丸室、喷丸室、喷砂室可用于大中型铸件的清理。由于排风量较大，为防止铁丸飞出，需密封。室内可覆盖橡胶以降低噪声。其驱动电机应与室的大门启闭机构联锁，只有在大门已经关严后，电动机才能启动。

抛丸设备的叶片、分丸轮、定向套、护板等为易损件，特别是叶片应经常检查，以免运转时断裂甩出。为保证抛丸器运转平稳，每个叶轮上的 8 个叶片必须选配成组，以满足平衡性技术要求。

（8）镁合金铸件的清理。镁合金铸件在清理打磨中产生的镁尘，由于易燃，可引起火灾或爆炸，应设防护装置。

1）砂轮机上设置直接消灭火花的设备。

2）采用防尘电机。设备要接地，以防摩擦起火。

3）设置除尘系统收集镁尘（见图 3-29）。

该系统应采用湿式除尘器，使粉尘直接冲入水下的泥浆中，而不能使用袋式除尘器，因为镁粉尘聚集起来更不安全。在湿式除尘器中，镁尘能与水反应放出氢气，所以一定要很好地通风。泥浆槽应经常清洗，以便及时将镁尘浆与细砂或土混合后埋掉。在

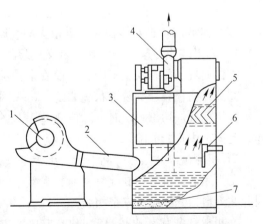

图 3-29　砂轮机磨削镁合金铸件的除尘装置

1—砂轮；2—斜管；3—湿式除尘器；4—风机与全封闭电机；5—挡水板；6—液面高度控制器及联锁装置；7—泥浆

除尘装置中，应使管道尽量的短，少用弯管弯头，减少在这些部位的镁尘聚集。连接砂轮的管道要每天清扫。

4）除尘系统上应装防爆门。

5）除尘系统与砂轮机应有联锁装置，砂轮机一开动，除尘系统就开始运转。

3.1.4 铸造工艺安全操作

3.1.4.1 铸造生产准备安全操作

铸造生产准备是铸造生产工艺过程的第一道工序。一般是在铸造车间设立准备工段来完成此项工作。其作用是为了确保铸件生产的顺利进行，及时供给熔化炉和造型所需的原材料。

A　炉料准备

a　焦炭、辅料的准备

焦炭、辅料因其体积小，重量小，在搬运准备过程中对操作安全无多大威胁，但在筛选、制备、运输过程中会出现粉尘飞扬，造成危害。因此，在进行这些工作时，操作者应做到：

（1）戴好防尘用品。

（2）在搬运、储存和取放过程中，应轻取轻放。

（3）对袋装粉料，倾倒后的空袋不要拍打。

b　金属料块的准备

（1）清理料块：由于这些金属来自各方面，往往会混入空盒、空箱等密封容器，甚至会混入残留炸药的非军用物品、有害的化学品等危险物品；另外，还可能混入影响铸件成分的有害金属以及水、雪、冰块等杂质。因此，对金属块的清理要求有：

1）干燥所有金属块。

2）剔除有害金属及杂物。

3）剔除密封容器、爆炸物、有害化学品等危险物品。

（2）破碎料块：对体积大、重量大的金属料块进行破碎加工。

1）人工破碎。这是一项既繁重又危险的工作，作业时应注意：

①作业现场要有安全范围，并设安全警示标志；非作业者严禁入内，以免伤人。

②破碎前检查锤头装置状况，防止锤头因松动脱落而造成事故。

③使用气焊切割料块时，除应遵守其安全操作规程外，还应检查切割对象是否有爆炸、起火、中毒的危险。

2）机械破碎。虽然劳动强度可大大降低，但仍然存在安全要求：

①当用剪切机剪切韧性材料时，尤其是当切到尾端时，操作者的手有可能伸入刀口，因此在入料口处应装设安全挡板。

②断裂机多为落锤式。除应筑有坚固的安装基础外，在落锤四周还应建一定高度的坚固的围栏，以免金属块飞出伤人。若地下水水平面较低，可挖坑安装设备机器，料块的破碎则可在坑内进行，这样更为安全。

③在已经升起的吊锤下，严禁放置和取拿金属料块。

B 型料及砂箱的准备

型料主要为石英砂、黏土、煤粉、锯末和有机黏合剂等。

型料的准备要求:

(1) 在新型砂的配料和旧砂处理回收操作中,防止铁块,铁钉、石块等混入,应严格按规程操作混砂机,并应对防护罩及各种安全装置及时检查和维修。

(2) 对煤粉的自燃和爆炸应严加防范,控制煤处理系统中的温度极限不得超过120℃,在煤粉处理系统中装置防爆安全阀,满足防火防爆要求。

(3) 型料准备过程中,应解决防硅降尘和防火防爆问题。

砂箱准备的安全技术要求:

(1) 砂箱尺寸选择要保证铸型有足够的吃砂量,防止浇注时金属液体喷射。

(2) 砂箱应有足够的强度和刚性,箱带间距应合理,箱轴把手平直,其端部应制出凸缘,使运输、翻转和合箱时不致滑脱,又能方便造型和落砂。

(3) 平时应加强检查,发现箱壁、箱带开裂,箱带间距过大,箱轴、把手弯曲不平等,均应事先修整。

3.1.4.2 造型、制芯安全操作

铸造车间从事造型、制芯及其准备工作的工人约占70%,这部分工人是否安全直接影响铸造车间的安全成效。

A 造型安全技术

(1) 造型、制芯场所应保持清洁,不许有妨碍操作的杂物,并要留出安全通道。

(2) 砂箱使用前,应先检查箱把,吊环及锁耳等,如有损伤、断裂就不准使用,并应将坏箱清出车间以外。

(3) 风冲吊链及钢丝绳等,使用前应检查是否有损坏现象。

(4) 吊挂砂箱应由两人挂绳,并与指挥人员联系好,起吊时要远离砂箱,禁止站在身后有障碍物的地方。

(5) 吊运砂箱时,人不准站在砂箱上。

(6) 砂箱不许叠放过高,以防倒下伤人或物。

(7) 吊车翻箱,要有专人指挥。

(8) 禁止在吊车吊起的砂箱下进行修型、锁紧泥芯等操作。

(9) 验箱时要有专人指挥吊车。如发现砂型压坏或落入浮砂时,禁止用手打扫。必须修理时,应将上砂箱吊至旁边,方可操作。

(10) 地坑造型时,应考虑地下水位的深浅,要求地下水最高水平面与砂型底部最低处距离不少于1.5m,防止浇注过程发生爆炸。

(11) 机器造型的操作者,必须熟悉机器的性能和结构,掌握正确的使用,维修和保养方法。使用抛砂机造型时,要检查抛砂机叶片是否紧固,型砂中不许含有铁钉、铁块、防止打碎叶片或飞出伤人。

B 砂型和泥芯烘干安全技术

在砂型和泥芯烘干的过程中,应注意做好以下几点安全技术要求:

(1) 砂型和泥芯装炉前,首先要检查烘炉各部分是否完好无损,如炉门起闭要灵活,

火道、烟道要畅通，管路、阀门、测温仪表等都要正常。然后检查烘车，应牢固、平整、运动灵便，轨道上和两旁应干净，无障碍物。

（2）砂型和泥芯装车时应放置平稳，砂箱叠放不许直接堆起，应用高度相等，平直的垫块隔开放稳，不可用砖头等杂物垫砂箱，以防砂型倒下。砂型和泥芯装车入炉后，与炉顶和炉壁之间的距离不应小于25cm，砂型和泥芯之间也应保留适当间隙。

（3）点火烘干前，要先打开烟道闸门，用鼓风机吹3~4分钟，清除炉内残留的煤气，防止点火时发生爆炸。若为煤气炉应先点燃引火棒，再逐渐开启煤气阀门，待煤气管发火后才能开送风阀门，若为煤炉，引火要使燃烧均匀，待燃料燃烧后，在送风闸门关闭状态下开鼓风机，然后逐步打开闸门，加大风量。点火后关闭炉门，并用黏土封住炉门四周缝隙，以防烟气污染车间。烘烤结束停炉时，煤气炉应先关煤气阀门，后关鼓风机，绝不许颠倒，以防止发生爆炸。

（4）出炉时，不可直接用手触摸砂型和泥芯，防止烫伤。

3.1.4.3　熔炼安全操作

因生产铸件种类不同，一般分为铸钢熔炼、铸铁熔炼和有色金属熔炼三种。

A　电炉铸钢熔炼安全技术

（1）筑炉、筑盖是电弧炉炼钢的主要熔炼设备，严格遵照工艺要求筑炉、筑盖及修补炉体，对确保熔炼过程正常进行是非常重要的，同时对确保安全生产也是必要的。

（2）装料工作从表面上看，好像非常简单，但装料时若不注意安全，产生的后果往往是不堪设想的，故要求装料时要特别注意，炉料中不得混有有害元素，如铜、锌、锡、铝等。铝的密度很大，沉到炉底裂缝中就会造成漏钢事故；锌易蒸发，降低炉盖寿命；铜、锡的存在会大大降低钢的质量。炉料中也不得混有爆炸物，密封容器、冰雪等等，以避免造成爆炸事故。炉料的原则是上松下紧，呈馒头形，以保证熔化过程中不致因重料突然下落造成塌料喷渣跑钢事故。当用料篮由炉顶加料时，操作者应远离电炉操作，不能站在炉门及出钢槽的正前方，以防钢渣喷射伤人。熔料全熔后，不得加入潮湿炉料，以避免爆炸。

（3）冶炼过程中故障排除。易发生较大的故障有穿炉及水冷却系统漏水。

1）穿炉是电炉生产中的重大事故。一般发生在出钢口和炉门口两侧或下部，炉子的二号电极渣线处，严重时会发生炉底穿翻。遇到穿炉，首先要冷静地判断穿炉部位，然后采取相应措施。

①若穿炉发生在门口两侧或下部时，应迅速将炉体向出钢方向倾侧，然后用铁耙扒去穿炉部位的钢渣，用瓢或铁锹补上沥青镁砂或盐卤镁砂，补好后用耙子将渣子推到所补之处，让它烧结好再摇平炉体继续熔炼。但如果漏洞较大，则可在炉外漏钢处用钢板焊一个斗，然后在斗内塞满沥青镁砂或盐卤镁砂，待烧结后再摇平炉体继续冶炼。

②若穿炉发生在出钢口两侧或下部时，应迅速将炉体向炉门方向倾侧，注意尽量避免钢水流出，补炉方法与前面一致。

③若穿炉发生在二号电极渣线处，此部位一般是电炉主要的电气机械设备部位，搞不好将会带来重大设备事故影响生产。故要求视漏钢部位及漏洞的大小，在尽可能避免钢水流出的前提下，尽可能使炉体倾斜，甚至可以倒掉一些钢水，从而迅速使漏钢部位暴露于

钢水液面之上，以确保设备安全，补炉方法同前。

④若炉底发生穿钢，则应迅速切断电源，打开出钢口，将钢水倒进盛钢桶中。

2）电炉水冷系统包括炉盖圈、炉体、电极夹持器及电极圈等水冷部件，它是确保电炉正常生产的主要手段，它能延长炉盖及炉衬的寿命，防止外壳变形，减少导体热损失，改善操作者劳动条件等重要作用。水冷系统的漏水不仅能给钢的质量带来危害，处理不当还易造成伤亡事故。

通常情况下，水冷系统漏水时，三相电极孔和炉门处会冒出很长的火焰，有时火焰带有蓝色和黄色，而且发出的电弧声很响。为确定漏水部位，可停电升高电极，必要时还可开启炉盖仔细检查，查出漏水部件，立即关闭其进水管，待出钢后修理或调换。调换时，水冷系统有蒸汽冒出，可在水管口盖上麻袋以防蒸汽伤人。

（4）其他安全问题。

1）炉盖和夹头吹灰，这是提高炉盖寿命和改善夹头导电性能的主要措施，故要求经常用压缩空气给炉盖和夹头吹灰。但必须注意，吹灰管不要碰着电极圈和水冷圈，以免触电；同时，操作者要站在上风头，以减少吸灰。

2）电炉炉坑，一般包括炉前渣坑、炉后出钢坑和两旁的机械坑。这些坑必须经常确保干燥，否则易产生跑钢、漏钢、出渣和出钢时引起的爆炸。另外，尚需确保其清洁，防止垃圾过多影响设备正常运转；清理垃圾时，要求放在熔化初期进行，避免炉内有大量钢水时清理垃圾，以防大沸腾、塌料、跑钢或漏钢时烫伤；清理垃圾时还需与地面人员取得联系，切断机械电气传动部分的电源，避免误伤；机械坑有电源处要定期检查，防止漏电以免清理垃圾时触电伤人。

3）渣包是炼钢过程中用来盛钢渣之用，渣包必须保证干燥，以免出渣时发生爆炸。盛满渣子的渣包必须待完全凝固后，才能倒掉。倒渣时地面也需干燥，否则也会发生爆炸。

B 铸铁冲天炉熔炼安全技术

熔化铸铁的熔化炉种类很多，但应用最广泛的是冲天炉。其安全注意事项有：

（1）装炉。在机械运料路线除设有护栏外，严禁人员穿行或进入危险区。在装料机运行时，应有警示灯和警铃，以提示注意安全。在测量底焦高度时，尽量不向炉内探身，以免不慎落入炉内。加料平台要保持清洁，飞溅出来的焦炭屑要及时清理，防止滑倒。吊、运料时要看清下面是否有人并示警。

（2）鼓风。装料结束即可鼓风。鼓风前应将风口先打开1~2只，吹去CO气体，防止爆炸；然后才可正常鼓风。

（3）熔化。在熔化过程中，其炉膛内的最高温度可达1650~1750℃，这时因鼓风导致大量的高温火花与火焰以高速从炉顶喷出，为防止引起火灾，一般冲天炉应装有"火花扑灭器"装置。需要特别注意炉子的四周，不允许有任何水分、潮气等存在；否则与铁水或炉渣相遇会引起水分的急促汽化而产生强烈爆炸。要求炉子四周，特别是出铁坑内、除渣槽内等要绝对干燥。操作所用工具，必须保持干燥，与铁水接触前必须预热；否则铁水遇冷会飞溅灼伤人。熔化过程通风眼处，要注意有无人员在风眼前走动；同时，操作者也不能正对风眼；以免被吹出的大量火星灼伤。

（4）出渣、出铁。在熔化中途出渣时，应防止熔渣喷出伤人。出渣时，在出铁槽上应加盖铁板。用水冷却炉渣时,要防止被水蒸气烫伤。出铁、出渣时,操作者和其他人员不得站在出铁口和出渣口的正前方,出渣口旁应有防护板。

(5)打炉。打炉前,应检查地面是否干燥,以防遇水爆炸。打炉时,要发出人员离开信号。炉料下落后及时浇水加速冷却。如遇搁料应及时打开炉门,用铁棒撬落。

(6)修炉。冲天炉工作后,对于炉衬、炉底、前炉等的修补,是一项经常的作业。冲天炉修补时的劳动条件较差,有时还没有冷却到常温就需进行修补。修炉常发生的事故有:修理炉膛时由于炉衬塌落而使头部击伤;打炉渣时由于碎块飞溅击伤;立足不稳而掉落炉底以及受到机械工具伤害等。根据安全要求,在修理炉子前,炉温应当用自然通风或机械送风的办法,使其冷却到50℃以下方能开始修炉。修炉工进入炉内前,必须先仔细检查炉内是否有松动的砖块和搁住的炉料、熔渣等可能下落的东西,并在上方安设防护网板。修补炉子时,应把悬挂的防护板吊好,然后开始工作,以防砖或其他物件落下砸伤。炉内有人工作时,炉子下方不许有人站立。在清理炉壁时,必须戴防护眼镜;修筑炉底或炉壁时,不要用手去抹,以免碰到炉渣或其他尖锐的东西将手划破。为了减少灰尘,清理前可在炉壁上喷些水。

(7)熔化过程故障及排除。

1)搭棚。冲天炉在熔化过程中,常会遇到因炉料块过大等原因造成的卡料搭棚搁炉故障,此时可用短时停风并敲击等方法解决。人要稍离加料口,铁棒用链条挂在加料口炉壁上,防止落料时人与铁棒一起落入。

2)穿炉。在熔化过程中,应密切注意炉壳的状态。由于修补不当、装料不正确或其他因素,常会发生炉衬局部脱落的现象,铁水乘机渗入炉壳,此时炉壳温度逐渐上升,烧红。当出现此种情况时,若面积较小,允许用冷压缩空气或水等使其冷却后继续熔化;如面积较大,甚至已被熔穿,应立即停止加料,迅速打炉。

C　有色金属熔炼安全技术

有色金属铸造的熔炼炉种类较多,主要是根据产品的特点、生产性质、工艺要求及本厂的条件,来确定炉子的形式、容量及数量。而坩埚炉是在有色金属铸造中使用最为广泛的一种,具有结构简单、制造容易、维修方便、适用范围较广的特点。其中石墨坩埚用于熔炼铜合金,而铸铁坩埚主要用于铝合金、锌合金及轴承合金等低熔点的合金材料。有色金属熔炼的安全技术主要有:

(1)熔炼有色合金要求厂房通风设备良好,炉旁要铺防滑的地面。应有防火通道。

(2)操作工应穿戴好防护用品,如工作服、工作帽、手套、防护眼镜、工作鞋等。

(3)开炉前必须检查熔化设备是否良好。

(4)对于石墨坩埚使用前需预热焙烧、检查其是否有损伤、防止其爆裂,使用时不准随便敲击,要轻拿轻放,不能疏忽大意;装料时不能太紧实,防止金属料受热膨胀而损坏坩埚。应架空安放,不允许叠堆。

(5)金属炉料应预热到120~200℃以上才能加入炉内,严禁冷炉料投入炉内,避免爆溅伤人。

(6)熔炼浇注的工具需仔细清理、预热后才能使用。

(7)应经常清理炉膛中的氧化皮等杂质。

(8)金属浇包要烘干、烘透,漏金属的浇包不允许使用。

（9）应经常检查坩埚的壁厚，小于原坩埚厚度 1/2 时，或有渗金属、有裂痕的现象时，不得继续使用。

（10）对于燃油、燃气的熔炉，开炉点火时要注意油、气流量和空气比例，避免因油量太多而突发燃烧引起的"放炮"现象。

（11）开炉结束后，应注意熄火和防火工作。

3.1.4.4 浇注安全操作

浇注作业主要任务是：将各种熔炼炉中所冶炼出来的熔化后的液体金属浇注到铸型中形成铸件。整个浇注过程中，自始至终接触高温明火灼热的液体金属，故极容易造成烧伤，甚至死亡事故。

A 钢包、铁水包的安全技术

a 钢包使用安全要求

（1）钢包安装前必须检查塞杆升降机构是否灵活，如不灵活易造成因塞杆关不死而漏包。

（2）包衬是否有严重损坏之处，若不及时修补易造成穿包漏钢事故。

（3）安装水口要求与座砖紧密配合并保持与包底完全垂直，塞杆要求做到塞头砖光滑无损，塞杆不得缺损。

（4）塞杆装入盛钢桶时，要求始终对准水口中心，安装后必须用灯光或烟火检查密封性。

（5）钢包安装后，使用前必须进行烘烤，出钢前检查一下塞杆是否开裂，若有开裂不准使用。

（6）出钢时钢水不得冲击塞杆及塞杆升降机构。

b 铁水包使用安全要求

（1）铁水包在使用过程中，须作定期或不定期的安全检查和试验。

（2）应着重对加固圈、吊包轴、拉杆、大架、吊环以及旋转部分进行检查。对重要部位除用肉眼细心观察外，还需用放大镜检查。

检查前，须清除铁水包上的污垢、锈斑、油泥等，如发现零件上有裂纹、裂口、弯曲、焊缝及螺丝连接不良，铆钉连接不牢靠等，均须整修或拆换。静力试验若无永久变形和其他缺陷，则该铁水包为合格。

（3）在使用中的安全要求是十分严格的，如：

1）使用前，须检查内衬有无剥落、松动等情况以及干燥程度。如有内衬不良或潮湿等，与高温铁水接触会引起内衬破坏、脱落，而使包壳烧穿和水瞬时汽化，体积猛增而导致爆炸。

2）在盛铁水时，不能盛得太满，以防吊运时铁水泼出伤人；故包中铁水液面不得超过铁水包内壁总高度的 7/8。

3）在使用手抬式铁水包时，也不能盛得过满，扛抬时前后要配合好，保持平稳，不得左右晃动和上下跳动。

B 浇注操作前的安全技术

（1）加强个人安全防护。特别是手工浇注，操作者既要消耗较大体力，又需靠近浇包和铸型，为防止意外，浇注者事先必须穿戴好防护用品，夏天严禁赤膊。在浇注时戴上防护眼镜，以免强烈光线刺眼和因金属液体飞溅引起烫伤。

（2）遵守合箱工作安全要点。

1）合箱场地地面应松软平整。大件合箱时铸型下应留出十字或井字形排气槽，避免浇注过程因排气不良而放炮。

2）合箱前应先检查铸型、型芯出气孔、气眼是否畅通，以利浇注时型、芯内气体顺利排出。

3）当芯头、分型面间隙较大，或浇注流动性较好的金属液时，在合箱时，芯头、分型面应压石棉线或黏土条，防止浇注时金属液钻入芯头气眼和喷射伤人。石棉线、黏土条不可堵死气眼。

4）铸型排列应呈行列，行列间应留有自由通道。

（3）铸型紧固与安全。铸型合箱后，在浇注时由于受到金属液体的压力作用，会出现型芯上浮或上箱抬起，此时金属液体将从分型面缝隙中喷射出来。小则浪费金属，影响浇注顺利进行，严重时造成铸件报废，甚至发生烧伤事故。因此，必须采取防止抬箱的措施，这一措施即为铸型之紧固。使用较为广泛的有压铁紧固和螺栓紧固。

1）合理紧固与安全很有关系，一般要求做到：

①根据经验和计算，确定压铁重量或选用合适的螺栓。

②紧固前，事先将砂箱四角用硬铁垫实，用压铁的应将压铁压在箱边或箱带上，以免压坏铸型。

③用螺栓紧固砂箱时，应采用对角紧固法，不可单边紧死再紧另一边。

2）紧固力计算应按相关要求具体进行。在生产上为了迅速确定压铁重量，常用铸件重量的4~5倍的经验压铁重量。

3）抹箱边。铸型经合箱紧固后，尚须在上下型的分型面四周进行抹箱，以防浇注过程中金属液喷射。抹箱边材料一般采用湿度较大的黏土。抹时，操作者应戴上手套，以免箱边毛刺、黏土中铁片等刺破手指。同时要求塞紧、抹实。这样才能保证不跑火伤人。

C 浇注时的安全技术

（1）浇注高、大铸型要求。浇注高、大铸型，操作者劳动强度既大又不安全。因此，若铸型在地面上，则应临时筑出浇注台，若铸型在深坑中，则严禁任何人进入坑内。

（2）浇包与浇口位置要求。当用摇包浇注时，包嘴应靠近外浇口，当用漏底包浇注时，其出铁口应垂直对准外浇口，免得因冲击力过大使金属液飞溅伤及人身。

（3）引火排气。浇注开始后，型腔内气体、铸型水分及可燃物，因受热迅速膨胀、气化、燃烧而溢向铸型出气孔和冒口。此时，应及时用纸等引火燃烧，以免发生爆炸。尤其对铸型中排出的有害气体，如一氧化碳，引火排气可防止操作人员中毒事故的发生。

（4）喷射应急措施。尽管合箱时采取了预防金属液喷射措施，但喷射总有可能发生。当出现此种情况时，除浇注者思想不可紧张，力求冷静和放慢浇注速度外，其他浇注人员可迅速用场地干砂撒向喷射处，或用工具粘贴烂泥堵住喷射口。待喷射口金属结皮，停止喷射后，迅即恢复正常浇铸。

（5）对浇注工具要求。浇注时所有金属液接触的工具，如扒渣棒、火钳、点冒口和测量包内剩余金属液用的铁棒等，均需预热，防止冷铁棒接触金属液时产生飞溅。

（6）倾倒剩余金属液、渣子要求。要倾倒在专用渣坑、渣包或砂坑内，不得随地乱倒。

（7）统一指挥，动作协调。无论是合箱还是浇注，往往是在集体操作和使用起重机械情况下进行工作的，因此，现场应有专人统一指挥，要有口令或手势作信号，以避免行动不协调而造成事故。

有色铸件的浇注安全技术要求基本上与黑色金属的浇注要求相同。只是有色铸件生产方式、用炉的特殊条件，要求在安全操作上更应注意。有色件浇注时产生的烟气较多，对人体的危害比黑色金属大，要求浇注场地要有良好的通风条件；浇注人员要加强个人的劳动防护，防止烟气、金属液飞溅而对人体产生的危害；有色金属浇注有些是吊坩埚浇注的，应特别注意坩埚的使用状况，是否有裂痕、渗漏现象，发现问题应及时处理，未处理前停止使用。

3.1.4.5 落砂及清理安全操作

将已经冷凝到一定温度的铸件从铸型中取出的过程称为落砂。它是浇注的下道工序，又是清理工作的开始。落砂方式有：在浇注地点就地落砂、固定砂床落砂、震动落砂机上落砂。铸件在落砂后，进一步清除型芯、表面粘砂、毛刺等工作称为清理。清理作业是铸造生产的末道工序，主要任务是根据清理工艺要求，通过去除型芯、粘砂、浇冒口、毛刺、焊补、热处理、矫形、油漆等，然后转入毛坯库，为冷加工提供合格的铸坯。

（1）落砂清理工一定要做好个人防护，熟悉各种落砂清理设备的安全操作规程。

（2）从铸件堆上取铸件时，应自上而下取，以免铸件倒塌伤人，清理后应堆放整齐。重大铸件的翻动要使用起重机。往起重机上吊挂铸件或用手翻倒铸件时，要防止吊索或铸件挤压手。严禁吊具（钢丝绳、链条等）超负荷作业。吊索要挂在铸件的适当部位上，不应挂在浇冒口上。

（3）使用风铲应注意：将风铲的压缩空气软管与风管和风铲连接牢固、可靠；风铲应放在将要清理的铸件边上后再开动；停用时，关闭风管上的阀门，以停止对风铲供气，并应将风铲垂直地插入地里；风铲不要对着人铲削，以免飞屑伤人。

（4）清理打磨镁合金铸件时，必须防止镁尘沉积在工作台、地板、窗台、架空梁和管道以及其他设备上。在打磨镁合金铸件的设备上不允许打磨其他铸件，否则由于产生火花易引起镁尘燃烧，因此这些设备应标有"镁专用"记号；清理打磨镁合金铸件的设备必须接地，否则能因摩擦而起火。在工作地附近应禁止吸烟，并放置石墨粉、石灰石粉或白云石粉灭火剂。操作者应穿皮革或表面光滑的工作服，并且要经常刷去粉尘；一定要戴防护眼镜和长的皮革防护手套。只能用天然矿物油和油膏来冷却和润滑，不应当使用动物油、植物油、含酸矿物池、油水乳化液。

3.2 锻造安全技术

锻造是金属压力加工的方法之一，它是机械制造生产中的一个重要环节。根据锻造加工时金属材料所处温度状态的不同，锻造又可分为热锻、温锻和冷锻。

本节主要探讨热锻，即被加工的金属材料处在红热状态（锻造温度范围内），通过锻造设备对金属施加冲击力或静压力，使金属产生塑性变形而获得预想的外形尺寸和组织结构的锻件。

3.2.1　锻造工艺与设备设施

锻造是利用外力，通过工具或模具使高温条件下的金属坯料产生塑性变形，从而获得具有一定形状、尺寸和内在质量的毛坯、零件的一种加工方法。

3.2.1.1　锻造工艺分类

（1）根据成型机理，锻造可分为自由锻、模锻、碾环、特种锻造。

1）自由锻。指用简单的通用性工具，或在锻造设备的上、下砧铁之间直接对坯料施加外力，使坯料产生变形而获得所需的几何形状及内部质量的锻件的加工方法。采用自由锻方法生产的锻件称为自由锻件。自由锻都是以生产批量不大的锻件为主，采用锻锤、液压机等锻造设备对坯料进行成型加工，获得合格锻件。自由锻的基本工序包括镦粗、拔长、冲孔、切割、弯曲、扭转、错移及锻接等。自由锻采取的都是热锻方式。

2）模锻。模锻又分为开式模锻和闭式模锻。金属坯料在具有一定形状的锻模膛内受压变形而获得锻件，模锻一般用于生产重量不大、批量较大的零件。模锻可分为热模锻、温锻和冷锻。温锻和冷锻是模锻的未来发展方向，也代表了锻造技术水平的高低。

按照材料分，模锻还可分为黑色金属模锻、有色金属模锻和粉末制品成型。挤压应归属于模锻，可以分为重金属挤压和轻金属挤压。

3）碾环。碾环是指通过专用设备碾环机生产不同直径的环形零件，也用来生产汽车轮毂、火车车轮等轮形零件。

4）特种锻造。特种锻造包括辊锻、楔横轧、径向锻造、液态模锻等锻造方式，这些方式都比较适用于生产某些特殊形状的零件。例如，辊锻可以作为有效的预成型工艺，大幅降低后续的成型压力；楔横轧可以生产钢球、传动轴等零件；径向锻造则可以生产大型的炮筒、台阶轴等锻件。

（2）按是否加热、是否采用模具或采用锻压设备可划分为自由锻、胎模锻、模锻、径向锻造、挤压、镦锻、同步成型。

3.2.1.2　锻造生产设备

锻造生产必须使用加热设备、锻压设备以及许多辅助工具。

（1）加热设备。锻造加热炉的种类很多。按照所用的热源不同，锻造加热炉可分为火焰加热炉（油炉、煤气炉等）和电加热炉两大类。伴随锻造过程，加热炉和灼热的工件能辐射大量的热能；火焰使用的各种燃料燃烧产生大量的炉渣、烟尘。对这些如不采取安全措施，将会污染工作环境，恶化劳动条件，且容易引起伤害事故。

（2）锻压设备。其主要有蒸汽锤、空气锤、模锻锤、机械夹板锤、弹簧锤、皮带锤、曲柄压力机、摩擦压力机、水压机、扩孔机、辊锻机等。各种锻压设备都对工件施加冲击载荷，因此容易损坏设备和发生人身事故；如锻锤活塞杆折断，则往往引起严重伤害事故。锻压设备工作时产生的振动和噪声影响工人神经系统，增加发生事故的可能性。

（3）锻工工具和辅助工具。锻造中要使用很多的锻工工具和辅助工具，特别是手工锻和自由锻工具、夹钳等种类繁多，都要同时放在工作地点，往往很杂乱；而且由于在工作中工具更换频繁，就增加了检查工具的困难，有时凑合使用不合适的工具，容易造成伤害事故。

3.2.2 锻造工艺特点与危险辨识

3.2.2.1 锻造工艺特点

从安全技术劳动保护的角度来看，锻造车间的特点是：

（1）锻造生产是在金属灼热的状态下进行的（如低碳钢锻造温度范围在 750~1250℃ 之间），由于有大量的手工劳动，稍不小心就可能发生灼伤。

（2）锻造车间里的加热炉和灼热的钢锭、毛坯及锻件不断地发散出大量的辐射热（锻件在锻压终了时，仍然具有相当高的温度），工人经常受到热辐射的侵害。

（3）锻造车间的加热炉在燃烧过程中产生的烟尘排入车间的空气中，不但影响卫生，还降低了车间内的能见度（对于燃烧固体燃料的加热炉，情况就更为严重），因而也可能会引起工伤事故。

（4）锻造设备在工作中的作用力是很大的，如曲柄压力机、拉伸锻压机和水压机这类锻压设备，它们的工作条件虽较平稳，但其工作部件所发生的力量却是很大的，如我国已制造和使用了 12000t 的锻造水压机。如果模子安装或操作时稍有不正确，大部分的作用力就不是作用在工件上，而是作用在模子、工具或设备本身的部件上了。这样，某种安装调整上的错误或工具操作的不当，就可能引起机件的损坏以及其他严重的设备或人身事故。

（5）由于锻造车间设备在运行中发生的噪声和震动，使工作地点嘈杂不堪，影响人的听觉和神经系统，分散了注意力，因而增加了发生事故的可能性。

3.2.2.2 锻造生产危险有害因素

A 危险因素

（1）机械伤害：主要来源于锻锤运行、操作机运行、模具加工等作业中。如：

1）当发生操作机构失灵、司锤工与掌钳工不协调、精神不集中误操作等情况时，操作人员会受到锻锤锤头的击伤。

2）若加热温度控制不当，导致坯料过烧，或坯料内部有杂质、裂纹，或锻件位置不当，或锤击力过大，或操作人员配合不当，在锻造中都会发生锻件打飞伤人事故。

3）由于夹钳或垫铁等辅助工具选用不当、锻件位置不当等原因，锻击时致使辅助工具被打飞伤人。

4）操作人员操作不当或锻造过程中模具、工具突然破裂，模具冲头打崩，操作杆、锤杆断裂而飞出伤人。

5）被毛坯的锋利棱边、毛刺刮破、刺伤。

6）操作者在翻转、搬运毛坯时，操作不慎使毛坯跌落造成伤害。

7）使用起重运输设备时，由于操作不当而造成伤害。

8）切断毛坯棒料时，被棒料末端碰伤。

（2）火灾爆炸：主要来源于天然气、煤气、柴油等液体燃料的泄漏，压力容器、高压气瓶的爆炸。如：

1）锻压车间压力机下的地坑中积存有油，存在火灾危险。

2）启动气体燃料加热炉时，由于点火不正确，突然停止鼓风，燃气泄漏到厂房中，以及空气被抽吸到燃气装置内部，均可能发生爆炸。

3）在使用易燃物，如汽油、矿物油、酒精和制备润滑剂时，其蒸气能与空气形成爆炸性混合物。

4）电焊渣落入水中或潮湿地面上引起爆炸。

（3）起重伤害：主要来源于锻件吊运、维修作业等。

（4）触电伤害：主要来源于中频加热、工业用电维修等作业中。

（5）灼烫：主要来源于接触加热炉、热处理炉、热锻件、锻造用工具、模具等作业中。

（6）物体打击：主要来源于夹钳、工具的击飞，悬挂零件转运过程中的坠落，锻压设备上销钉、楔块的脱落等。

（7）高处坠落：主要来源于登高紧固螺栓、维修作业等。

B　有害因素

（1）有毒有害物质：如润滑冲模时形成的油气溶胶、润滑剂，如矿物油、动物油、干皂、黏稠润滑材料、蜡、乳剂、皂液、合成油、石墨润滑剂燃烧的产物，如二氧化硫、一氧化碳、硫化氢等有害气体。还有从加热炉排出的有毒气体，除一氧化碳、二氧化硫外，还有一氧化氮、二氧化氮等有害气体。

（2）振动：主要来源于锻锤、压力机锤击时，空气锤每分钟撞击 95~210 次，无砧锻锤为 6~10 次；各类风机、清理滚筒运转时；高压气体、高压液管路及泵房；压缩机工作时等。

（3）噪声：主要来源于锻打时的机械噪声和空气锤、蒸汽-空气锤的进气（汽）、排气（汽）空气动力噪声。

（4）热辐射：主要来源于加热炉、热处理炉、压力机、锻锤；炽热锻件；热的工模具等。

3.2.3　锻造安全防护装置与措施

3.2.3.1　锻造设备安全防护装置

A　锻锤安全防护装置

（1）防止锻锤汽缸被打碎的安全防护装置。由于操作过程中锤头提升太快，汽缸内的活塞急速上升，可能将汽缸盖冲坏，飞出伤人。为防止活塞向上运动时撞击汽缸盖，可在汽缸顶部设缓冲装置来防护。

1）压缩空气缓冲装置。如图 3-30 所示，包括缓冲空腔、钢球逆止阀、压缩弹簧。当工作活塞上升到上气道口时，缓冲腔内的气体被压缩，产生缓冲作用，从而使锤头停止上升，避免了对汽缸盖的撞击。当工作活塞下降时，腔内气体膨胀，使锤头增强下降工作能量，当工作活塞在上极限位置停留过久，空腔内气体泄漏后，锤头就不会迅速下降，此时来自压缩缸顶部的压缩空气将钢球顶起，从逆止阀流入缓冲空腔内，锤头便能很快下降。

2）弹簧缓冲装置。如图 3-31 所示，当活塞急剧上升时，就碰到反击中心杆，中心杆上升压缩弹簧而起缓冲作用，使活塞运动速度减小，从而保护了汽缸盖。

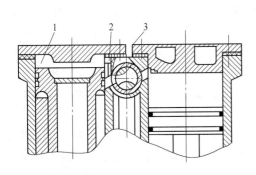

图 3-30 压缩空气缓冲装置

1—缓冲空腔；2—上气道口；3—钢球逆止阀

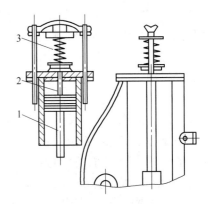

图 3-31 锻锤的弹簧缓冲装置

1—活塞；2—反击中心杆；3—弹簧

3）蒸汽缓冲装置。如图 3-32 所示，在锻锤汽缸上部装有缓冲汽缸，缓冲汽缸内与高压蒸汽接通，始终保持蒸汽压力，并装一柱塞，活塞上升撞到缓冲柱塞后，上升的缓冲柱塞把蒸汽入口堵塞，缓冲缸内气体形成缓冲阻力，阻止锤头继续上升，产生缓冲作用。

（2）防止锤头下滑的安全防护装置。在锻锤暂停工作或进行局部检修等情况下，往往需要锤头悬空，必须将锤头稳妥地支起。若未支撑好锤头，锤头突然下落，会造成设备的损伤或正在锤头下进行操作或检修人员的人身伤亡事故，所以将锤头支撑固定好。除了用支撑外，还可采用以下两种防止锤头下落的装置。

1）连杆式防止锤头下滑装置（图 3-33）。它是在锤身上装一 V 形杠杆 2，它和杠杆 6 可分别绕轴 3 和轴 5 转动，连杆 4 两端以活动铰连接杠杆 2、6。若杠杆 6 向左转动，则杠杆 2 的左肩顶住锤头 1 的凸缘，将锤头支起。不需支起时，将杠杆 6 向右转，这样杠杆 2 就和锤头凸缘脱开，锤头便可上下运动，杠杆 6 的端部通过弹簧定位销 7 进行定位。

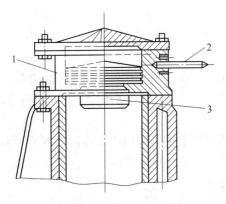

图 3-32 蒸汽缓冲器

1—汽缸加长部分；2—导管；3—柱塞

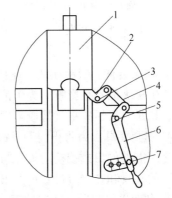

图 3-33 连杆式防止锤头下滑装置

1—锤头；2—V 形杠杆；3，5—固定轴；
4—连杆；6—杠杆；7—定位销

2）支架式支撑锤头装置（图 3-34）。锤头 1 由钢管 3 支撑，通过支架 2 及螺母 5 将钢管固定在螺纹轴 6 上，螺纹轴 6 固定在锤身上，不用时支架 2 可绕轴 6 转到一边，而不影响锤头上、下运动。

（3）防止锤杆断裂的结构。偏心锻造、空击或重击温度较低，较薄的坯料是造成锤杆断裂的主要原因。锤杆和锤头接触不良，造成锤击时在接触处受力过大而易折断。要改善这种状况，可以让锤杆下部带有 1：20～1：25 的锥度，再套上紫铜套。由于紫铜套塑性好，经过锤击之后，锤杆与锤头的接触就很紧密，使锤杆不易被折断，避免事故。

（4）防护挡板、安全盖板。在进行模锻或用压缩空气吹净锻模模膛时，炽热的氧化铁皮以较高速度飞出，易烫伤人，应设防护挡板。对司锤的工作位置，必要时也应设防护挡板，防止锤上飞出物造成伤害。同时，也防止其他人、物的意外碰撞而误开锻锤。

锻锤的启动装置须能迅速进行开、关，并保证设备正常运行及停止的安全。开关要设安全外罩或挡板，防止无意中被手、脚或身体其他部位以及落下物、飞起物触及而启动，造成意外事故。如对采用脚踏启动的锻锤，可在其上加一安全盖板（图 3-35），防止因操作者不慎、其他人员误踏或落下物触及而启动。

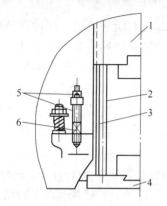

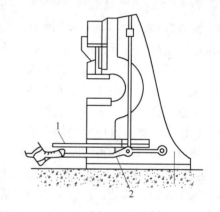

图 3-34　支架式支撑锤头装置
1—锤头；2—支架；3—钢管；
4—砧座；5—螺母；6—螺纹轴

图 3-35　安全盖板
1—保护盖板；2—脚踏板

此外，对锻造中操作人员易触及的转动部分要加防护罩，防护罩要固定在机架不动部分。

（5）减振装置。锻锤在锻击坯料时会产生较大的振动，对操作者、工作环境及周围建筑都会产生极大的不良影响。为了消除这种不良影响，可采用多种措施，例如砧下直接隔振装置、悬吊一反压式板簧橡胶隔振装置等。

（6）安全夹具。为防止用手或铁钳将毛坯送入冲模及冲模中取出工件而造成的手部伤害，可使用能够伸出或铰接阴模并与锻压机启动开关互锁的专用辅助夹具，还应装备夹紧加工毛坯的夹具和在严重过载情况下防止损坏的装置。

（7）自动送料装置。即向冲模自动送入毛坯和从冲模中取出废料与工件的装置，同时必须采用使手不能达到危险区的隔离装置。

B　水压机安全防护装置

（1）管路系统。水压机压力高，管路系统中连接处必须牢固可靠，密封无泄漏，各闸阀的开、关位置必须正确。管路系统中应尽可能少用弯管，必须采用时，其弯曲半径一般应该大于管径的五倍。为了保证安全，高压管路系统中应设各种安全、溢流、卸压等装置，并确保灵敏可靠。当采用油做介质的油压机时，应设冷却装置油温不超过 50℃。

（2）蓄势器。蓄势器的周围要装上围栏，其高度不小于 1.05m，下部全部封闭，高约 0.15~0.2m。蓄势器配重的位置应能使水压机旁操作人员看得见。

当管道发生破断或其他意外事故时，可能使蓄势器水面急速下降，造成危险，为此可采用特种自动安全阀。当水面下降时，阀门完全关住，水流也就中断。为防止蓄势器撞击基础，须有缓冲装置或用木枕铺垫。为防止蓄势器配重上升过高发生危险，须设置保险装置，当配重达到上极限位置时，它就自动中止供水，蓄势器消耗若干水量后就重新恢复工作。

（3）活动横梁限位固定装置。为防止柱塞由工作缸中脱出造成事故，在水压机上设置了活动横梁最低位置的限位器。在修理调整水压机时，为保证安全应设活动横梁上限位固定装置。

（4）防护罩。为防止由水压机上落下松开的螺母、销子等物碰伤操作人员，应在横梁上设置金属防护罩。

（5）泵站与水压机联系系统。为保证安全，水压机操作地与设置在单独房间内的高压泵站应有声、光信号或电话联系。

C 加热炉安全防护装置

加热炉的安全防护装置主要是防热辐射及隔热装置，主要有：

（1）隔热水箱。又叫夹水炉门，它是一种特制的炉门，通常用在大型加热炉上。炉门是用钢板焊接而成的冷却水套（通常的炉门是一种铸铁壳，内砌耐火材料）。使冷却用的循环水从炉门框上方进入。下方排出，这样可以适当减低炉门附近的温度。但在采用这种降温措施的同时也要避免因此而导致炉门的内壁温度降低而影响到炉内坯料的加热效果。

（2）水幕装置。是利用从供水管道引来的水注入炉门上方的储水槽，再从储水槽溢出形成水帘，对炉口的热辐射起到阻隔作用。

（3）空气幕。空气幕是压缩空气从无缝钢管预先钻好的一排或几排密集的小孔中喷射出来而形成的。无缝钢管装置在炉子进出料口的上方或下方，小孔的方向应使喷出的空气幕对炉口的热气流或热辐射构成一定程度的"封锁"，当然，这种封锁的效果不是很显著的。

（4）隔热板。隔热板设置在出料口前沿的某个位置，直接用钢板（或双层钢板中夹一层石棉板）做成，对从出料口发出的辐射热和喷出的火焰起到遮挡作用，由于这种装置简便，在小型加热炉上被广泛采用。

（5）气动炉门。对大型加热炉来说，由于炉门沉重，所以操纵必须机械化，其中一种方法就是采用气动炉门，即利用压缩空气来启动炉门。工人只要按动气门开关即可使炉门上升或下降。在此装置中，炉门的部分重量由增加的配重来平衡，当顺着管子往汽缸中送气时，由于空气的压力使活塞下降而拉动链条上升把炉门打开，和三通开关放走汽缸内的空气，就能把炉门关上。

（6）铁链式挡帘。为了防止烟熏及熏灼事故的发生，可以采用在炉及加煤口门上装设铁链式挡帘的办法，这样可以使烟气不至于直接从炉内冲出。另一方面还可以降低炉门口附近的温度和辐射热强度，从而改善工人的劳动条件。

要加强炉门口的密封性、进出料口关闭的严密性，在很大程度上取决于炉门悬挂是否正确，必须使炉门悬挂点处在进料口轴线上，而且炉门在移动时沿进料口框滑动，此外链条应与炉门平面平行。

（7）空气淋浴。空气淋浴是吹向人体的空气流。空气淋浴装置具有固定式的和活动式的。活动式的空气淋浴装置在工作地点，形成空气流动，此时送向工作地点的空气直接来自车间。有些活动式的装置，自车间取得的空气预先进行冷却和除尘。固定式装置中，采用进风口或具有直接排风的风道。空气淋浴可以改变操作地点的气象条件，空气流应当首先吹向工人，这时空气气流吹向受到辐射热时间最久的上腹部，并尽可能作用到身体的其他部分，然后流过辐射源，否则可能吸收被炉气沾染的热空气。同时还必须注意不使有害物质吹向工人。工作地点空气流的宽度为 1.0~1.2m，若工作地点面积过宽，则另考虑。

3.2.3.2　锻造工艺安全操作

A　备料

（1）在锻锤上下料时，首锤应轻击，锻击不得过猛，坯料两端不得站人。工具应完好干净，不得沾有油、水等物，放置要正确，严禁冷剁下料。

（2）剪断机下料前应检查其自送料装置或吊运棒料装置，应安全可靠。

（3）锯床下料时应设置防护罩，防止铁屑飞溅伤人。

（4）砂轮下料时，砂轮切线方向不得站人，并设置防护装置和在粉尘运动方向上安装吸尘装置。

（5）碳钢和低合金钢大锻件采用火焰切割时，应在划定的区域内进行，并设置机械通风装置。

B　加热

（1）新砌的加热炉投入运行前应按烘炉工艺规程规定进行烘炉，烘炉结束后方可投入使用。

（2）装取料的工具及机械应完好，操作人员在钩料时与燃煤加热炉出料口应保持一定距离，防止炉门口喷火灼伤。

（3）燃气、燃油加热炉点火时，操作人员应避开点火孔和炉门，以免喷火灼伤。

（4）燃气加热炉点火前应先将炉门全部敞开，将炉内废气全部吹走后再关气阀。着火物放进点火孔内，再缓慢打开煤气阀门，再开空气阀。

（5）煤气压力低于 80×133.322Pa 时不能点火；正常燃烧过程中煤气压力突然下降到不足 20×133.322Pa 时，应立即紧急停炉，迅速关闭煤气阀门。

（6）燃气、燃油加热炉使用中若突然停止送风，应迅速关闭阀门。在观察喷油情况及燃烧情况时，应距离炉门1.5m 之外。

（7）检查管路是否存在渗漏时，严禁使用明火。

（8）中频感应加热设备的冷却水必须经软化处理，其温度不得低于作业场地内空气露点的温度，感应器不得在空载时送电。

C　锻造

a　自由锻造

（1）作业前应检查所有工具应符合安全操作的要求，完好无损。

（2）作业人员不得将手或身体各部位伸入锤头行程内，应使用专用工具清扫氧化皮。

（3）锻打时锻件应置于砧座中心部位，首锤应轻击，然后重击，并即时清理氧化皮。

（4）使用脚踏开关操纵空气锤时，在需要悬空锤头时应将脚离开踏板，防止误踏。

（5）大型锻件的锻造使用起重机作辅助工具时，挂链与吊钩应用保险装置钩牢，锻件挂链和送料叉上的位置应平稳可靠，防止滚动脱落。

（6）使用低碳钢制造的夹钳必须与锻件形状、尺寸相适应，夹持较大锻件时应用钳箍箍紧。作业人员手指不得伸入钳柄中间，钳子端部不得正对着身体。

（7）毛坯和锻件传送应采用机械传送装置，不得随意抛掷。

b　模锻

（1）装卸模具应按操作规程进行，模具安装必须安全可靠，经试车合格后方可使用。

（2）模具应按规定进行预热。

（3）蒸汽锤、电液锤锤头、锤杆下部亦应预热，开锤前应将汽缸中的冷凝水排出，冬季空转 5~10min，夏季空转 2~3min。

（4）工作时应使用专用工具取放锻件，手和身体各部位不得伸入模具之间。氧化皮清扫应使用专用工具。

（5）机械压力机工作中应随时注意观察检查离合器、制动器、滑块与导轨、轴承及各部位连接件等处有无异常，发现问题，及时排除。

（6）安装切边模应测量凸凹模闭合高度，保证在一个冲程内完成切边，并及时清理飞边。

（7）锻件校直时应选择合适的校直设备，校直前锻件应放置稳定牢固，锻件两端不应站人。

（8）禁止超负荷使用设备。

（9）严禁打空锤，严禁打过烧及低于终锻温度的工件。

D　清理

（1）清理场地应保持整洁，不应乱堆杂物。

（2）应优先采用喷（抛）丸作业，并配有高效安全的湿法除尘系统。

（3）采用刮刷、高压水、水中放电清理热坯料氧化皮必须设置安全保护装置。

（4）酸洗作业前应穿戴好规定的防护用品，启动室内通风装置。

（5）配制酸洗液时，应将酸液缓慢地加入水中。切勿将水加入酸液；配制混合酸时，先将盐酸加入水中，再加硝酸，最后加硫酸。向槽中补充酸液、药品或加水时，应仔细搅拌，防止溶液溅出。

（6）起吊挂具应牢固可靠，锻件出入酸槽应轻缓平稳，不应碰撞槽壁，出槽时应将酸液控净。酸洗用起吊挂具应定期检查，起吊挂具腐蚀量大于原尺寸10%的，应报废更新。

（7）操作中若不慎溅触酸液，应立即用自来水清洗，并妥善医治。

3.3　热处理安全技术

热处理是将金属放在一定的介质中加热到适宜的温度，并在此温度中保持一定时间后，又以不同速度冷却的工艺方法。通过热处理，使金属工件具有较高的强度、硬度、韧性及耐磨性等良好的力学性能和较长的工作寿命。热处理一般不改变工件的形状和整体的化学成分，而只是通过改变工件内部的显微组织，或改变工件表面的化学成分，赋予金属某些特殊性质。

3.3.1　热处理工艺与设备设施

热处理是将固态金属及合金以适当方式进行加热、保温和冷却，获得所需要的组织结构与性能的热加工工艺。按照国家标准规定，热处理工艺分为：

（1）整体热处理：是对工件整体加热，然后以适当的速度冷却，以改变其整体力学性能，包含退火、正火、淬火和回火、调质、稳定化处理、固溶处理和水韧化处理、固溶处理和时效等。

（2）表面热处理：是只加热工件表层，以改变其表层力学性能，包含表面淬火和回火、物理气相沉积、化学气相沉积、等离子体化学气相沉积等。

（3）化学热处理：是通过渗碳、渗氮、碳氮共渗、渗金属等方法改变工件表层化学成分、组织和性能，包含渗碳、碳氮共渗、渗氮、氮碳共渗、渗其他非金属、渗金属、多元共渗、熔渗等。

热处理工艺一般包括加热、保温、冷却三个过程，这些过程互相衔接，不可间断。加热是热处理的重要工序之一，金属加热时，工件暴露在空气中，常常发生氧化、脱碳（即钢铁零件表面碳含量降低），这对于热处理后零件的表面性能有很不利的影响。因而金属通常应在可控气氛或保护气氛中、熔融盐中和真空中加热，也可用涂料或包装方法进行保护加热。冷却槽是热处理工艺过程中不可缺少的步骤，冷却方法因工艺不同而有差别，其要点是控制冷却速度。

热处理加热的方法有：加热炉加热、感应加热、火焰加热、电阻加热、激光加热、电子束加热、等离子体加热、其他加热等。

热处理设备的种类很多，根据它们在热处理生产过程中所承担的任务，分为主要设备和辅助设备两大类。主要设备是完成热处理主要工序所用的设备，包括加热设备和冷却设备，其中加热设备最为常用，包括各种热处理炉和加热装置。辅助设备是完成各种辅助工序及主要工序中的辅助动作所用的设备及各种工夹具。主要包括清洗设备、矫正设备、起重运输设备、控制气氛制备设备及各种工夹具等。

热处理炉是最为重要的热处理设备。现有热处理炉的种类繁多，分类也比较复杂。按照热源，可分为电阻炉、燃料炉和表面加热装置。

（1）电阻炉。以电阻作为发热元件的电炉，统称为电阻炉。《电热装置基本技术条件第4部分：间接电阻炉》（GB 10067.4—2005）对热处理用电阻炉进行了分类。根据热处理工艺的要求，可利用电阻炉进行退火、正火、回火、淬火、渗碳和渗氮处理。

（2）燃料炉。燃料炉是利用各种燃料产生的热量在炉内对热处理工件进行加热的设备，所用的燃料主要有烟煤、燃油（重油、渣油和柴油）以及燃气（天然气、煤气）等。热处理燃料炉常用的燃烧装置有燃气烧嘴、燃油烧嘴、燃煤机以及辐射管等。燃料炉常用于一般要求的加热工件和材料热处理中。

（3）感应加热装置。感应加热装置是利用感应电流产生的焦耳效应进行加热的电加热装置。感应加热装置是热处理工艺中比较先进的方法，主要用于表面热处理的淬火，后来逐渐扩展为正火、回火以及化学热处理。

3.3.2　热处理工艺特点与危险辨识

热处理生产具有如下特点：

（1）热处理作业中使用大量的易燃易爆物质（如淬火用油、各种渗剂、高压气瓶）等，并且都是明火作业，因此，容易造成火灾或爆炸。

（2）热处理作业中涉及大量的电气设备和高频、中频设备，并且是在热源状态下使用，如果绝缘损坏或接地（零）不良，极易造成触电事故。

（3）热处理作业中使用的化学物质在高温下，容易产生烟雾或有害气体，如盐浴炉生成的烟雾、一氧化碳、乙醇蒸气等，这些物质在车间内，对人身体健康造成影响，排放到环境中会对环境造成污染。

（4）酸洗及清洗零件产生的废水和设备漏油产生的含油废水均会对水体造成污染。

（5）热处理过程中的盐浴炉的盐类固体废物为国家规定的危险废物，还有其他一些废渣等。

热处理主要危害有：

（1）有毒物、有害气体和粉尘。热处理过程中，由于控制气氛、熔融金属盐的大量蒸发，以及使用某些剧毒物，致使产生多种有毒有害气体。例如氯化钡作加热介质，温度可达 $1300℃$ ，氯化钡大量蒸发，对人的健康产生极坏的影响，严重时甚至致人死亡。

（2）易发生火灾或爆炸。热处理过程中经常使用工业用油、变压器油、机油、石蜡油等作为淬火油，其闪点大多在 $200℃$ 以下，燃点在 $240℃$ 以下。当温度较高使油过热时，油蒸气与空气形成了爆炸性混合物。同时，油还会发生热分解并形成含碳低的馏分，这种馏分遇空气后更具危险性。

（3）烫伤、烧伤、跌伤及碰伤。材质和设备表面温度过高，热辐射可造成烧伤。操作温度很高的等离子、电子射线、光学的和其他类型的炉子可引起眼烧伤。

（4）热辐射及光辐射。一些热处理工艺温度高达 $900～1200℃$ ，炉前操作工人必然受到高温的热辐射。等离子体、电子射线、光学和其他类型的炉子除高温外还有强烈的光辐射，容易对眼睛带来刺激。

（5）触电。热处理车间用电量很大，电气设备也比较多，大多采用高电压源，有的是强电流，稍有不慎就有发生触电的危险。

3.3.3　热处理安全防护装置

常用的热处理炉有：电阻炉、煤气炉和油炉。从劳动安全卫生方面看，电阻炉易控制，卫生条件也相对较好。

（1）为防止热辐射，炉子的炉壁上要加绝热材料如石棉、硅藻土、矿渣棉、膨胀珍珠岩；在炉门处采用具有循环冷却水的挡板、门等，或采用空气幕屏等。

（2）气体、液体燃料炉的喷嘴应排在炉子侧壁，不要排在炉子后壁与炉门相对，以免开炉门时火焰喷出烧伤工作人员。人工点火不安全，应尽量采用火花点火装置。

（3）油炉的油箱不允许设在炉顶上，管道系统分叉处要设排气装置及气阀。

（4）炉子的煤气管道与烟道不得交叉布置，其中要装设保险阀，这样万一发生爆炸时可减少管道内压力。

（5）电炉一定要做好绝缘防护。

（6）盐浴炉在加热时能挥发出有害于人体健康的蒸气，因此必须设置抽风装置。

（7）可控气氛炉必须采取防爆炸、通风、防毒等措施。为保证安全，可控气氛热处理炉的结构上应该具有良好的密闭性，设置水封装置，并且装设有专门的安全防爆装置。

（8）各种热处理炉一般均应有自动控温装置，以保证满足热处理工艺的要求，也有利于安全生产和改善劳动条件。炉温自动控制系统多种多样，可根据炉子种类及工艺要求来选用。为了安全，各种热处理炉的炉盖上一般设有联锁装置，打开炉门，炉盖便自动断电。

淬火槽是安全事故较多的冷却设备之一。当使用油做冷却介质时，极易发生火灾。生产时还会产生大量的油烟，造成环境污染。淬火槽的安全防护措施如下。

（1）淬火油槽的容积、存油量要大，通常其质量为零件总质量的 12～15 倍，油面高度应为油槽高度的 3/4 左右。

（2）油槽四周要设置安全栅栏，要配备油槽活动盖。

（3）油槽进油管直径大小应保证淬火时有足够的冷油供应，由于回油压力较低，进油管截面积应为供热油流出油管截面积的 2 倍以上。应定期清理槽内油粕，以防止管道堵塞而影响油液的循环和冷却。

（4）大型油槽的底部应有快速回油管与地下储油槽相连，一旦发生火灾可使淬火油迅速放回地下储油槽。

（5）油槽附近必须配置消防器材，如遇油槽起火，应快速使用灭火器灭火，同时加盖油槽盖板。

（6）采用自动防火装置。如图 3-36 所示，被加热的工件由热处理炉沿着滑槽 3 落入淬火油槽中进行淬火后，然后用传送带 1 运送出去。当淬火槽中油面低于允许值时，浮筒 6 下落，带动导杆 7 下落，使平板 8 与微动开关 9 接触，发出声、光警报。同时就打开油泵，恢复油面，并向炉内送氮。

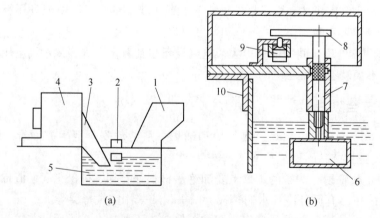

（a）　　　　　　　　　　　　（b）

图 3-36　淬火设备的自动防火装置

（a）设备示意图；（b）浮筒式自动传感器结构图

1—传送带；2—浮筒式自动传感器；3—滑槽；4—加热炉；5，10—淬火槽；6—浮筒；

7—导杆；8—平板；9—微动开关

（7）油槽上方应装设排风抽烟罩，及时排除炽热工件上油散发出的蒸气和烟雾。

（8）应设置冷却装置和自动报警装置，连续淬火时应开动油冷却装置，油温过高能自动报警。

（9）管状工件淬火时，管口不应朝向自己或其他人。

（10）保持加热炉和油槽周围清洁。

（11）淬火中如遇意外停电事故，应迅速利用起重机的松闸机构，将工件降至油面以下。

3.3.4 热处理工艺安全措施

3.3.4.1 热处理危害防护措施

A 防火防爆措施

（1）液体燃料及液化石油气等易燃易爆物应专设储存室，隔绝火源，并与建筑物有一定的安全距离。输送煤气、乙炔、氧气等可燃气体的管道应保证安全可靠。应经常检查管道、阀门等是否严密，有无渗漏现象，防止可燃气体泄漏而形成可燃气体的混合物。

（2）使用控制气氛时，在加热炉进行一种气体置换另一种气体的作业，存在形成爆炸性气体混合物的可能性，因此该作业最为危险。最好用燃尽法进行吹洗或用惰性气体置换。

（3）选用的淬火用油的燃点应高出闪点 $30\sim50℃$，并应有适当的黏度。油浴温度通常应低于燃点 $40\sim60℃$。淬火工件应全部浸入油面下 $20\sim30cm$，在无高效搅拌条件下，则应放置在更深的位置。由于淬火工件温度较高，因此油与工件的质量比应大于 10。在敞开式油浴中淬火，应尽可能快地将工件放入。

（4）在淬火油浴上着火时，可用钢板或小孔金属网制成的油槽盖板将油浴盖上，防止发生火灾。充分搅拌对降低油温和灭火有重要作用。要正确选用搅拌方式，最简便的办法是用吊车或手动方式移动工件来达到搅拌淬火油的目的。亦可用泵从油浴表面将热油抽至冷却器冷却后再泵回油浴中进行搅拌。

（5）防止温度过高而形成发火源。

（6）为防止火灾，储油槽一般应设置在车间外面的地下室或地坑内。储油容器在 $1.5m^3$ 以下才允许考虑放在车间内，但与炉子的距离不得小于 $1.5m$；应备有一般消防器材和自动灭火装置。

（7）条件许可的话，设置自动防火系统和抑爆系统。

B 防毒措施

（1）有毒的化学药品应按规定分类保管，妥善储存及运输。对其中某些剧毒药品，储存时应加强通风，专人管理，并建立严格的领用制度。

（2）应将氰化间、喷砂间等有毒有害的操作设备进行隔离布置，并加设防护装置。

（3）应安装全面换气的进气-排气通风系统。属于有害和爆炸危险的设备应安装局部抽风装置。在加热炉上方的加热口应安装伞形罩或复合式抽气罩。

（4）应设置气体捕集和气体净化系统，对一氧化碳、氮氧化物、氯和氟化物、烃类、二氧化硫进行净化。

C 防触电措施

（1）为防止电气设备漏电及发生触电事故，电气设备外壳、变压器、导线金属保护管都要接地。

（2）在操作人员的操作位置应加铺胶皮垫板。

（3）进行设备检修时，除非有特殊情况，严禁带电检修。必须切断电源，并且有专人看护。

D 其他措施

（1）高频、中频感应淬火机床应单独设置，并远离油烟、灰尘和振动较大的地方。

（2）倾倒酸碱液时应使用特定工具。倾倒有毒和强腐蚀性液体应实现机械化。

（3）操作人员工作时必须按规定佩戴劳动防护用品，除高温作业规定的防护用品外，还应配穿耐酸工作服、护目镜、防尘口罩。在同酸碱接触的作业中，应有护肤霜、橡胶手套、护肤油脂等手部皮肤防护用品。为保护面部和眼睛不受熔盐溅出物和辐射能的伤害，应采用有机玻璃防护面罩。

（4）氰化工、液体氮化工的工作服应单独存放和消毒净化，每 10 天应更换一次，以免污染其他工人。

3.3.4.2 热处理安全操作

A 整体热处理

（1）新安装和大修后的电阻炉应按 GB 10067.4 的规定，用 500V 兆欧表检测三相电热元件对地（炉壳）和各相相互间的绝缘电阻不得低于 0.5MΩ；控制电路对地（在电路不直接接地时）的绝缘电阻应不低于 1MΩ。均合格后方可送电。

（2）人工操作进出料的简易箱式电炉、井式电炉装炉、出炉过程中应切断加热电源。

（3）可控气氛、保护气氛加热炉在通入可燃生产物料前应用中性气体充分置换掉炉内空气，或在高温条件下以燃烧法燃尽炉内的空气。

（4）往炉内通入可燃生产原料时，排气管或各炉门口的引火嘴应正常燃烧。

（5）设备使用中不得人为打开或检修设备安全保护装置。若需检修，必须停止向炉内通入可燃生产原料，并确认炉内可燃气氛已燃尽或已充分置换完成后，方可操作。

（6）在下列情况下，应向炉内通入中性气体或惰性气体（即置换气体）：

1）工艺要求在炉温低于 750℃ 向炉内送入可燃原料前。

2）炉子启动时或停炉前。

3）气源或动力源失效时。

4）炉子进行任何修理之前，中断气体供应线路时。

（7）停炉期间，为防止可燃原料向炉内慢慢地渗漏，应在每一管路上设置两处以上关闭阀或开关。

B 表面热处理

（1）感应设备周围应保持场地干燥，并铺设耐 25kV 高压的绝缘橡胶和设置防护遮拦。

（2）严格按设备的启动顺序启动感应设备。当设备运转正常后方可进行淬火操作。

（3）感应设备冷却用水的温度不得低于车间内空气露点的温度。

（4）感应设备加热用的感应器不得在空载时送电。

（5）氧-乙炔火焰淬火用的氧气瓶和乙炔气瓶在使用中应注意：

1）气瓶应与火源保持 10m 以上的距离，并应避免暴晒，热辐射及电击，气瓶之间的距离应保持在 5m 以上。

2）应有防冻措施，当瓶口结冻时可用热水解冻，严禁用火烤，不应用有油污的手套开启氧气瓶。

3）应装有专用的气体减压阀，乙炔的最高工作压力禁止超过 147kPa。

4）瓶中的气体均不应用尽。瓶内残余压力不应小于 98~196kPa。

（6）火焰淬火用的软管应采用耐压胶管，胶管的颜色应符合 GB 7231 的有关规定，与乙炔接触的仪表、管子等零件，禁止使用紫铜或含铜量超过 70% 的铜合金制造。

（7）火焰淬火的每一淬火工位的乙炔管路中都应设管路回火逆止器，并应定期清理。

（8）激光热处理时工件表面一般需预先涂刷吸光涂层，但禁止使用燃烧时产生油烟及反喷物的涂料。

C　化学热处理

（1）使用气体渗剂、液体渗剂（包括熔盐）和固体渗剂时，应严格按该产品的安全使用要求进行操作。

（2）使用无前室炉渗碳，在开启炉门时应停止供给渗剂。使用有前室炉时，在工艺过程中严禁同时打开前室和加热室炉门；停炉时应先在高温阶段停气，然后打开双炉门，使炉内可燃气体烧尽。在以上两种情况下开启炉门的瞬间，操作人员均不得站在炉门前。

（3）气体渗碳、气体碳氮共渗和氮碳共渗时，炉内排出的废气应燃烧处理后达标排放。

（4）渗氮炉应先切断原料气源并用中性气体充分置换炉内可燃气体，在无明火条件下方可打开炉门（罩）。

D　盐浴热处理

（1）盐浴炉启动时，应防止已熔部分的盐液发生爆炸，飞溅。

（2）使用的工件、夹具等应预先充分干燥，严禁将封闭空心工件放入盐浴中加热。

（3）用于轻金属热处理的亚硝酸盐和硝酸盐盐浴炉，在空炉时，其盐浴温度应不超过 550℃。镁合金轻金属热处理时，其盐浴的最高允许温度应符合表 3-10 的规定。应避免轻金属埋入盐浴中的黏土沉积物中时引起爆炸。

表 3-10　处理镁合金轻金属时盐浴的最高允许温度

镁含量（质量分数）/%	盐浴最高允许温度（不大于）/℃
<0.5	550
>0.5~2.0	540
>2.0~4.0	490
>4.0~5.5	425
>5.5~10.0	380

（4）浴槽中加入新盐和脱氧剂，应完全干燥，分批、少量逐步加入。

（5）前后工序所用盐浴成分应能兼容，严禁将硝盐带入高温盐浴。

（6）浴炉附近应备有灭火装置和急救药品，浴炉起火时应用干砂灭火。

（7）与有毒性盐浴剂接触过的工具夹、容器、工作服及手套均应进行消毒处理。

E　真空热处理

（1）通电前应测量电热元件对地（炉壳）的绝缘电阻值，在炉体通水的情况下，应不低于 $1k\Omega$ 时方可送电。

（2）对多室真空炉，为避免热闸阀反向的受力，加热室压力应低于预备室压力。

（3）在向炉内通入氢或氮氢混合气体时，炉内密封应达到规定的泄漏率。

（4）使用高真空油扩散泵时，扩散泵真空度达到 10Pa 时方可通电加热扩散泵油，而停泵时扩散泵油应完全冷却后方可停止排气。

（5）炉温高于 100℃ 时不应向炉内充入空气或打开炉门。

（6）停炉前炉内温度应低于 350℃ 时方可停电断水。

（7）真空油淬炉冷却室内油气排空之前，严禁充入空气或打开炉门。

3.4　焊接与切割安全技术

焊接是通过加热或加压，或两者并用，并且用（或不用）填充材料，使焊件达到原子结合的一种加工方法。焊接主要用来连接金属，常用于金属结构件的生产。

切割是焊接生产备料工序的重要加工方法，包括冷、热切割两类。冷切割是在常温下利用机械方法使材料分离，如剪切、锯切等；热切割是利用热能使材料分离，现代焊接生产中钢材的切割主要采用热切割，本章所针对的主要是热切割安全技术。

3.4.1　焊接和切割工艺与生产能源

3.4.1.1　焊接和切割工艺分类

根据母材是否熔化或加压，人们将焊接方法分成熔焊、压力焊和钎焊三大类。

（1）熔化焊：利用一定的热源，使构件的待连接部位局部熔化成液体，然后再冷却结晶成为一体的方法称为熔焊。常见的熔焊方法有：焊条电弧焊、埋弧焊、电渣焊、惰性气体保护焊、等离子弧焊、电子束焊等。

（2）压力焊：利用摩擦、扩散和加压等物理作用，克服两个连接表面的不平度，除去氧化膜及其他污染物，使两个连接表面上的原子相互接近到晶格距离，从而在固态条件下实现连接的方法。常见的压力焊方法有：电阻焊、扩散焊、超声波焊、冷压焊、摩擦焊等。

（3）钎焊：采用熔点比母材低的材料作钎料，将焊件和钎料加热至高于钎料熔点、但低于母材熔点的温度，利用毛细作用使液态钎料充满接头间隙，熔化钎料润湿母材表面，冷却后结晶形成冶金结合。常见的钎焊方法有：火焰钎焊、感应钎焊、炉中钎焊、盐浴钎焊、电子束焊等。

现代工程材料的切割有很多种方法，大致可归纳为冷切割和热切割两大类。冷切割是在常温下利用机械方法使材料分离，目前使用较多的冷切割有剪切、锯切、铣切和水射流切割等。热切割是利用热能使材料分离，现代焊接生产中钢材的切割主要采用热切割，按照热切割过程中加热方法的不同可分为火焰切割、电弧切割。

火焰切割按加热气源的不同，分为以下几种：

（1）氧乙炔切割。利用氧气和乙炔预热火焰使金属在纯氧气流中剧烈燃烧，生成熔渣和放出大量热量的原理而进行的切割。

（2）液化石油气切割。液化石油气切割的原理与氧乙炔切割相同，不同的是液化石油气的燃烧特性与乙炔气不同，所使用的割炬有所不同。

（3）氢氧源切割。利用水电解氢氧发生器，用直流电将水电解成氢气和氧气，利用其燃烧火焰加热，温度可达 $2800 \sim 3000 ℃$。

（4）氧熔剂切割。氧熔剂切割是在切割氧流中加入纯铁粉或其他熔剂，利用它们的燃烧热和废渣作用实现切割的方法。

电弧切割按生成电弧的不同可分为：

（1）等离子弧切割。等离子弧切割是利用高温高速的等离子射流，将待切割金属部分熔化并随即吹除、形成狭窄的切口而完成切割的方法。

（2）碳弧气割。碳弧气割是使用碳棒与工件之间产生的电弧将金属熔化，并用压缩空气将其吹除，实现切割的方法。

3.4.1.2 焊接和切割生产能源

（1）电能。电能可以转变成实现焊接和切割的电弧热、电阻热、辐射热、感应热和电子束等，是应用最广泛的焊接和切割能源。

（2）化学能。化学能是通过两种或两种以上物质发生化学反应而放出的能量。如气焊、气割、铝热焊、爆炸焊、氧熔剂切割等。

（3）光能。可用作焊接切割能源的光能主要有激光、红外光等，激光焊、激光切割和钎焊均是采用光能作为其能源。

（4）机械能。锻焊、摩擦焊、冷压焊及扩散焊等利用机械能进行焊接，通过顶压、锻击、摩擦等手段，使工件的结合部位发生塑性流变，破坏结合面上的金属氧化膜，并在外力作用下将氧化物挤出，实现金属之间的连接。此外如剪切、锯切、铣切等冷切割利用的也是机械能。

（5）超声波能。超声波是由电能通过转换器转换而来的，在静压力及超声波的作用下，使两金属间以超声频率进行摩擦，消除金属接触面的表面氧化膜，并使连接表面发生塑性变形，摩擦作用还使接触面上产生一定的热量。在外压力及热量作用下，工件在固态下实现连接。

此外，有些切割方法兼用两种能源，如电弧-氧切割法，既利用电弧热，又利用氧化反应热。氧作辅助气体的激光切割，既利用了光能，也利用化学反应热。

3.4.2 焊接和切割危险有害因素

由于焊接与切割的常用能源是电能和化学能，所以作业过程中经常与电气设备、易燃易爆气体、压力容器等接触，易于发生事故，常见的危险因素有火灾爆炸、灼烫、触电、高处坠落、中毒窒息、机械伤害等，有害因素主要是作业中产生的电焊烟尘、电弧光辐射、毒害性气体、高频电磁辐射、噪声和热辐射等。这些危险和有害因素危害作业人员的安全与健康，使企业财产遭受严重损失，影响生产的顺利进行。

焊接和切割作业中的危险因素主要有：

（1）火灾与爆炸。在焊割作业中，常使用乙炔和液化石油气，它们均具有燃爆特性；一些焊割设备属于压力容器，如乙炔气瓶、液化石油气瓶和氧气瓶等，这些设备、气瓶的安全装置存在缺陷或由于操作人员违反操作规程容易引起火灾爆炸事故。在焊割作业中会产生炽热的火花，作业地点属于散发火花地点，这可能成为引发火灾事故的引火源。

（2）灼烫。焊接与热切割作业过程中，在焊接火焰、电弧高温、切割氧射流等的作用下，会使熔渣和火花飞溅，若焊工没有穿戴好个人防护用品，很容易造成灼烫事故。

（3）触电。电焊机通常使用220V或者380V交流电，焊弧电源的空载电压一般在60V以上，已经超过了安全电压限值；电焊设备和电缆由于超载运行，或日晒、雨淋、腐蚀性蒸气或粉尘的环境下，绝缘材料易老化而使绝缘性能降低或失效，容易发生触电事故。

（4）高处坠落。设备的安装和检修经常需要登高进行焊接与切割作业，当从事登高焊割作业时，若违反高处作业安全操作规程或没有穿戴好个人防护用品等，存在高处坠落的危险。

（5）中毒和窒息。在焊割作业时会产生毒害性气体和金属烟尘，特别是在受限空间或通风不良的车间、锅炉、半封闭容器、船舱等作业场所，由于毒害性气体和金属烟尘的浓度较高，易引起中毒和窒息事故。

（6）机械伤害。在焊割过程中，常需要移动和翻转笨重的焊件与切割件，或者躺卧在金属结构、机器设备下面进行仰焊操作，或者在虽已停止运转但尚未切断电源的机器里面进行焊接，容易导致压、挤、砸等机械伤害事故。

焊割过程中产生的有害因素，可分为物理性与化学性有害因素两大类。其中物理性有害因素有电焊弧光、高频电磁辐射、热辐射、噪声及放射线等；化学性有害因素主要是焊接烟尘和有害气体。具体说明如下：

（1）焊接烟尘。在焊接过程中要产生烟和粉尘。被焊材料和焊接材料熔融时产生的蒸气在空气中迅速氧化和冷凝，从而形成金属及其化合物的微粒。直径小于$0.1\mu m$的微粒称为烟，直径在$0.1\sim10\mu m$之间的微粒称为粉尘。这些微粒飘浮在空气中就形成了烟尘。焊接烟尘的主要成分与焊接材料和焊条的型号有关，主要是氧化铁、二氧化硅、硅酸盐、锰、铁、铬及其氧化物。焊工长期接触焊接烟尘，特别是在通风不良防护不当条件下，可引起职业危害，主要有焊工尘肺、锰中毒和焊工金属烟热。

（2）有毒气体。焊接过程中产生的有害气体主要是臭氧、氮氧化物、一氧化碳和氟化氢等。长期接触高浓度的焊接废气对呼吸系统危害很大。其中，一氧化碳是一种毒性气体，它对人体的毒性作用是使氧在体内的运输或组织利用氧的功能发生障碍，表现出缺氧的一系列症状和体征。

（3）电焊弧光。电焊弧光是电弧区的阳离子与电子复合时放出的强烈紫外线、红外线和可见光，其中对人体危害最大的是紫外线和红外线。电弧光辐射所发出的紫外线能强烈地刺激和损害眼睛、皮肤，造成电光性眼炎、电光性皮炎。电弧光辐射发出的红外线热辐射，会使眼球晶体混浊，严重的可导致白内障。

（4）高频电磁辐射。非熔化极电弧焊接和切割（包括钨极惰性气体保护焊、等离子弧焊、等离子弧切割等）中，在引弧时用到高频振荡电流，在工作区产生高频电磁场。人体长时间受高频电磁场的作用，会导致神经系统紊乱、神经衰弱等疾病。

（5）噪声。在焊割过程中产生的噪声较大，如等离子弧焊接的噪声可高达 100dB（A）以上，人员会受到噪声危害。长期连续的噪声可引起听力损伤，使听觉变得迟钝、敏感度降低等。

（6）热辐射。焊接电弧和气焊热切割火焰均为高温热源，会产生很强的热辐射，会对人体造成一定的危害。

（7）放射性物质。在钨极惰性气体保护焊、等离子弧焊接与热切割中使用的钍钨极、铈钨极都存在放射性，虽然放射剂量不足以对人体造成危害，但是若长时间使用或接触破损的皮肤，会对人体生理机能造成一定的危害。

3.4.3　焊接与切割安全要求

3.4.3.1　电弧焊接及切割安全

A　弧焊设备的安装

弧焊设备的安装必须在符合 GB/T 4064 规定的基础上，满足下列要求。

（1）设备的工作环境与其技术说明书规定相符，安放在通风、干燥、无碰撞或无剧烈震动、无高温、无易燃品存在的地方。

（2）在特殊环境条件下（如：室外的雨雪中；温度、湿度、气压超出正常范围或具有腐蚀、爆炸危险的环境），必须对设备采取特殊的防护措施以保证其正常的工作性能。

（3）当特殊工艺需要高于规定的空载电压值时，必须对设备提供相应的绝缘方法（如：采用空载自动断电保护装置）或其他措施。

（4）弧焊设备外露的带电部分必须设置完好的保护，以防人员或金属物体（如：货车、起重机吊钩等）与之相接触。

B　接地

（1）焊机必须以正确的方法接地（或接零）。接地（或接零）装置必须连接良好，永久性地接地（或接零）应做定期检查。

（2）禁止使用氧气、乙炔等易燃易爆气体管道作为接地装置。

（3）在有接地（或接零）装置的焊件上进行弧焊操作，或焊接与大地密切连接的焊件（如管道、房屋的金属支架等）时，应特别注意避免焊机和工件的双重接地。

C　焊接回路

（1）构成焊接回路的焊接电缆必须适合于焊接的实际操作条件。

（2）构成焊接回路的电缆外皮必须完整、绝缘良好（绝缘电阻大于 1MΩ）。用于高频、高压振荡器设备的电缆，必须具有相应的绝缘性能。

（3）焊机的电缆应使用整根导线，尽量不带连接接头。需要接长导线时，接头处要连接牢固、绝缘良好。

（4）构成焊接回路的电缆禁止搭在气瓶等易燃品上，禁止与油脂等易燃物质接触。在经过通道、马路时，必须采取保护措施（如：使用保护套）。

（5）能导电的物体（如：管道、轨道、金属支架、暖气设备等）不得用做焊接回路的永久部分。但在建造、延长或维修时可以考虑作为临时使用，其前提是必须经检查确认所有接头处的电气连接良好，任何部位不会出现火花或过热。此外，必须采取特殊措施以防事故的发生。锁链、钢丝绳、起重机、卷扬机或升降机不得用来传输焊接电流。

D　操作

（1）安全操作规程。指定操作或维修弧焊设备的作业人员必须了解、掌握并遵守有关设备安全操作规程及作业标准。此外，还必须熟知本标准的有关安全要求（诸如：人员防护、通风、防火等内容）。

（2）连线的检查。完成焊机的接线之后，在开始操作设备之前必须检查一下每个安装的接头以确认其连接良好。其内容包括：

1）线路连接正确合理，接地必须符合规定要求。

2）磁性工件夹爪在其接触面上不得有附着的金属颗粒及飞溅物。

3）盘卷的焊接电缆在使用之前应展开以免过热及绝缘损坏。

4）需要交替使用不同长度电缆时应配备绝缘接头，以确保不需要时无用的长度可被断开。

（3）泄漏。不得有影响焊工安全的任何冷却水、保护气或机油的泄漏。

（4）工作中止。当焊接工作中止时（如：工间休息），必须关闭设备或焊机的输出端或者切断电源。

（5）移动焊机。需要移动焊机时，必须首先切断其输入端的电源。

（6）不使用的设备。金属焊条和碳极在不用时必须从焊钳上取下以消除人员或导电物体的触电危险。焊钳在不使用时必须置于与人员、导电体、易燃物体或压缩空气瓶接触不到的地方。半自动焊机的焊枪在不使用时亦必须妥善放置以免使枪体开关意外启动。

（7）电击。在有电气危险的条件下进行电弧焊接或切割时，操作人员必须注意遵守下述原则：

1）带电金属部件。禁止焊条或焊钳上带电金属部件与身体相接触。

2）绝缘。焊工必须用干燥的绝缘材料保护自己免除与工件或地面可能产生的电接触。在坐位或俯位工作时，必须采用绝缘方法防止与导电体的大面积接触。

3）手套。要求使用状态良好的、足够干燥的手套。

4）焊钳和焊枪。焊钳必须具备良好的绝缘性能和隔热性能，并且维修正常。如果枪体漏水或渗水会严重威胁焊工安全时，禁止使用水冷式焊枪。

5）水浸。焊钳不得在水中浸透冷却。

6）更换电极。更换电极或喷嘴时，必须关闭焊机的输出端。

7）其他禁止的行为。焊工不得将焊接电缆缠绕在身上。

E　维护

所有的弧焊设备必须随时维护，保持在安全的工作状态。当设备存在缺陷或安全危害时必须中止使用，直到其安全性得到保证为止。修理必须由认可的人员进行。

（1）焊接设备。焊接设备必须保持良好的机械及电气状态。整流器必须保持清洁。

1）检查。为了避免可能影响通风、绝缘的灰尘和纤维物积聚，对焊机应经常检查、清理。电气绕组的通风口也要做类似的检查和清理。发电机的燃料系统应进行检查，防止可能引起生锈的漏水和积水。旋转和活动部件应保持适当的维护和润滑。

2）露天设备。为了防止恶劣气候的影响，露天使用的焊接设备应予以保护。保护罩不得妨碍其散热通风。

3）修改。当需要对设备做修改时，应确保设备的修改或补充不会因设备电气或机械额定值的变化而降低其安全性能。

（2）潮湿的焊接设备。已经受潮的焊接设备在使用前必须彻底干燥并经适当试验。设备不使用时应贮存在清洁干燥的地方。

（3）焊接电缆。焊接电缆必须经常进行检查。损坏的电缆必须及时更换或修复。更换或修复后的电缆必须具备合适的强度、绝缘性能、导电性能和密封性能。电缆的长度可根据实际需要连接，其连接方法必须具备合适的绝缘性能。

3.4.3.2 电阻焊安全

A 保护装置

（1）启动控制装置。所有电阻焊设备上的启动控制装置（诸如：按钮、脚踏开关、回缩弹簧及手提枪体上的双道开关等）必须妥善安置或保护，以免误启动。

（2）固定式设备的保护措施。

1）有关部件。所有与电阻焊设备有关的链、齿轮、操作连杆及皮带都必须按规定要求妥善保护。

2）单点及多点焊机。在单点或多点焊机操作过程中，当操作者的手需要经过操作区域而可能受到伤害时，必须有效地采用下述某种措施进行保护。这些措施包括（但不局限于）：①机械保护式挡板、挡块；②双手控制方法；③弹键；④限位传感装置；⑤任何当操作者的手处于操作点下面时防止压头动作的类似装置或机构。

（3）便携式设备的保护措施。包括：

1）支撑系统。所有悬挂的便携焊枪设备（不包括焊枪组件）应配备支撑系统。这种支撑系统必须具备失效保护性能，即当个别支撑部件损坏时，仍可支撑全部载荷。

2）活动夹头。活动夹头的结构必须保证操作者在作业时，其手指不存在被剪切的危险，否则必须提供保护措施。如果无法取得合适的保护方式，可以使用双柄，即每只手柄上带有安在适当位置上的一个或两个操作开关。这些手柄及操作开关与剪切点或冲压点保持足够的距离，以便消除手在控制过程中进入剪切点或冲压点的可能。

B 电气安全

（1）电压。所有固定式或便携式电阻焊设备的外部焊接控制电路必须工作在规定的电压条件下。

（2）电容。高压贮能电阻焊的电阻焊设备及其控制面板必须配置合适的绝缘及完整的外壳保护。外壳的所有拉门必须配有合适的联锁装置。这种联锁装置应保证：当拉门打开时可有效地断开电源并使所有电容短路。除此之外，还可考虑安装某种手动开关或合适的限位装置作为确保所有电容完全放电的补充安全措施。

（3）扣锁和联锁。包括：

1）拉门。电阻焊机的所有拉门、检修面板及靠近地面的控制面板必须保持锁定或联锁状态以防止无关人员接近设备的带电部分。

2）远距离设置的控制面板。置于高台或单独房间内的控制面板必须锁定、联锁住或者是用挡板保护并予以标明。当设备停止使用时，面板应关闭。

（4）火花保护。必须提供合适的保护措施防止飞溅的火花产生危险，如：安装屏板、佩带防护眼镜。由于电阻焊操作不同，每种方法必须做单独考虑。使用闪光焊设备时，必须提供由耐火材料制成的闪光屏蔽片并应采取适当的防火措施。

（5）急停按钮。在具备下述特点的电阻焊设备上，应考虑设置一个或多个安全急停按钮：

1）需要 3s 或 3s 以上时间完成一个停止动作。

2）撤除保护时，具有危险的机械动作。

急停按钮的安装和使用不得对人员产生附加的危害。

（6）接地。电阻焊机的接地要求必须符合 GB 15578 标准的有关规定。

3.4.3.3　氧燃气焊接及切割安全

A　一般要求

（1）与乙炔相接触的部件。所有与乙炔相接触的部件（包括：仪表、管路、附件等）不得由铜、银以及铜（或银）含量超过 70% 的合金制成。

（2）氧气与可燃物的隔离。氧气瓶、气瓶阀、接头、减压器、软管及设备必须与油、润滑脂及其他可燃物或爆炸物相隔离。严禁用沾有油污的手、或带有油迹的手套去触碰氧气瓶或氧气设备。

（3）密封性试验。检验气路连接处密封性时，严禁使用明火。

（4）氧气的禁止使用。严禁用氧气代替压缩空气使用。氧气严禁用于气动工具、油预热炉、启动内燃机、吹通管路、衣服及工件的除尘，为通风而加压或类似的应用。氧气喷流严禁喷至带油的表面、带油脂的衣服或进入燃油或其他贮罐内。

（5）氧气设备。用于氧气的气瓶、设备、管线或仪器严禁用于其他气体。

（6）气体混合的附件。未经许可，禁止装设可能使空气或氧气与可燃气体在燃烧前（不包括燃烧室或焊炬内）相混合的装置或附件。

B　焊炬及割炬

（1）只有符合有关标准（如：JB/T 5101、JB/T 6968、JB/T 6969、JB/T 6970 和 JB/T 7947 等）的焊炬和割炬才允许使用。

（2）使用焊炬、割炬时，必须遵守制造商关于焊、割炬点火、调节及熄火的程序规定。点火之前，操作者应检查焊、割炬的气路是否通畅、射吸能力、气密性等等。

（3）点火时应使用摩擦打火机、固定的点火器或其他适宜的火种。焊割炬不得指向人员或可燃物。

C　软管及软管接头

（1）用于焊接与切割输送气体的软管，如氧气软管和乙炔软管，其结构、尺寸、工作压力、机械性能、颜色必须符合 GB/T 2550、GB/T 2551 的要求。软管接头则必须满足 GB/T 5107 的要求。

（2）禁止使用泄漏、烧坏、磨损、老化或有其他缺陷的软管。

D　减压器

（1）只有经过检验合格的减压器才允许使用。减压器的使用必须严格遵守 JB 7496 的有关规定。

（2）减压器只能用于设计规定的气体及压力。

（3）减压器的连接螺纹及接头必须保证减压器安在气瓶阀或软管上之后连接良好、无任何泄漏。

（4）减压器在气瓶上应安装合理、牢固。采用螺纹连接时，应拧足五个螺扣以上；采用专门的夹具压紧时，装卡应平整牢固。

（5）从气瓶上拆卸减压器之前，必须将气瓶阀关闭并将减压器内的剩余气体释放干净。

（6）同时使用两种气体进行焊接或切割时，不同气瓶减压器的出口端都应装上各自的单向阀，以防止气流相互倒灌。

（7）当减压器需要修理时，维修工作必须由经劳动、计量部门考核认可的专业人员完成。

E　气瓶

所有用于焊接与切割的气瓶都必须按有关标准及规程制造、管理、维护并使用。使用中的气瓶必须进行定期检查，使用期满或送检未合格的气瓶禁止继续使用。

（1）气瓶的充气。气瓶的充气必须按规定程序由专业部门承担，其他人不得向气瓶内充气。除气体供应者以外，其他人不得在一个气瓶内混合气体或从一个气瓶向另一个气瓶倒气。

（2）气瓶的标志。为了便于识别气瓶内的气体成分，气瓶必须按 GB 7144 规定做明显标志。其标志必须清晰、不易去除。标志模糊不清的气瓶禁止使用。

（3）气瓶的储存。

1）气瓶必须储存在不会遭受物理损坏或不会使气瓶内储存物的温度超过 40℃ 的地方。

2）气瓶必须储放在远离电梯、楼梯或过道，不会被经过或倾倒的物体碰翻或损坏的指定地点。在储存时，气瓶必须稳固以免翻倒。

3）气瓶在储存时必须与可燃物、易燃液体隔离，并且远离容易引燃的材料（诸如木材、纸张、包装材料、油脂等）至少 6m 以上，或用至少 1.6m 高的不可燃隔板隔离。

（4）气瓶在现场的安放、搬运及使用，包括：

1）气瓶在使用时必须稳固竖立或装在专用车（架）或固定装置上。

2）气瓶不得置于受阳光暴晒、热源辐射及可能受到电击的地方。气瓶必须距离实际焊接或切割作业点足够远（一般为 5m 以上），以免接触火花、热渣或火焰，否则必须提供耐火屏障。

3）气瓶不得置于可能使其本身成为电路一部分的区域。避免与电动机车轨道、无轨电车电线等接触。气瓶必须远离散热器、管路系统、电路排线等，及可能供接地（如电焊机）的物体。禁止用电极敲击气瓶，在气瓶上引弧。

4）搬运气瓶时，应注意：①关紧气瓶阀，而且不得提拉气瓶上的阀门保护帽；②用吊车、起重机运送气瓶时，应使用吊架或合适的台架，不得使用吊钩、钢索或电磁吸盘；③避免可能损伤瓶体、瓶阀或安全装置的剧烈碰撞。

5）气瓶不得作为滚动支架或支撑重物的托架。

6）气瓶应配置手轮或专用扳手启闭瓶阀。气瓶在使用后不得放空，必须留有不小于98～196kPa 表压的余气。

7）当气瓶冻住时，不得在阀门或阀门保护帽下面用撬杠撬动气瓶松动。应使用 40℃以下的温水解冻。

（5）气瓶的开启。包括：

1）气瓶阀的清理。将减压器接到气瓶阀门之前，阀门出口处首先必须用无油污的清洁布擦拭干净，然后快速打开阀门并立即关闭以便清除阀门上的灰尘或可能进入减压器的脏物。清理阀门时操作者应站在排出口的侧面，不得站在其前面。不得在其他焊接作业点、存在着火花、火焰（或可能引燃）的地点附近清理气瓶阀。

2）开启氧气瓶的特殊程序。减压器安在氧气瓶上之后，必须进行以下操作：首先调节螺杆并打开顺流管路，排放减压器的气体。其次，调节螺杆并缓慢打开气瓶阀，以便在打开阀门前使减压器气瓶压力表的指针始终慢慢地向上移动。打开气瓶阀时，应站在瓶阀气体排出方向的侧面而不要站在其前面。当压力表指针达到最高值后，阀门必须完全打开以防气体沿阀杆泄漏。

3）乙炔气瓶的开启。开启乙炔气瓶的瓶阀时应缓慢，严禁开至超过 3/2，一般只开至 3/4 圈以内以便在紧急情况下可以迅速关闭气瓶。

4）使用的工具。配有手轮的气瓶阀门不得用榔头或扳手开启。未配有手轮的气瓶，使用过程中必须在阀柄上备有把手、手柄或专用扳手，以便在紧急情况下可以迅速关闭气路。在多个气瓶组装使用时，至少要备有一把这样的扳手以备急用。

（6）气瓶的故障处理。包括：

1）泄漏。如果发现燃气气瓶的瓶阀周围有泄漏，应关闭气瓶阀拧紧密封螺帽。当气瓶泄漏无法阻止时，应将燃气瓶移至室外，远离所有起火源，并做相应的警告通知。缓缓打开气瓶阀，逐渐释放内存的气体。有缺陷的气瓶或瓶阀应做适宜标志并送专业部门修理，经检验合格后方可重新使用。

2）火灾。气瓶泄漏导致的起火可通过关闭瓶阀，采用水、湿布、灭火器等手段予以熄灭。在气瓶起火无法通过上述手段熄灭的情况下，必须将该区域做疏散，并用大量水流浇湿气瓶，使其保持冷却。

───────── **本 章 小 结** ─────────

本章分别介绍了铸造、锻造、热处理、焊接与切割的安全技术，具体内容包括铸造、锻造、热处理和焊接与切割的工艺分类及设备设施、设备的安全防护装置以及安全操作技术。通过对热加工工艺的分类及设备设施的介绍，引出了热加工的危险有害因素，并在此基础上对热加工的安全提出了相应的要求。

复习思考题

3-1 铸造种类是如何划分的，其依据是什么？

3-2 铸造加工危险因素有哪些?

3-3 锻造加工的特点及危险因素有哪些?

3-4 防止锻锤汽缸被打碎的安全防护装置有哪些?

3-5 热处理过程中如何防火防爆?

3-6 热处理加工的一般操作要求是什么?

3-7 电焊在接地过程中有哪些注意事项?

3-8 气焊所需要的设备包括什么?

4 机械制造场所安全技术

本章学习要点:

（1）理解机械制造场所对平面布置、竖向布置、特殊建筑物布置和厂区绿化的基本要求。

（2）了解机械制造厂所对厂区道路和消防车道的安全要求。

（3）掌握作业场所职业健康的通用要求。

（4）熟练掌握作业场所安全标志的种类及使用场所。

4.1 厂区总体布置的基本要求

4.1.1 厂区总体布置

平面布置的基本要求如下:

（1）产生有害物质的企业，在生产区内除值班室、更衣室、冲洗室外，不得设置非生产用房。

（2）企业的总平面布置，在满足主体工程需要的前提下，应将污染危害严重的设施与非污染设施分开，产生高噪声的车间与低噪声的车间分开，热加工车间与冷加工车间分开，产生粉尘的车间与产生毒物的车间分开，并在产生职业危害的车间与其他车间和生活区之间设有一定的卫生防护绿化带。

（3）生产区宜在大气污染物本底浓度低和扩散条件好的地段，且布置在当地夏季最小频率风向的上风侧；产生有害因素的车间，应位于相邻车间全年最小频率风向的上风侧；厂前区和生活区（包括办公室、厨房、食堂、托儿所、俱乐部、宿舍及体育场所等）布置在当地小频率风向的下风侧；辅助生产区布置在二者之间。

（4）产生剧毒物质、高温以及强放射性装置的车间应考虑相应事故防范和应急救援设施和设备的配套，并留有足够的应急通道。

（5）工业废水排放口及工业固体废物堆置场地宜远离生活居住区及自然水体，不得污染环境和水体。

（6）对露天堆放的粉粒状原（材）料、有害物料、燃煤灰渣、化学废渣（液）和其他固体废物，应设置专用贮存设施、场所。粉粒状原（材）料、有害物料、固体废弃物、废液等在收集、贮存、运输、利用和处置时，必须采取防扬撒、防流失、防雨淋、防渗漏等防止污染环境的措施。

（7）厂房建筑方位应保证室内具有良好的自然通风和自然采光，相邻两建筑物的间距一般不得小于相邻两个建筑物中较高建筑物的高度。高温、热加工、有特殊要求和人员较多的建筑物应避免西晒。

（8）能布置在车间外的高温热源，应尽可能地布置在车间外当地夏季最小频率风向的上风侧；不能布置在车间外的高温热源和工业窑炉应布置在天窗下方或靠近车间下风侧的外墙侧窗附近。

竖向布置的基本要求如下：

（1）放散大量热量的厂房宜采用单层建筑。当厂房是多层建筑物时，放散热和有害气体的生产过程应布置在建筑物的高层；如必须布置在下层时，应采取行之有效的措施，防止污染上层空气。

（2）噪声与振动较大的生产设备应安装在单层厂房内。如条件限制需要将这些生产设备安置在多层厂房内时，则应将其安装在多层厂房的底层。对振幅大、功率大的生产设备应采取隔振措施。

（3）含有挥发性气体、蒸汽的废水排放管道禁止通过仪表控制室和休息室、更衣室等生活用室的地面下；若需通过时，必须严格密闭，防止有害气体或蒸汽逸散至室内。

特殊功能建筑物的布置要求如下：

（1）危险化学品库、油库、木材库应布置在厂区最小频率风向的上风侧及边缘地区，且应远离火源。

（2）发生火灾、爆炸危险性大的动力站房（如锅炉房、空压站、天然气转供站等），以及各类气罐、气柜、气瓶库，均应布置在厂区最小频率风向的上风侧。发生火灾、爆炸危险性大的动力站房应设置围墙和专用出入口。新建企业尽量不设独立的制氧站、乙炔站、煤气站等。

（3）电源配（变）电所应符合下列要求：

1）布置在厂区用电负荷中心。

2）靠近厂区边缘地势较高地段，便于高压线的进出。

3）避免设在有强烈振动的设施附近。

4）避免布置在多尘、有腐蚀气体和有水雾的场所。对于大容量的总降压站、开关所，应在其周围加设围墙。小容量的配（变）电所，宜采用箱式变压器。

（4）对于含氰、含铬、含镉、含铅以及含各类酸碱等污水处理建（构）筑物的布置，应靠近污染源、远离水源构筑物及中央空调设施的新风吸入口。

（5）产生电离辐射的生产设施，宜布置在厂区内人流少、位置僻静的区域。

（6）酸洗、电镀、涂装、配料、铸锻、热处理等腐蚀性、尘毒危害比较严重及使用易燃易爆原辅材料的生产工序，电磁、电离辐射危害严重的工序，应与其他生产工序隔开布置。不同危害生产工序之间应相互隔离，危害相同的生产工序宜集中或相邻布置。

厂区绿化的基本要求如下：

（1）厂区绿化布置，应以下列地段为重点：

1）进厂主干道及主要出入口。

2）生产管理区。

3）洁净度要求高的生产车间、装置及建筑物。

4）散发有害气体、烟尘、粉尘及产生高噪声的生产车间、装置及堆场。

5）受西晒的生产车间及建筑物。

6）受雨水冲刷的地段。

7）厂区生活服务设施周围。

（2）新建项目的绿化覆盖率可根据建设项目的种类确定，但不宜低于25%。

（3）受风沙侵袭的企业，应在厂区受风沙侵袭季节盛行风向的上风侧，设置半通透结构的防风林带。对环境构成污染的工厂、灰渣渣、废砂坝、排土场和大型原料、燃料堆场，应根据全年盛行风向和对环境的污染情况设置紧密结构的防护林带。

（4）热加工车间附近的绿化，宜具有遮阳效果。对空气洁净度要求较高的生产车间、装置及建筑物附近的绿化，不应种植散发花絮、纤维质及带绒毛果实的树种。

（5）道路弯道及交叉口、铁路与道路平交道口附近的绿化布置，应符合行车视距的有关规定。

4.1.2　厂区管线

厂区管线主要包括各种工业管道、通讯电缆、电力电缆等。

管线布置的基本要求如下：

（1）管线综合布置时，应尽量减少管线与铁路、道路及其他干管的交叉。管线与铁路或道路交叉时应为正交，如有困难时，其交叉角不宜小于45°。

（2）管道内的介质具有毒性、可燃、易燃、易爆性质时，严禁穿越与其无关的建筑物、构筑物、生产装置及储罐区等。可燃气体管道和甲、乙、丙类液体管道不应穿过通风管道和通风机房，也不应沿风管的外壁敷设。

（3）管线综合布置时，干管应布置在用户较多的一侧或将管线分类布置在道路两侧。管线综合布置宜按下列顺序，自建筑物向道路方向依次为：电信电缆；电力电缆；热力管道；压缩空气、氧气、氮气、乙炔气、煤气及各种工艺管道或管廊；生产及生活给水管道；工业废水管道；生活污水管道；消防水管道；雨水排水管道等。

（4）非地下埋设的输送管道表面应有与其输送气体或液体相一致的基本识别色、识别符号和安全标志，其基本识别色见表4-1。

表4-1　基本识别色和色样及颜色标准编号

物　质　种　类	基本识别色	颜色标准编号
水	艳绿	G03
水蒸气	大红	R03
空气	浅灰	B03
气体	中黄	Y07
酸或碱	紫	P02
可燃液体	棕	YR05
其他液体	黑	
氧	浅蓝	PB06

（5）工业管道基本识别色的标识方法有以下 5 种：一是管道全长涂上标识色；二是在管道上以宽为 150 mm 的色环进行标识；三是在管道上以长方形的识别色标牌进行标识；四是在管道上以带箭头的长方形识别色标牌进行标识；五是在管道上以系挂的识别色标牌进行标识。重要工业管道应标明物质名称、流向和主要工艺参数等。

地下管线布置要求如下：

（1）地下管线、管沟，不得布置在建筑物、构筑物的基础压力影响范围内或平行敷设在铁路下面，并不宜平行敷设在道路下面。直埋式的地下管线，不应平行重叠敷设。

（2）地下管线交叉布置时，给水管道应在排水管道上面；可燃气体管道应在其他管道上面（热力管道除外）；电力电缆应在热力管道下面、其他管道上面；氧气管道应在可燃气体管道下面、其他管道上面；腐蚀性的介质管道及碱性、酸性排水管道应在其他管线下面；热力管道应在可燃气体管道及给水管道上面。

（3）地下管线（或管沟）穿越铁路、道路时，管顶至铁路轨底的垂直净距不应小于 1.2m；管顶至道路路面结构层底的垂直净距不应小于 0.5m。穿越铁路、道路的管线当不能满足上述要求时，应加防护套管（或管沟）。其两端应伸出铁路路肩或路堤坡脚、城市型道路路面、公路型道路路肩或路堤坡脚 1m 以外。

（4）地下管线，不应敷设在腐蚀性物料的包装、堆存及装卸场地的下面。距上述场地的边界水平间距，不应小于 2m。

（5）管线共沟敷设时，排水管道应布置在沟底。当沟内有腐蚀性介质管道时，排水管道应位于其上面；腐蚀性介质管道的标高，应低于沟内其他管线。

（6）热力管道不应与电力、通信电缆和物料压力管道共沟；火灾危险性属于甲、乙、丙类的液体，液化石油气，可燃气体，毒性气体和液体以及腐蚀性介质管道，不应共沟敷设，并严禁与消防水管共沟敷设；凡有可能产生相互影响的管线，不应共沟敷设。

地上管道和电力、通信线路布置要求如下：

（1）管架的净空高度及基础位置，不得影响交通运输、消防及检修；不应妨碍建筑物自然采光与通风；敷设有火灾危险性属于甲、乙、丙类的液体，液化石油气和可燃气体等管道的管架，与火灾危险性大和腐蚀性强的生产、储存、装卸设施以及有明火作业的设施，应保持一定的安全距离，并减少与铁路交叉。

（2）火灾危险性属于甲、乙、丙类的液体管道，液化石油气、腐蚀性介质的管道，以及相对密度较大的可燃气体、有毒气体的管道等，均宜采用管架敷设。其管架除使用该管线的建筑物外，均不得采用建筑物支撑式。

（3）架空电力线路的敷设，不应跨越用可燃材料建造的屋顶及生产火灾危险性属于甲、乙类的建筑物、构筑物以及甲、乙、丙类液体和液化石油气及可燃气体储罐区。

（4）引入厂区内的 35kV 以上的高压线，如采用高架架空形式时，应减少高压线在厂区内的长度，并应沿厂区边缘布置。

（5）通信、信号架空线弛度最低点至地面、轨面的距离应符合下列规定：

1）在区间，距地面不小于 2.5m；在站内，距地面不小于 3m。

2）跨越道路，距路面不小于 5.5m；跨越铁路，距钢轨顶面不小于 7m。

3）禁止在电信线路下面植树。

管线间距要求如下：

（1）一般动力管线的管架与建筑物、构筑物之间的最小水平间距应符合表 4-2 的规定；架空管线或管架跨越铁路、道路的最小垂直间距，应符合表 4-3 的规定。

表 4-2 管架与建筑物、构筑物之间的最小水平间距　　　　　　　　　　　（m）

建筑物、构筑物名称	最小水平间距	建筑物、构筑物名称	最小水平间距
建筑物有门窗的墙壁外缘或突出部分外缘	3.0	道路	1.0
		人行道外缘	0.5
建筑物无门窗的墙壁外缘或突出部分外缘	1.5	厂区围墙（中心线）	1.0
		照明及通信杆柱（中心）	1.0

注：1. 表中间距除注明者外，管架从最外边线算起；道路为城市型时，自路面边缘算起；为公路型时，自路肩边缘算起。

2. 本表不适用于低架式、地面式及建筑物支撑式。

表 4-3 架空管线、管架跨越铁路、道路的最小垂直间距　　　　　　　（m）

名　　　称		最小垂直间距
铁路（从轨顶算起）	火灾危险性属于甲、乙、丙类的液体，可燃气体与液化石油气管道	6.0
	其他一般管线	5.5[①]
道路（从路拱算起）		5.0[②]
人行道（从路面算起）		2.2/2.5[③]

注：表中间距除注明者外，管线自防护设施的外缘算起，管架自最低部分算起。

[①]架空管线、管架跨越电气化铁路的最小垂直间距，应符合有关规范规定。

[②]有大件运输要求或在检修期间有大型起吊设备通过的道路，应根据需要确定。困难时，在保证安全的前提下可减至 4.5m。

[③]街区内人行道为 2.2m，街区外人行道为 2.5m。

（2）室内外电力线路安全距离。

1）室内外电力线路应尽量避开热源管道。但在与供热管道平行或交叉敷设时，应尽量在管道下方或侧方，其最小距离应符合表 4-4 的要求。

表 4-4 电气线路与管道间最小距离　　　　　　　　　　　　　　（mm）

管道类别	配线方式		穿管配线	绝缘导线明配线	裸导线配线
蒸汽管	平行	管道上	1000	1000	1500
		管道下	500	500	1500
	交叉		300	300	1500
暖水管、热水管	平行	管道上	300	300	1500
		管道下	200	200	1500
	交叉		100	100	1500
通风、给排水、压缩空气管	平行		100	200	1500
	交叉		50	100	1500

注：1. 对蒸汽管道，当管外包隔热层后，上下平行距离可减至 200mm。

2. 暖气管、热水管应设隔热层，对裸导线，应加装保护网。

3. 上下水管与配线管线平行敷设在同一垂直平面时，应将配线管线设在水管上方。

2）室内外低压裸导线架设的安全距离为：距地面大于或等于3.5m；距经常维护的管道或设备大于或等于3.5m；距汽车通道地面大于或等于6.0m。如裸导线采用网状或板状护栏时，距地面、经常维护的管道和设备的安全距离可减至2.5m。而裸导线与网状护栏的距离不得小于100mm；与板状护栏的距离不得小于50mm。

（3）接户线、进户线的安全距离。

1）10kV接户线与地面距离不应小于4m；低压接户线与地面距离不应小于2.5m；低压接户线跨越车行道时，与地面距离不应小于6m；跨越人行道时，不应小于3.5m。

2）低压接户线与建筑物有关部位的安全距离为：接户线下方窗口的垂直距离为300mm；接户线下方阳台的垂直距离为2500mm；接户线上方阳台或窗口的垂直距离为800mm；墙壁、构架的距离为50mm；窗口或阳台的水平距离为750mm。

4.2 厂区物流的基本要求

4.2.1 厂区道路与消防车道

4.2.1.1 厂区道路

（1）厂区道路根据其性能划分为主干道、次干道、支道、车间引道和人行道。主干道为连接厂区主要出入口的道路，或交通运输繁忙的全厂性主要道路；次干道为连接厂区次要出入的道路，或厂内车间、仓库、码头等之间交通运输较繁忙的道路；支道为厂区内车辆和行人都较少的道路以及消防道路等；车间引道为车间、仓库等出入口与主、次干道或支道相连接的道路；人行道为行人通行的道路。

（2）路面宽度9m以上的道路，应划中心线，实行分道行车。

（3）厂区道路边缘至相邻建（构）筑物的净距：当建筑物面向道路一侧无出入口时为1.5m；当建筑物面向道路一侧有出入口但不通行汽车时为3.0m。

（4）大、中型企业厂内道路应采取交通分流，沿主干道设置的人行道宽度为1.5m；人行道宽度不宜小于0.75m。当人行道的纵坡大于8%时，宜设置粗糙面层或踏步。人行道的危险地段，应设置栏杆。

（5）安全设施。主要包括：

1）厂区道路在平面转弯处和纵断面变坡处的视距不应小于下列规定：停车视距为15m；会车视距为30m；交叉口停车视距为20m。

2）厂区道路在急弯、陡坡、视线不良等路段，应根据需要设置标志、柱式（墙式）护栏、分道墙（桩）、分道行驶路面标线、反光镜等安全设施；在桥头引道、高路堤、地形险峻等路段，应设置标志和护栏；在道路交叉口，应根据需要设置标志、栏杆；在严重积雪路段、漫水桥、过水路面，应设置标杆。夜间行车、行人较多的厂区道路，应设置线路照明和反光标志。

3）易燃、易爆物品的生产区域或贮存仓库区，应根据安全生产的需要，将道路划分为限制车辆通行或禁止车辆通行的路段，并设置标志。

4.2.1.2 消防车道

（1）消防车道的设置。需要满足：

1）占地面积大于3000m² 的甲、乙、丙类厂房或占地面积大于1500m² 的乙、丙类仓库设置环形消防车道，确有困难时，应沿建筑物的两个长边设置消防车道。

2）可燃材料露天堆场区，液化石油气储罐区，甲、乙、丙类液体储罐区和可燃气体储罐区，均应设置消防车道。消防车道与堆场堆垛的最小距离不应小于5.0m。

（2）消防车道的净宽度和净空高度均不应小于4.0m。供消防车停留的空地，其坡度不宜大于3%。消防车道与厂房（仓库）、民用建筑之间不应设置妨碍消防车作业的障碍物。

（3）环形消防车道至少应有两处与其他车道连通。尽头式消防车道应设置回车道或回车场，回车场的面积不应小于12.0m×12.0m；供大型消防车使用时，不宜小于18.0m×18.0m。消防车道可利用交通道路，但应满足消防车通行与停靠的要求。

（4）消防车道不宜与铁路正线平交。如必须平交，应设置备用车道，且两车道之间的间距不应小于一列火车的长度。

4.2.2　工业防护栏杆及钢平台

（1）工业防护栏杆必须满足的防护要求有：

1）距下方相邻地板或地面1.2m及以上的平台、通道或工作面的所有敞开边缘应设置防护栏杆。

2）在平台、通道或工作面上可能使用工具、机器部件或物品场合，在酸洗或电镀、脱脂等危险设备上方或附近的平台、通道或工作面，均应在所有敞开边缘设置带踢脚板的防护栏杆。

3）当平台设有满足踢脚板功能及强度要求的其他结构边沿时，防护栏杆可不设踢脚板。

（2）防护栏杆的设计载荷应为：

1）防护栏杆安装后顶部栏杆应能承受水平方向和垂直向下方向不小于890N集中载荷和不小于700N/m均布载荷。中间栏杆应能承受在中点圆周上施加的不小于700N水平集中载荷，最大挠曲变形不大于75mm。

2）整个平台区域内应能承受不小于3kN/m² 均匀分布活载荷。在平台区域内中心距为1000mm，边长300mm正方形上应能承受不小于1kN集中载荷。

（3）防护栏杆的结构形式如图4-1所示。应满足的要求有：

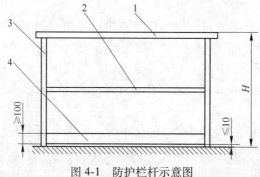

图4-1　防护栏杆示意图

1—扶手（顶部栏杆）；2—中间栏杆；3—立柱；4—踢脚板；H—栏杆高度

1）防护栏杆高度：当平台、通道及作业场所距基准高度小于 2m 时，栏杆高度应不低于 900mm；大于或等于 2m 并小于 20m 时，栏杆高度应不低于 1050mm；大于或等于 20m 时，栏杆高度应不低于 1200mm。

2）在扶手和踢脚板之间应至少设置一道中间栏杆。中间栏杆与上、下方构件的空隙间距应不大于 500mm。

3）防护栏杆端部应设置立柱或确保与建筑物或其他固定结构牢固连接，立柱间距应不大于 1000mm。

4）踢脚板顶部在平台地面之上高度应不小于 100mm，其底部距地面应不大于 10mm。

（4）钢平台结构应满足的安全要求有：

1）通行平台的无障碍宽度应不小于 750mm，单人偶尔通行的平台宽度应不小于 450mm。梯间平台（休息平台）的宽度应不小于梯子的宽度，且对直梯应不小于 700mm，斜梯应不小于 760mm。通行平台在行进方向的长度应不小于梯子的宽度。且对直梯应不小于 700mm，斜梯应不小于 850mm。

2）平台地面到上方障碍物的垂直距离应不小于 2000mm，仅限单人偶尔使用的平台到上方障碍物的垂直距离应不小于 1900mm。

3）平台地板宜采用不小于 4mm 厚的花纹钢板或经防滑处理的钢板铺装，相邻钢板不应拼接，相邻钢板上表面的高度差应不大于 4mm。

4.3 作业场所职业健康的通用要求

4.3.1 化学性职业危害因素控制要求

4.3.1.1 防尘、防毒的通用控制要点

（1）产生粉尘、毒物的工作场所，其发生源的布置应符合下列要求：

1）放散不同有毒物质的生产过程布置在同一建筑物内时，毒性大与毒性小的应隔开。

2）粉尘、毒物的发生源，应布置在工作地点的自然通风的下风侧。

3）如布置在多层建筑物内时，放散有害气体的生产过程应布置在建筑物的上层。如必须布置在下层时，应采取有效措施防止污染上层的空气。

（2）产生粉尘、毒物或酸碱等强腐蚀性物质的工作场所，应有冲洗地面、墙壁的设施。产生剧毒物质的工作场所，其墙壁、顶棚、地面等内部结构和表面，应采用不吸收、不吸附毒物的材料，必要时加设保护层，以便清洗。车间地面应平整防滑，易于清扫。经常有积液的地面应不透水，并坡向排水系统，其废水应纳入工业废水处理系统。

（3）经常有人来往的通道（地道、通廊），应有自然通风或机械通风，并不得敷设有毒液体或有毒气体的管道。

（4）当机械通风系统采用部分循环空气时，送入工作场所空气中有害气体、蒸汽及粉尘的含量，不应超过规定的接触限值的 30%。

（5）在生产中可能突然逸出大量有害物质或易造成急性中毒或易燃易爆的化学物质的

作业场所，必须设计自动报警装置、事故通风设施，其通风换气次数不小于 12 次/h。

（6）有可能泄漏液态剧毒物质的高风险作业场所，应专设泄险区等应急设施。

（7）采用热风采暖和空气调节的车间，其新风口应设置在空气清洁区，新鲜空气的补充量应达到 30 m³/（h·人）的标准规定。

4.3.1.2　作业场所空气中粉尘接触限值

粉尘接触限值一般采用总尘和呼尘计量，总尘为可进入整个呼吸道（鼻、咽和喉、胸腔支气管、细支气管和肺泡）的粉尘；呼尘为按呼吸性粉尘标准测定方法所采集的可进入肺泡的粉尘粒子。机电企业作业场所空气中粉尘接触限值见表 4-5。

表 4-5　机电企业作业场所空气中主要粉尘接触限值

序号	中文名	PC-TWA/mg·m⁻³		主 要 场 所
		总尘	呼尘	
1	电焊烟尘	4	—	电弧焊接
2	铝尘 铝金属、铝合金粉尘 氧化铝粉尘	 3 4	 — —	有色金属铸造、清理、打磨等
3	石墨粉尘	4	2	铸造表面涂料、锻造脱模等
4	木粉尘	3	—	木模加工等
5	石棉（石棉含量>10%） 粉尘 纤维	 0.8 0.8f/mL	 — —	维修、管道保温等
6	砂轮磨尘	8	—	干磨削、打磨等
7	煤尘（游离 SiO_2 含量>10%）	4	2.5	锅炉、工业炉窑操作点
8	硅尘 10%≤游离 SiO_2 含量≤50% 50%≤游离 SiO_2 含量≤80% 游离 SiO_2 含量>80%	 1 0.7 0.5	 0.7 0.3 0.2	铸造（砂处理、造型制芯、落砂清理、撒砂结壳、喷砂等）
9	其他粉尘	8	—	粉末冶金、抛丸等

4.3.1.3　作业场所中有毒化学物质接触限值

有毒化学物质接触限值包括最高容许浓度（MAC）、时间加权平均容许浓度（PC-TWA）和短时间接触容许浓度（PC-STEL）三类。最高容许浓度（MAC）是指工作地点、在一个工作日内、任何时间有毒化学物质均不应超过的浓度。时间加权平均容许浓度（PC-TWA）是指以时间为权数规定的 8h 工作日、40h 工作周的平均容许接触浓度。短时间接触容许浓度（PC-STEL）是指在遵守 PC-TWA 前提下容许短时间（15min）接触的浓度。

机电企业作业场所有毒化学物质接触限值（OELs）见表 4-6。

表 4-6   机电企业作业场所中主要有毒化学物质接触限值

序号	中文名	OELs/mg·m⁻³			序号	中文名	OELs/mg·m⁻³		
		MAC	PC-TWA	PC-STEL			MAC	PC-TWA	PC-STEL
1	氨	—	20	30	14	乙醚	—	300	500
2	二氧化硫	—	5	10	15	乙醛	45	—	—
3	二氧化碳	—	9000	18000	16	铅及其无机化合物 铅尘 铅烟	— — —	0.05 0.03 	—
4	酚	—	10	—	17	溶剂汽油	—	300	
5	苯	—	6	10	18	三氧化铬、铬酸盐、重铬酸银	—	0.05	
6	二甲苯（全部异构体）	—	50	100					
7	甲苯	—	50	100	19	石蜡烟	—	2	4
8	甲醇	—	25	50	20	铜 铜尘 铜烟	— 	 1 0.2	
9	甲醛	0.5	—	—					
10	磷酸	—	1	3	21	四氯化碳	—	15	25
11	硫化氢	10	—	—	22	氧化镁烟	—	10	
12	硫酸及三氧化硫	—	1	2	23	液化石油气	—	1000	1500
					24	一氧化氮	—	15	
13	锰及其无机化合物	—	0.15	—	25	一氧化碳（非高原）	—	20	30

4.3.2   物理性职业危害因素控制要求

4.3.2.1   噪声与振动的控制要点及接触限值

防噪声和振动的要点有：

（1）具有生产性噪声的车间应尽量远离其他非噪声作业车间、行政区和生活区。噪声与振动强度较大的生产设备应安装在单层厂房或多层厂房的底层。

（2）噪声较大的设备应尽量将噪声源与操作人员隔开；工艺允许远距离控制的，可设置隔声操作（控制）室，其天棚、墙体、门窗均应符合隔声、吸声的要求。

（3）产生强烈振动的车间应有防止振动传播的措施，如修筑隔振沟。对振幅、功率大的设备应设计减振基础。

（4）噪声和振动的控制在发生源控制的基础上，对厂房的设计和设备的布局需采取降噪和减振措施。产生噪声和振动的车间墙体应加厚。

（5）工作地点生产性噪声声级超过卫生限值，而采用现代工程技术治理手段仍无法达到卫生限值时，可采用有效个人防护措施。

作业场所噪声职业接触限值见表 4-7。非稳态噪声等效声级的限值应按 8h 计算等效声级；每周工作 5d，每天工作时间不等于 8h，需计算 8h 等效声级；每周工作不是 5d，需计算 40h 等效声级。

表 4-7　作业场所噪声职业接触限值

接触时间	接触限值/dB（A）	主　要　场　所
5d/W，＝8h/d	85	空压站、冲剪压、铸造、锻造、机加工、装配、试验检验、打磨、喷丸、中央空调、通风除尘等
5d/W，≠8h/d	85	
≠5d/W	85	

4.3.2.2　辐射的控制要点

以粒子或者波的形式进行的能量传递、传播和吸收活动，称为辐射。工业活动中的电离辐射有 α、β、γ 射线和 X 射线，最常见的辐射源是 X 光机和用于无损测试（NDT）中的同位素。非电离辐射主要有紫外辐射、红外辐射、射频辐射（由无线电设备及微波设备发射）、激光辐射。

辐射的强度取决于辐射源的强度、受辐射的物体与辐射源的距离、暴露时间以及保护屏的类型。在进行辐射控制时，必须考虑到上述因素。消除暴露，这应是首先要考虑的事项。对辐射源的出现和使用都要限制，在使用时要加以封闭及使用屏障。

对辐射进行控制时，下列通用的原则是必须遵守的。

（1）仅在确有必要时，才能在作业场所使用有辐射的设备。

（2）必须从制造商处获得有关设备所发出的或可能发出的射线类别的安全信息。

（3）要有书面的风险评价并指明控制的措施，对于雇主、雇员、公众的影响都要考虑在内，并且对这些人提供有关风险评价及其控制的必要信息。

（4）所有的辐射源均要得到确认，并且做好标志。

（5）要提供并穿戴保护用具。

（6）要定期评审安全措施；所提供的安全装置要适当，符合规范，定期保养及检查。

（7）要任命辐射防护的咨询人员，其特定的责任是对使用、预防、控制及暴露等问题进行监视及咨询。

（8）应急计划中要包括辐射危险的内容，同时要有在其他紧急状态出现、对现有辐射防护的控制造成威胁时的处理方案。

（9）对于放射物质的销售、使用、储存、运输和报废，要有书面的许可认证。

（10）对暴露于辐射下的工人采取特殊保护措施。

4.3.2.3　防暑、防寒和人工空调

A　防暑

（1）热源的布置应尽量布置在车间的外面；采用热压生产工艺为主的自然通风时，热源尽量布置在天窗的下面；采用穿堂风为主的自然通风时，热源应尽量布置在夏季主导风向的下风侧；热源布置应便于采用各种有效的隔热措施和降温措施。

（2）夏季自然通风用的进气窗其下端距地面不应高于 1.2m，以便空气直接吹向工作

地点。自然通风应有足够的进风面积。

（3）当室外实际出现的气温等于本地区夏季通风室外计算温度时，车间内作业地带的空气温度应符合下列要求：散热量小于 23W/(m³·h) 的车间不得超过室外温度 3℃；散热量 23~116W/(m³·h) 的车间不得超过室外温度 5℃；散热量大于 116W/(m³·h) 的车间不得超过室外温度 7℃。

（4）车间作业地点夏季空气温度，应按车间内外温差计算。其室内外温差的限度，应根据实际出现的本地区夏季通风室外计算温度确定，不得超过表 4-8 的规定。

表 4-8　车间内工作地点的夏季空气温度规定

夏季通风室外计算温度/℃	22 及以下	23	24	25	26	27	28	29~32	33 及以上
工作地点与室外温差/℃	10	9	8	7	6	5	4	3	2

B　防寒

（1）凡近十年每年最低月平均气温<8℃的月份在 3 个月及 3 个月以上的地区应设集中采暖设施；每年最低月平均气温≤8℃的月份为 2 个月以下的地区应设局部采暖设施。

（2）热风采暖时，应防止强烈气流直接对人产生不良影响。送风风速一般应在 0.1~0.3m/s。

C　人工空气调节

（1）工作场所中每名员工所占容积小于 20m² 的车间，应保证每人每小时不少于 30m³ 的新鲜空气量；如所占容积为 20~40m³ 时，应保证每人每小时不少于 20m³ 的新鲜空气量；所占容积超过 40m³ 时，允许由门窗渗入的空气来换气。采用空气调节的车间，应保证每人每小时不少于 30m³ 的新鲜空气量。

（2）封闭式车间操作人员所需的适宜新风量为 30~50m³/h。

4.3.3　采光与照度

4.3.3.1　采光

作业场所一般白天依赖自然采光，在阴天及夜间则由人工照明采光作补充和代替。生产场所内的照明应满足"工业企业照明设计标准"的要求。对厂房一般照明的采光窗设置：厂房跨度大于 12m 时，单跨厂房的两边应有采光侧窗，窗户的宽度应不小于开间长度的一半；多跨厂房相连，相连各跨应有天窗，跨与跨之间不得有墙封死；车间通道照明灯要覆盖所有通道，覆盖长度应大于车间安全通道长度的 90%。

作业场所的采光一般由采光系数和室内自然光临界照度评价。采光系数为在室内给定平面上的一点，由直接或间接地接收来自假定和已知天空亮度分布的天空漫射光而产生的照度与同一时刻该天空半球在室外无遮挡水平面上产生的天空漫射光照度之比；室内自然光临界照度为对应室外自然光临界照度时的室内自然光照度。

表 4-9 为机电企业主要作业场所采光系数标准值。

表 4-9　机电企业主要作业场所采光系数标准值

采光等级	车间名称	侧面采光		顶部采光	
		采光系数最低值 C_{min}/%	室内自然光临界照度/lx	采光系数平均值 C_{av}/%	室内自然光临界照度/lx
I	特别精密机电产品加工、装配、检验	5	250	7	350
II	很精密机电产品加工、装配、检验，通讯、网络、视听设备的装配与调试	3	150	4.5	225
III	机电产品加工、装配、检修，一般控制室	2	100	3	150
IV	焊接、钣金、冲压剪切、锻造、热处理等	1	50	1.5	75

4.3.3.2　照度

（1）通用房间或场所的一般照度。表 4-10 为机电企业通用房间一般照明的标准值。

表 4-10　机电企业通用房间一般照明标准值

房　间		参考平面及其高度	照度标准值/lx	UGR	R_a	备　注
实验室	一般	0.75m 水平面	300	22	80	可另加局部照明
	精细	0.75m 水平面	500	19	80	可另加局部照明
检验	一般	0.75m 水平面	300	23	80	可另加局部照明
	精细、有颜色要求	0.75m 水平面	750	19	80	可另加局部照明
计量室、测量室		0.75m 水平面	500	19	80	可另加局部照明
变、配电站	配电装置室	0.75m 水平面	200	—	60	
	变压器室	地面	100	—	20	
电源设备室、发电机室		地面	200	25	60	
控制室	一般控制室	0.75m 水平面	300	22	80	
	主控制室	0.75m 水平面	500	19	80	
电话站、网络中心		0.75m 水平面	500	19	80	
计算机房		0.75m 水平面	500	19	80	放光幕反射
动力站	风机房、空调机房	地面	100	—	60	
	泵房	地面	100	—	60	
	冷冻站	地面	150	—	60	
	压缩空气站	地面	150	—	60	
	锅炉房、煤气站的操作层	地面	100	—	60	锅炉水位表照度不小于 50lx

房　　间		参考平面及其高度	照度标准值/lx	UGR	R_a	备　　注
仓库	大件库（如钢材、大成品、气瓶等）	1.0m 水平面	50	—	20	大件库（如钢材、大成品、气瓶等）
	一般件库	1.0m 水平面	100	—	60	
	精细件库（如工具、小零件）	1.0m 水平面	200	—	60	货架垂直照度不小于 50lx
车辆加油站		地面	100	—	60	油表照度不小于 50lx

注：上表中 UGR 为统一眩光值，是指处于视觉环境中的照明装置发出的光对人眼引起不舒适感的参量；R_a 为一般显色指数，是指八个一组色试样的特殊显色指数的平均值。

（2）作业场所的一般照度。表 4-11 为机电企业作业场所一般照明的标准值。

表 4-11　机电企业作业场所一般照明标准值

房　　间		参考平面及其高度	照度标准值/lx	UGR	R_a	备　　注
机械加工	粗加工	0.75m 水平面	200	22	60	可另加局部照明
	一般加工公差≥0.1mm	0.75m 水平面	300	22	60	应另加局部照明
	精密加工公差<0.1mm	0.75m 水平面	500	19	60	应另加局部照明
焊接	一般	0.75m 水平面	200	—	60	
	精密	0.75m 水平面	300	—	60	
冲压、剪切		0.75m 水平面	300	—	60	
铸造	热处理	地面至 0.5m 水平面	200	—	20	
	熔化、浇注	地面至 0.5m 水平面	200	—	20	
	造型	地面至 0.5m 水平面	300	25	60	
精密铸造的制模、脱壳		地面至 0.5m 水平面	500	25	60	
锻工		地面至 0.5m 水平面	200	—	20	

4.4　作业场所的安全标志和警示标识

4.4.1　安全色和安全标志

4.4.1.1　安全色

安全色是指传递安全信息含义的颜色，包括红、蓝、黄、绿四种颜色。其含义和用途如下。

（1）红色：传递禁止、停止、危险或消防设备、设施的信息。红色一般用于各种禁止标志；交通禁令标志；消防设备标志；机械的停止按钮、刹车及停车装置的操纵手柄；机械设备转动部件的裸露部位；仪表刻度盘上极限位置的刻度；各种危险信号旗等。

（2）蓝色：传递必须遵守规定指令性信息。蓝色一般用于各种指令标志；道路交通标志和标线中指示标志等。

（3）黄色：传递注意、警告的信息。黄色一般用于各种警告标志；道路交通标志和标线中警告标志；警告信号旗等。

（4）绿色：传递安全的提示性信息。绿色一般用于各种提示标志；机器启动按钮；安全信号旗；急救站、疏散通道、避险处、应急避难场所等。

对比色是指使安全色更加醒目的反衬色，包括黑、白两种颜色。

（1）安全色与对比色同时使用时，一般情况下：红色、蓝色、绿色的对比色均为白色；黄色的对比色则为黑色。

（2）黑色一般用于安全标志的文字、图形符号和警告标志的几何边框。白色一般用于安全标志中红、蓝、绿的背景色，也可用于安全标志的文字和图形符号。

安全色与对比色的相间条纹所代表的含义如下：

（1）红色与白色相间条纹：表示禁止或提示消防设备、设施位置的安全标记。一般应用于交通运输等方面所使用防护栏杆及隔离墩；液化石油气汽车槽车的条纹；固定禁止标志的标志杆上的色带等。

（2）黄色与黑色相间条纹：表示危险位置的安全标记。一般应用于各种机械在工作或移动时容易碰撞的部位，如移动式起重机的外伸腿、起重臂端部、起重吊钩和配重；剪板机的压紧装置；冲床的滑块等有暂时或永久性危险的场所或设备；固定警告标志的标志杆上的色带等；

设备所涂条纹的倾斜方向应以中心线为轴线对称方向。两个相对运动（剪切或挤压）棱边上条纹的倾斜方向应相反。

（3）蓝色与白色相间条纹：表示指令的安全标记，传递必须遵守规定的信息。一般应用于道路交通的指示性导向标志；固定指令标志的标志杆上的色带。

（4）绿色与白色相间的条纹：表示安全环境的安全标记。一般应用于固定提示标志杆上的色带等。

（5）安全色与对比色相间的条纹宽度应相等，即各占 50%，斜度与基准面成 45°。宽度一般为 100 mm，但可根据设备大小和安全标志位置的不同，采用不同的宽度，在较小的面积上其宽度可适当的缩小，每种颜色不能少于 2 条。

4.4.1.2　安全标志

安全标志是用以表达特定安全信息的标志，由图形符号、安全色、几何形状（边框）或文字构成。安全标志分为禁止标志、警告标志和指令标志。

（1）警告标志。与机械安全有关的警告标志有：注意安全、当心触电、当心机械伤人、当心扎脚、当心车辆、当心伤手、当心吊物、当心跌落、当心落物、当心弧光、当心电离辐射、当心激光、当心微波、当心滑跌、当心障碍物等。基本特征：图形是三角形，黄色衬底，边框和图像是黑色。

（2）禁止标志。与机械安全有关的禁止标志有：禁止明火作业、禁止用水灭火、禁止启动、禁止合闸、修理时禁止转动、运转时禁止加油、禁止触摸、禁止通行、禁止攀登、禁止入内、禁止靠近、禁止堆放、禁止架梯、禁止抛物、禁止戴手套、禁止穿化纤服装、禁止穿带钉鞋。禁止标志的基本特征：图形为圆形、黑色，白色衬底，红色边框和斜杠。

（3）指令标志。与机械安全有关的指令标志有：必须戴防护眼镜、必须戴防毒面具、必须戴防尘口罩、必须戴安全帽、必须戴防护帽、必须戴护耳器、必须戴防护手套、必须穿防护鞋、必须系安全带、必须穿工作服、必须穿防护服、必须用防护装置。指令标志的基本特征为圆形、蓝色衬底、图形是白色。

（4）辅助标志。当安全标志本身不能够传递安全所需的全部信息时，用辅助标志给出附加的文字信息并且只能与安全标志同时使用。

4.4.2　消防安全标志

消防安全标志由安全色、边框、以图像为主要特征的图形符号或文字构成的标志，用以表达与消防有关的安全信息。

4.4.2.1　分类

消防安全标志按照主题内容与适用范围分为 5 类，分别为火灾报警和手动控制装置的标志；火灾时疏散途径的标志；灭火设备的标志；具有火灾、爆炸危险的地方或物质的标志以及方向辅助标志。

（1）火灾报警和手动控制装置的标志共有 3 种，分别为：消防手动启动器、发声警报器、火警电话。标志的底色为红色，图形符号为白色。

（2）火灾时疏散途径的标志共有 7 种，分别为：紧急出口、滑动开门、推开、拉开、击碎板面、禁止阻塞、禁止锁闭。前 5 种标志的颜色与安全标志中的提示标志相同，后 2 种标志颜色与安全标志中的禁止标志相同。

（3）灭火设备的标志共有 7 种，分别为：灭火设备、灭火器、消防水带、地下消火栓、地上消火栓、消防水泵接合器、消防梯。标志的底色为红色，图形符号为白色。

（4）具有火灾、爆炸危险的地方或物质的标志共有 9 种，分别是：当心火灾——易燃物质、当心火灾——氧化物、当心爆炸——爆炸性物质、禁止用水灭火、禁止吸烟、禁止烟火、禁止存放易燃物。前 3 种标志的颜色与安全标志中的警告标志相同，后 4 种标志的颜色与安全标志中的禁止标志相同。

（5）方向辅助标志共有 2 种，分别是：疏散通道方向、灭火设备或报警装置的方向。前一种标志的底色为绿色，后一种标志的底色为红色，图形符号均为白色。

4.4.2.2　设置原则

（1）紧急出口或疏散通道中的单向门必须在门上设置"推开"标志，在其反面应设置"拉开"标志。紧急出口或疏散通道中的门上应设置"禁止锁闭"标志。疏散通道或消防车道的醒目处应设置"禁止阻塞"标志。

（2）滑动门上应设置"滑动开门"标志，标志中的箭头方向必须与门的开启方向一致。

（3）需要击碎玻璃板才能拿到钥匙或开门工具的地方或疏散中需要打开板面才能制造

一个出口的地方，必须设置"击碎板面"标志。

（4）建筑中的隐蔽式消防设备存放地点，应相应地设置"灭火设备"、"灭火器"和"消防水带"等标志。室外消防梯和自行保管的消防梯存放点，应设置"消防梯"标志。远离消防设备存放地点的地方，应将灭火设备标志与方向辅助标志联合设置。

（5）手动火灾报警按钮和固定灭火系统的手动启动器等装置附近，必须设置"消防手动启动器"标志。在远离装置的地方，应与方向辅助标志联合设置。

（6）有火灾报警器或火灾事故广播喇叭的地方，应相应地设置"发声警报器"标志。有火灾报警电话的地方，应设置"火警电话"标志。对于设有公用电话的地方（如电话亭），也可设置"火警电话"标志。

（7）设有地下消火栓、消防水泵接合器和不易被看到的地上消火栓等消防器具的地方，应设置"地下消火栓"、"地上消火栓"和"消防水泵接合器"等标志。

（8）在下列区域应相应地设置"禁止烟火"、"禁止吸烟"、"禁止放易燃物"、"禁止带火种"、"禁止燃放鞭炮"、"当心火灾——易燃物"、"当心火灾——氧化物"和"当心爆炸——爆炸性物质"等标志：

1）具有甲、乙、丙类火灾危险的生产厂区、厂房等的入口处或防火区内。

2）具有甲、乙、丙类火灾危险的仓库的入口处或防火区内。

3）具有甲、乙、丙类液体储罐、堆场等的防火区内。

4）可燃、助燃气体储罐或罐区与建筑物、堆场的防火区内。

5）燃油、燃气锅炉房，油浸变压器室，存放、使用化学易燃、易爆物品的作业场所。

6）甲、乙、丙类液体及其他化学危险物品的运输工具上。

7）存放遇水爆炸的物质或用水灭火会对周围环境产生危险的地方应设置"禁止用水灭火"标志。

4.4.3　职业危害警示标识

4.4.3.1　警示标识及其使用

（1）禁止标识共有3种，分别为：禁止入内、禁止停留、禁止启动。标志的颜色与安全标志中的禁止标志相同。

（2）警告标识共有9种，分别为：当心中毒（有毒气体；接触可引起伤害；接触可引起伤害和死亡）、当心腐蚀（腐蚀性；遇湿具有腐蚀性）、当心感染、当心弧光、当心电离辐射、注意防尘、注意高温、当心有毒气体、噪声有害。标志的颜色与安全标志中的警告标志相同。

（3）指令标识共有8种，分别为：戴防护镜、戴防毒面具、戴防尘口罩、戴护耳器、戴防护手套、穿防护鞋、穿防护服、注意通风。标志的颜色和图形与安全标志中的指令标志相同。

（4）提示标识共有5种，分别是：左行紧急出口、右行紧急出口、直行紧急出口、急救站、救援电话。标志的颜色和图形与安全标志中的指示标志相同。

4.4.3.2　警示标识的设置

（1）使用有毒物品作业场所警示标识的设置。

1）在使用有毒物品作业场所入口或作业场所的显著位置，应设置"当心中毒"或"当心有毒气体"的警告标识，以及"戴防毒面具"、"穿防护服"，"注意通风"等指令标识和"紧急出口"、"救援电话"等提示标识。

2）在高毒物品作业场所，设置红色警示线。在一般有毒物品作业场所，设置黄色警示线。警示线设在使用有毒作业场所外缘不少于 300mm 处。

3）在高毒物品作业场所应急撤离通道设置紧急出口提示标识。当在泄险区启用时，设置"禁止入内"、"禁止停留"警示标识，并加注必要的警示语句。

4）可能产生职业病危害的设备发生故障时，或者维修、检修存在有毒物品的生产装置时，根据现场实际情况设置"禁止启动"或"禁止入内"警示标识，可加注必要的警示语句。

（2）其他职业病危害工作场所警示标识的设置。

1）在产生粉尘的作业场所，应设置"注意防尘"警告标识和"戴防尘口罩"指令标识。

2）在可能产生职业性灼伤和腐蚀的作业场所，应设置"当心腐蚀"警示标识和"穿防护服"、"戴防护手套"、"穿防护鞋"等指令标识。

3）在产生噪声的作业场所，应设置"噪声有害"警告标识和"戴护耳器"指令标识。

4）在高温作业场所，应设置"注意高温"警告标识。

5）在可引起电光性眼炎的作业场所，应设置"当心弧光"警告标识和"戴防护镜"指令标识。

6）存在生物性职业危害因素的作业场所，应设置"当心感染"警告标识和相应的指令标识。

7）存在放射性同位素和使用放射性装置的作业场所，应设置"当心电离辐射"警告标识和相应的指令标识。

（3）在可能产生职业病危害的设备上或其前方醒目位置设置相应的警示标识。

（4）可能产生职业病危害的化学品、放射性同位素和含放射性物质材料的产品包装要设置相应醒目的安全标签。

（5）贮存可能产生职业病危害的化学品、放射性同位素和含有放射性物质材料的场所，在入口处和存放处设置相应的警示标识以及简明中文警示说明。

—————— 本 章 小 结 ——————

本章根据机械制造的生产特点，依据国家和行业现行的标准、技术规范，主要介绍了厂区总体布置、厂区物流、安全标识等环境保护以及职业健康安全的基本要求和规范要点。本章中厂区主要指企业厂界范围内道路和通道、各种管线、消防设施、堆场等公共区域。

复习思考题

4-1 厂区平面布置的基本要求有哪些?

4-2 厂区绿化布置应以哪些地段为重点?

4-3 　通信、信号架空线弛度最低点至地面、轨面的距离应符合哪些规定?

4-4 　厂区消防车道设置的安全要求有哪些?

4-5 　作业场所噪声和振动的控制要点有哪些?

4-6 　安全色包括哪几种,具体的含义是什么?

4-7 　什么是消防安全标志,可以分为哪几类?

5　电气安全基础知识

本章学习要点:
(1) 了解用电安全基本内容和特点。
(2) 掌握电气事故的分类。
(3) 了解供配电系统的组成、使用要求。
(4) 掌握电气系统故障的分类以及相应的电气线路安全和变配电(站)装备安全。
(5) 了解电气火灾爆炸的概念、起因、特点以及相应防护措施。

5.1　用电安全技术概述

5.1.1　电能与用电安全

电能是由一次能源转换得来的二次能源,在应用这种能源时,如果处理不当,在其传递控制、驱动等过程中将会遇到障碍,即会发生事故,严重的事故将导致生命的损失或重大经济损失。例如,电能直接作用于人体,将造成电击;电能转化为热能作用于人体,将造成烧伤或烫伤;电能离开预定的通道,将构成漏电、接地或短路,均可能造成触电或火灾等事故的发生。因此,在用电的同时,必须充分考虑安全问题。

大部分用电安全问题是在电力工业发展的过程中提出来的。但在一些非用电场所或电路正常的情况下,由于电能的释放也会造成灾害。例如,静电、雷电、电磁场危害等方面的安全工作也是不容忽视的。总之,灾害是由能量造成的,由电流的能量或静电荷的能量造成的事故属电气事故。

5.1.2　用电安全技术的基本内容

电气安全技术主要包括两方面的任务:一方面是研究各种电气事故,研究各种电气事故发生的机理、原因、构成、规律、特点和防治措施;另一方面是研究用电气的方法来解决安全生产问题,也就是研究运用电气监测、电气检查和电气控制的方法来评价系统的安全性或解决生产中的安全问题。

我国的用电安全水平与电力工业水平还不相适应,同某些发达国家比起来还要更落后一些。当前,技术先进的国家每生产 30 亿度电触电死亡 1 人,而我国约生产 1 亿度电就触电死亡 1 人,安全用电水平相差数十倍。

与此同时,为了防止各类用电事故的发生,保护劳动者的安全与健康,用电安全也必须有一个与之相适应的发展。在安全生产领域,用电安全工作是一项重要的工作。在所有工伤事故中，用电事故占有不小的比例。据有关安全生产管理部门统计，触电死亡在全国工矿企事业单位因工事故死亡人数中占 6%~8%，如果加上农村用电死亡人数和非生产触电死亡人数，数字会更大、更惊人。

5.1.3 用电安全技术的特点

与其他学科相比，用电安全技术具有抽象性、广泛性、综合性和迫切性的特点。

（1）抽象性。由于电具有看不见、听不见、嗅不着的特性，因此比较抽象，以致用电事故往往带来某种程度的神秘性，使人一下子难以理解。例如，电磁辐射具有感觉不到的特点，而且从受到伤害到发病之间有一段潜伏期，人们可能在相当长的时间内对周围严重的电磁环境没有觉察。用电伤害的这一特征无疑会增加危害的严重性。

（2）广泛性。用电安全技术的这一特点可以从两个方面来理解。一方面是电的应用极为广泛，没有电的广泛应用，生产和生活的现代化都是不可能实现的；另一方面，用电安全技术是一门涉及多种科学的边缘科学，研究电气安全不仅要研究电力，而且要研究力学、生物学、医学等学科。

（3）综合性。用电安全技术是一项综合性的工作。在工程技术方面，用电安全技术的重要任务是完善传统的用电安全技术，研究新式的用电安全技术和自动防护技术，研究新出现的用电安全技术问题，研究电气安全检测和监测技术以及研究获得各种安全条件的电气方法等。在管理方面也需要做很多工作：应当加强各部门的协调，逐步实现系统化电气安全，引进安全系统工程的理论和方法，加强对人机工程的研究等。

（4）迫切性。电力工业的高速发展必将促进安全用电工作的发展，用电事故的严重性决定了用电安全的迫切性。据安全管理部门统计，我国电气火灾已超过火灾总数的约20%，电气火灾造成的经济损失所占比例还要更高一些。

5.2 电 气 事 故

电气事故包括人身事故和设备事故。人身事故和设备事故都可能导致二次事故，而且二者很可能是同时发生的。从能量的角度看，电能失去控制将造成电气事故。按照电能的形态，电气事故可分为触电事故、静电事故、雷击事故、电磁辐射事故。

5.2.1 触电事故

触电事故是电流通过人体时，由电能造成的人体伤害事故，可分为电击和电伤。

（1）电击。电击是电流直接作用于人体所造成的伤害。人体接触带电部分，造成电流通过人体，使人体内部的器官受到损伤的现象，称为电击触电。在触电时，由于肌肉发生收缩，受害者常不能立即脱离带电部分，使电流连续通过人体，造成呼吸困难，心脏麻痹，以至于死亡，所以危险性很大。

通常所说的触电指的是电击。电击分为直接接触电击和间接接触电击。前者是触及正常状态下带电的带电体时发生的电击，也称为正常状态下的电击；后者是触及正常状态下不带电，而在故障状态下意外带电的带电体时发生的电击，也称为故障状态下的电击。

直接与电气装置的带电部分接触，过高的接触电压和跨步电压都会使人触电。而与电气装置的带电部分因接触方式不同又分为单相触电、两相触电、接触电压和跨步电压触电等。

1）单相触电。单相触电是指当人体站在地面上，触及电源的一根相线或漏电设备的外壳而触电。

单相触电时，人体只接触带电的一根相线，由于通过人体的电流路径不同，所以其危险性也不一样。图 5-1 所示为电源变压器的中性点通过接地装置和大地作良好连接的供电系统，在这种系统中发生单相触电时，相当于电源的相电压加在人体电阻与接地电阻的串联电路里。由于接地电阻较人体电阻小很多，所以加在人体上的电压值接近于电源的相电压，在低压为 380V/220V 的供电系统中，人体将承受 220V 电压，这是很危险的。

图 5-2 所示为电源变压器的中性点不接地的供电系统的单相触电，这种单相触电时，电流通过人体、大地和输电线间的分布电容构成回路。显然这时如果人体和大地绝缘良好，流经人体的电流就会很小，触电对人体的伤害就会大大减轻。实际上，中性点不接地的供电系统仅局限在游泳池和矿井等处应用，所以单相触电发生在中性点接地的供电系统中最多。

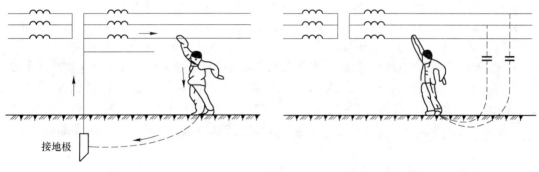

图 5-1　中性点接地的单相触电　　　　图 5-2　中性点不接地的单相触电

2）两相触电。当人体的两处，如两手或手和脚同时触及电源的两根相线时发生触电的现象，称为两相触电。在两相触电时，虽然人体与地有良好的绝缘，但因人同时和两根相线接触，人体处于电源线电压下，在电压为 380V/220V 的供电系统中，人体受 380V 电压的作用，并且电流大部分通过心脏，因此是最危险的，如图 5-3 所示。

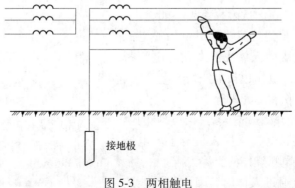

图 5-3　两相触电

3）接触电压和跨步电压。过高的接触电压和跨步电压也会使人触电。当电力系统和设备的接地装置中有电流时，此电流经埋设在土壤中的接地体向周围土壤中流散，使接地体附近的地表任意两点之间都可能出现电压。如果以大地为零电位，即接地体以外15～20m处可以认为是零电位，则接地体附近地面各点的电位分布如图5-4所示。

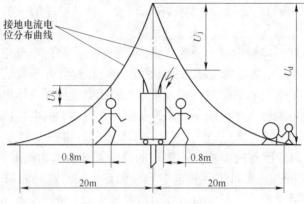

图 5-4　跨步电压

　　人站在发生接地短路的设备旁边，人体触及接地装置的引出线或触及与引出线连接的电气设备外壳时，则作用于人的手与脚之间就是图中的电压 U_j，称为接触电压。

　　人在接地装置附近行走时，由于两足所在地面的电位不相同，人体所承受的电压即图中的 U_k 为跨步电压。跨步电压与跨步大小有关，人的跨距一般按0.8m考虑。

　　当供电系统中出现对地短路时，或有雷电电流流经输电线入地时，都会在接地体上流过很大的电流，使接触电压 U_j 和跨步电压 U_k 都大大超过安全电压，造成触电伤亡。为此，接地体要做好，使接地电阻尽量小，一般要求为4Ω，接触电压 U_j 和跨步电压 U_k 还可能出现在被雷电击中的大树附近或带电的相线断落处附近，因此人们应远离断线处8m以外。

　　（2）电伤。电伤是电流转换成热能、机械能等其他形式的能量作用于人体造成的伤害。由于电弧以及熔化、蒸发的金属微粒对人体外表的伤害，称为电伤。例如在拉闸时，不正常情况下，可能发生电弧烧伤或刺伤操作人员的眼睛。再如熔丝熔断时，飞起的金属微粒可能使人皮肤烫伤或渗入皮肤表层等。电伤的危险程度虽不如电击，但有时后果也是很严重的。能够形成电伤的电流通常比较大，图5-5表明人体皮肤变化与电流密度和通电时间的关系。电伤包括电烧伤、电烙印、皮肤金属化、机械损伤和电光眼等。

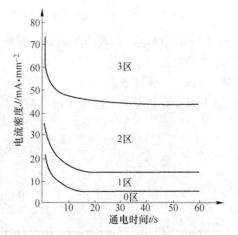

图 5-5　人体皮肤变化与电流密度
和通电时间的关系图

0区—无变化；1区—皮肤变红；2区—出现
电流痕迹；3区—皮肤炭化

　　1）电烧伤是电流热效应造成的、最常见的电伤，大部分事故发生在电气维修人员身上。电烧伤可分为电流灼伤和电弧烧伤两类。

　　电流灼伤是电流通过人体时，因电能转换成的热能引起的伤害。由于人体与带电体的接触面积一般都不大，且皮肤电阻又比较高，因而在皮肤与带电体接触部位产生的热量就较多，皮肤受到的灼伤比体内严重得多。电灼伤的后果是皮肤发红、起泡、组织烧焦并坏死、肌肉和神经坏死、骨髓受伤。治疗中多数需要截肢，严重的导致死亡。电流越大、通电时间越长、电流途径上的电阻越大，则电流灼伤越严重。

电弧烧伤是由弧光放电造成的烧伤。弧光放电时电流能量很大，电弧温度高达数千摄氏度，可造成大面积的深度烧伤，严重时能将肌体组织烘干、烧焦。电弧烧伤是最常见、最严重的电伤。电弧烧伤分为直接电弧烧伤和间接电弧烧伤。电弧发生在带电体与人体之间，有电流通过人体的烧伤称为直接电弧烧伤。电弧发生在人体附近对人体形成的烧伤，以及被熔化溅落的金属烫伤称为间接电弧烧伤。直接电弧烧伤一般与电击同时发生。

2）电烙印是指电流化学效应和机械效应产生的电伤，通常在人体和带电部分接触良好的情况下才会发生。电烙印的后果是皮肤表面留下和所接触的带电部分形状相似的圆形或椭圆形的肿块痕迹，有明显的边缘，皮肤颜色呈灰色或淡黄色，受伤皮肤硬化失去弹性，表皮坏死，形成永久性斑痕，造成局部麻木或失去知觉。

3）皮肤金属化是在高温电弧的作用下，金属熔化、气化，金属微粒飞溅并渗透到皮肤表层所造成的电伤，多与电弧烧伤同时发生。皮肤金属化的后果是皮肤变得粗糙、硬化，根据人体表面渗入的不同金属，皮肤呈现不同的颜色。皮肤金属化伤害是局部性的，金属化的皮肤经过一段时间后会逐渐剥落，不会永久存在而造成终身痛苦。

4）机械性损伤是电流作用于人体时，由于中枢神经反射、肌肉产生非自主的剧烈收缩、体内液体汽化等作用而导致的机体组织伤害。机械性损伤的后果有肌腱、皮肤、血管、神经组织断裂以及关节脱位乃至骨折等。

5）电光眼是弧光放电时辐射的红外线、可见光、紫外线对眼睛的伤害。电光眼表现为角膜和结膜发炎，有时需要数日才能恢复视力。在短暂照射的情况下，引起电光眼的主要原因是紫外线。

另外，电击、电伤还可能造成神经伤害，例如触电人员感到难受，全身倦怠，甚至出现狂躁易怒、惊吓等症状。

触电事故的主要原因有以下四个方面：

（1）电气设备安装不合理。发生触电事故的原因很多，主要有以下几个方面：室内、外配电装置的最小安全距离不够；室内配电装置各种通道的最小宽度小于规定值；架空线路的对地距离及交叉跨越的最小距离不合要求；电气设备的接地装置不符合规定；落地式变压器无围栏；电气照明装置安装不当，如相线未接在开关上，灯头离地面太低；电动机安装不合格；导线穿墙无套管；电力线和广播线同杆架设等。

（2）违反安全工作规程。例如非电气工作人员操作和维修电气设备；带电移动或维修电气设备，带电登杆或爬上变压器台作业；在线路带电情况下，砍伐靠近线路的树木，在导线下面修建房屋、打井、堆柴；使用移动式电动工具不符合安全规定；在带电设备附近进行起重工作时，安全距离不够；在全部停电和部分停电的电气设备上工作来完成组织措施和技术措施，申请送电后又进行工作；带负荷分合隔离开关或跌开式熔断器，带临时接地线合闸隔离开关和油断路器，带电将两路电源并列等误操作；私自乱拉乱接临时电线；低压带电作业的工作位置、活动范围、使用工具及操作方法不正确等。

（3）运行维修不及时。例如架空线路被大风刮断或外力扯断，造成断线接地或电话线、广播线搭连；电杆倾倒，木杆腐朽等没有及时修复；电气设备外壳损坏，导线绝缘老化破损，致使金属导体外露等没有及时发现和修理。

（4）缺乏安全用电常识。例如家用电器不按使用说明书的要求接线；私设电网防盗和用电捕鱼、捕鼠；将湿衣服晒在电线上；用活树当电杆等。

5.2.2 静电事故

静电电位可高达数万伏至数十万伏，可能发生放电，产生静电火花，引起爆炸、火灾，也能造成对人体的电击伤害。在生产工艺过程中，材料的相对运动、接触与分离等原因均能产生静电。由于静电电击不是电流持续通过人体的电击，而是由于静电放电造成的瞬间冲击性电击，能量较小，通常不会造成人体心室颤动而死亡。但是其往往造成二次伤害，如高处坠落或其他机械性伤害，因此同样具有相当的危险性。

具体静电产生的原因及其危害如下：

（1）静电释放危害。物体产生的静电荷越积越多，形成很高的电位时，与其他不带电的物体接触时，就会形成很高的电位差，并发生放电现象。当电压达到300V以上时，所产生的静电火花即可引燃周围的可燃气体和粉尘。此外，静电对工业生产也有一定危害，还会对人体造成伤害。

（2）生产中静电危害。固体物质在搬运或生产过程中会受到大面积摩擦和挤压，如传动装置中皮带与皮带轮之间的摩擦，固体物质在压力下接触聚合或分离，固体物质在挤出、过滤时与管道、过滤器发生摩擦，固体物质在粉碎、研磨和搅拌过程及其他类似工艺过程中均可产生静电。而且随着转速加快，所受压力的增大，以及摩擦挤压时的接触面过大，空气干燥且设备无良好接地等原因，致使静电荷聚集放电，出现火灾危险。

（3）液体静电危害。一般可燃液体都有较大的电阻。在灌装、输送、运行或生产过程中，由于相互碰撞、喷溅与管壁摩擦或受到冲击时，都能产生静电。特别是当液体内没有导电颗粒、输送管道内表面粗糙、液体流速过快等，都会产生很强摩擦，所产生的静电荷在没有良好导除静电装置时，便积聚电压而发生放电现象，极易引发火灾。

（4）粉尘静电危害。粉尘在研磨、搅拌、筛分等工序中高速运动，使粉尘与粉尘之间、粉尘与管道壁、容器壁或其他器具、物体间产生碰撞和摩擦而产生大量的静电，轻则妨碍生产，重则引起爆炸。

（5）气体静电危害。压缩气体和液化气体，因其中含有液体或固体杂质，从管道口或破损处高速喷出时，都会在强烈摩擦下产生大量的静电，导致燃烧或爆炸事故。

5.2.3 雷电事故

雷电事故是由雷电放电造成的事故。雷电放电具有电流大（数十千安至数百千安）、电压高（数百万伏至数千万伏）、温度高（可达两万摄氏度）的特点。雷电的破坏作用主要有以下几个方面：

（1）雷击可直接毁坏建筑物、构筑物。

（2）直击雷放电、二次放电、雷电波等会引起火灾和爆炸。

（3）直击雷、感应雷、雷电波入侵、跨步电压的电击及其引起的火灾与爆炸，均会造成人员的伤亡。

（4）强大的雷电流、高电压可导致电气设备击穿或烧毁。

5.2.4　电磁辐射事故

电磁辐射危害即射频危害。射频指无线电波的频率或相应的电磁振荡频率，泛指100kHz 以上的频率。射频电磁场危害主要有以下方面：

（1）辐射人体危害。在射频电磁场作用下，人体因吸收辐射能量会受到不同程度的伤害。过量的辐射可引起中枢神经系统机能障碍。出现神经衰弱症候等临床症状；可造成植物神经紊乱，出现心率或血压异常，如心动过缓、血压下降或心动过速、高血压等；可引起眼睛损伤，造成晶体混浊，严重时导致白内障。

（2）电磁场感应放电危害。在高强度的射频电磁场作用下，可产生感应放电，会造成电引爆器件发生意外引爆。此外，当受电磁场作用感应出的感应电压较高时，会给人以明显的电击。

5.3　工业企业供配电

5.3.1　电力系统简介

电力系统由发电厂、送电线路、变电所、配电网和电力负荷组成，图 5-6 是典型的电力系统主接线单线图。图中未画出用户内部的配电网。

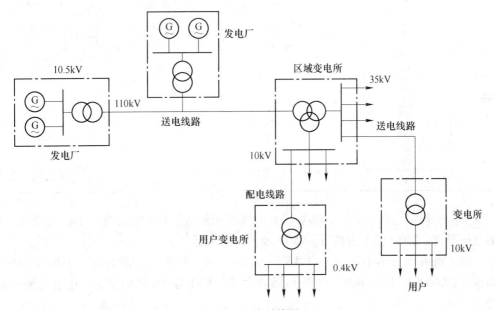

图 5-6　电力系统图

电厂又称发电站，是将自然界蕴藏的各种一次能源转换为电能（二次能源）的工厂。发电厂根据一次能源的不同，分为火力发电厂、水力发电厂、核能发电厂以及风力发电厂、地热发电厂、太阳能发电厂等。在现代的电力系统中，最常见的是火力发电厂、水力发电厂和核能发电厂。

送电线路是指电压为 35kV 及其以上的电力线路，分为架空线路和电缆线路。其作用是将电能输送到各个地区的区域变电所和大型企业的用户变电所。

变电所是构成电力系统的中间环节，分为区域变电所（中心变电所）和用户变电所。其作用是汇集电源、升降电压和分配电力。

配电网由电压为 10kV 及其以下的配电线路和相应电压等级的变电所组成，也有架空线路和电缆线路之分。其作用是将电能分配到各类用户。电力负荷是指国民经济各部门用电以及居民生活用电的各种负荷。

电气设备都是设计在额定电压下工作的。额定电压是保证设备正常运行并能够获得最佳经济效果的电压。电压等级是国家根据国民经济发展的需要、电力工业的水平以及技术经济的合理性等因素综合确定的。我国标准规定的三相交流电网和电力设备常用的额定电压如表 5-1 所示。

表 5-1   我国三相交流电网和电力设备的额定电压

分　类	电网和用电设备额定电压/kV	发电机额定电压/kV	电力变压器额定电压/kV	
			一次绕组	二次绕组
低压	0.22	0.23	0.22	0.23
	0.38	0.40	0.38	0.40
	0.66	0.69	0.66	0.69
高压	3	3.15	3 及 3.15	3.15 及 3.3
	6	6.3	6 及 6.3	6.3 及 6.6
	10	10.5	10 及 10.5	10.5 及 11
		13.8，15.75，18，20	13.8，15.75，18，20	
	35	—	35	38.5
	63		63	69
	110		110	121
	220	—	220	242
	330		330	363
	500	—	500	550

我国标准规定：额定电压 1000V 以上的属高压装置，1000V 及其以下的属低压装置。对地电压而言，250V 以上为高压，250V 及其以下为低压。

一般又将高压分为中压（1~10kV）、高压（10~330kV）、超高压（330~1000kV）、特高压（1000kV 以上）。电力网的电压随着大型电站和输电距离的增加，送电电压有提高的趋势。

在表 5-1 列出的工频高压多个等级中，应用较多的是 10kV、35kV、110kV 和 220kV。

我国工频低压最常用的是 380V 和 220V 电压；在井下及其他场合，常采用 127V 和 660V 电压；在安全要求高的场合，还采用 50V 以下的安全电压。

就直流电压而言，我国常用的有 110V、220V 和 440V 三个电压等级、用于电力牵引的还有 250V、550V、750V、1500V、3000V 等电压等级。

用电设备的额定电压规定为与同级电网的额定电压相同。考虑用电设备运行时线路上要产生电压降，所以发电机额定电压要高于同级电网额定电压的5%。同样，变压器的二次绕组额定电压高于同级电网额定电压的5%。变压器一次绕组的额定电压分两种情况：当变压器直接与发电机相连时，其一次绕组额定电压应与发电机额定电压相同，即高于同级电网额定电压的5%；当发电机接在电力网的末端，其一次绕组额定电压应与电网额定电压相同。

电力系统的电压和频率是衡量电力系统电能质量的两个基本参数。《全国供用电规则》（1983年）规定，一般交流电力设备的额定频率为50Hz，一般称其为"工频"。设备的端电压与其额定电压有偏差时，设备的工作性能和使用寿命将受到影响，总的经济效果将会下降。例如，当感应电动机的端电压比其额定电压低10%时，其实际转矩将只有额定转矩的81%，而负荷电流将增大5%～10%以上，温升将提高10%～15%以上，绝缘老化程度将比规定增加1倍以上，将明显缩短电动机的使用寿命。此外，由于转矩减小，使转速下降，不仅降低生产效率，减少产量，还会影响产品质量，增加废次品。当感应电动机的端电压偏高时，负荷电流一般也要增加，绝缘也要受损。

用户供电电压允许的变化范围见表5-2，电力网频率允许偏差值见表5-3。

表5-2　用户供电电压允许变化范围

线路额定电压 U_e	电压允许变化范围
≥235kV	$\pm 5\% U_e$
≤10kV	$\pm 7\% U_e$
低压照明	$+5\% U_e \sim -10\% U_e$
农业用户	

表5-3　电力网频率允许偏差

运　行　情　况		允许偏差/Hz	允许标准时钟误差/s
正常运行	中、小容量系统	±0.5	60
	大容量系统	±0.2	30
事故运行	≤30min	±1	—
	≤15min	±1.5	—
	绝不允许	−4	—

5.3.2　工业企业供配电及其组成

工业企业或建筑物为了从电力系统获得电能，首先通过降压，然后再把电能分配到车间工段（楼层）和各用户设备上去。在工业企业内，按照企业负荷性质、工艺要求提出一个合理的供电系统。供电系统由高、低压配电线路，变配电所和用电设备组成。图5-7中虚线部分则为这样的一个供电系统。

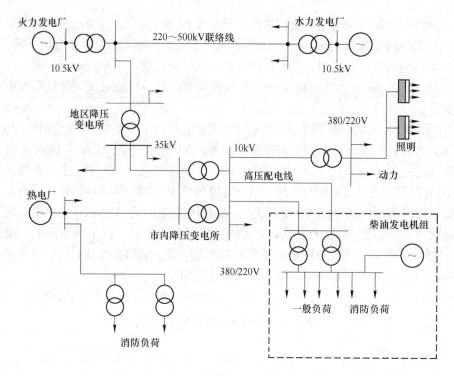

图 5-7   电力系统示意图

大、中型工业企业一般都设有总降压变电所，由于这里负荷密度较大，则先把 35~110kV 电压降为 6~10kV 电压，再向车间变电所或高压电动机和其他高压用电设备供电。在这样的总降变电所中通常设有两台降压变压器，以提高供电的可靠性。小型工业企业一般负荷较小，可由附近企业或市内二次变电所，用 10kV 电压转送电能，或设立一个简单的降压变电所，直接由电力网以 6~10kV 供电。对国民经济影响大的工业企业可设自备发电厂作备用电源，如果企业内有大量余热或废气可用来发电时，工业企业则可考虑建立自备发电厂，在工业企业对供电可靠性要求高时，可考虑从电力系统引两个独立电源对其供电，以保证供电的不间断性。

在生产车间内部，根据其生产规模，用电设备的布局及用电量大小，可设一个或几个车间变电所，并将其设置在负荷中心。变压器台数为 1~2 台，单台容量不超过 1000kV·A，特殊时为 1800kV·A。变压器二次侧电压降为 380V/220V，低压用电设备。

工业企业内部输送、分配电能的高压配电线路，可采用架空线路或电缆。架空线路投资少，维护也方便。当与建筑物距离达不到要求，或因管线交叉、腐蚀性气体、易燃易爆物质等因素的限制，不便于敷设架空线时，可将电缆埋地敷设。

工业企业内的低压配电线路，主要是用来向低压用电设备输送和分配电能，室外多用架空线，室内可视情况明敷或暗敷。

在车间内，动力和照明线路宜分开敷设，从配电箱到用电设备的线路可将绝缘导线穿管保护。

在民用建筑内低压配电线路，由于空间限制和安全美观的要求，竖向和纵向均可采用电缆竖井、母线槽、穿管等方法进行。

5.3.3　电力负荷分级及供电要求

工业企业供电既要做到技术经济合理，又要保证供电的安全可靠。因此，电力负荷应根据其重要性和中断供电在政治、经济上所造成的损失或影响的程度进行分级。我国根据电力负荷的性质分为三个等级。

（1）一级负荷。这类负荷如突然中断供电将造成人身伤亡事故，或造成重大设备损坏且难以修复，或给国民经济带来极大损失。凡符合下列条件之一的电力负荷属一级负荷。

1）中断供电将造成人身伤亡者。如：有爆炸、火灾危险或对人身有危害性气体的生产厂房及矿井的主通风机等。

2）中断供电将在政治、经济上造成重大损失者。如：重大设备损坏、重大产品报废、用重要原料生产的产品大量报废、国民经济中重点企业的连续生产过程被打乱需要长时间才能恢复等。

3）中断供电将影响有重大政治、经济意义的用电单位的正常工作者。如：重要铁路枢纽、重要通信枢纽、重要宾馆、经常用于国际活动的大量人员集中的公共场所等用电单位中的重要电力负荷。

（2）二级负荷。这类负荷如突然断电，将造成大量废品，产量锐减，生产流程紊乱且不易恢复，企业内运输停顿等，因而在经济上造成较大损失。此类负荷数量很大，一般允许短时停电几分钟。凡符合下列条件之一者属于二级负荷。

1）中断供电将在政治、经济上造成较大损失者。如：主要设备损坏、大量产品报废、连续生产过程被打乱需较长时间才能恢复，重点企业大量减产等。矿井提升机、生产照明等就属于二级负荷。

2）中断供电将影响重要用电单位的正常工作者。如：铁路枢纽、通信枢纽等用电单位中的重要电力负荷，以及中断供电将造成大型影剧院、大型商场等大量人员集中的重要的场所秩序混乱者。

（3）三级负荷。为一般的电力负荷，所有不属于一级和二级负荷者。

不同等级的负荷对供电电源的要求是不同的。一级负荷应由两个独立电源供电，而且要求发生任何故障时，两个电源的任何部分应不致同时受到损坏。两个独立电源可从两个发电厂，一个发电厂和一个地区电力网，或一个电力系统的中的两个地区变电站取得。对于特别重要的一级负荷，还应增设专供应急使用的可靠电源。

二级负荷的供电系统，应尽量做到当发生电力变压器故障或电力线路常见故障时不致中断供电，或中断后能迅速恢复。二级负荷应由两回路供电，该两回路应尽可能引自不同的变压器或母线段，在负荷较小或取得两回路困难时，二级负荷可由一回 6kV 及以上专用架空线供电。

三级负荷对供电电源无特殊要求，允许较长时间停电，可用单回路供电。

另外，民用建筑中的消防水泵、消防电梯、防排烟设施、火灾自动报警与自动灭火装置、火灾应急照明、电动防火门窗与卷帘等消防用电的负荷等级，应符合现行的《建筑设计防火规范》（GB 50016—2014）的规定。

5.4 电气系统及设备安全

5.4.1 电气系统安全

电气系统故障引发的事故包括：异常停电、异常带电、电气设备损坏、电气线路损坏、短路、电气火灾等。

（1）异常停电。异常停电指在正常生产过程中供电突然中断。这种情况会使生产过程陷入混乱，造成经济损失；在有些情况下，还会造成事故和人员伤亡。在工程设计和安全管理中，必须考虑到异常停电的可能，从技术和管理角度，使异常停电可能造成的损失得到消除或尽量减少。

（2）异常带电。异常带电指在正常情况下不应当带电的生产设施或其中的部分意外带电。异常带电容易导致人员受到伤害。在工程设计和安全管理工作中，应当充分考虑到这一因素，适当安装漏电保护器等安全装置，保证人员不致受到异常带电的伤害。

（3）短路。短路是指电力系统在运行中相与相之间或相与地（或中性线）之间发生非正常连接。在三相系统中发生短路的基本类型有三相短路、两相短路、单相对地短路和两相对地短路。三相短路因短路时的三相回路依旧是对称的，故称为对称短路；其他几种短路均使三相电路不对称，故称为不对称短路。在中性点直接接地的电网中，以单相对地的短路故障为最多，约占全部短路故障的90%。在中性点非直接接地的电力网络中，短路故障主要是各种相间短路。发生短路时，由于电源供电回路阻抗的减小以及忽然短路时的暂态过程，使短路回路中的电流大大增加，可能超过回路的额定电流许多倍。

短路电流的大小取决于短路点距电源的电气距离，例如在发电机端发生短路时，流过发电机的短路电流最大瞬时值可达发电机额定电流的10~15倍，在大容量的电力系统中，短路电流可高达数万安培。

短路电流将引起下列严重后果：

1）短路电流往往会有电弧产生，它不仅能烧坏故障元件本身，也可能烧坏四周设备和伤害四周人员。

2）巨大的短路电流通过导体时，一方面会使导体大量发热，造成导体过热甚至熔化以及绝缘损坏，另一方面巨大的短路电流还将产生很大的电动力作用于导体，使导体变形或损坏。

3）引起系统电压大幅度降低，靠近短路点处的电压降低得更多，从而可能导致部分用户或全部用户的供电遭到破坏。网络电压的降低，使供电设备的正常工作受到损坏，也可能导致工厂的产品报废或设备损坏，如电动机过热受损等。电力系统中出现短路故障时，系统功率分布的忽然变化和电压的严重下降，可能破坏各发电厂并联运行的稳定性，使整个系统解列，这时某些发电机可能过负荷，因此必须切除部分用户。

短路电流的限制措施为保证系统安全可靠地运行、减轻短路造成的影响，除在运行维护中应努力设法消除可能引起短路的一切原因外，还应尽快地切除短路故障部分，使系统电压在较短的时间内恢复到正常值。为此，可采用快速动作的继电保护和断路器，以及发电机装设自动调节励磁装置等。此外，还应考虑采用限制短路电流的措施，如合理选择电气主接线的形式或运行方式，以增大系统阻抗，减小短路电流值；加装限电流电抗器；采用分裂低压绕组变压器等。

电气线路包括架空线路和电缆线路。

（1）架空线路。杆距超过 25m，利用杆塔敷设的高、低压电力线路都属于架空线路。架空线路主要由导线、杆塔、横担、绝缘子、金具、基础及拉线组成。

架空线路木电杆梢径不应小于 150mm，不得有腐朽、严重弯曲、劈裂等迹象，顶部应做成斜坡形，根部应做防腐处理。水泥电杆钢筋不得外露，杆身弯曲不超过杆长的 0.2%；

绝缘子的瓷件与铁件应结合紧密，铁件镀锌良好，瓷釉光滑，无裂纹、烧痕、气泡或瓷釉烧坏等缺陷。

拉线与电杆的夹角不宜小于 45°，如果受到地形限制时，也不应小于 30°。拉线穿过公路时其高度不应小于 6m，拉线绝缘子高度不应小于 2.5m。

架空线路的导线与地面、各种工程设施、建筑物、树木、其他线路之间，以及同一线路的导线与导线之间均应保持足够的安全距离。

（2）电缆线路。电缆线路主要由电力电缆、终端接头、中间接头及支撑件组成。电缆线路有电缆沟或电缆隧道敷设、直接埋入地下敷设、桥架敷设、支架敷设、钢索吊挂敷设等敷设方式。敷设电缆不应损坏电缆沟、隧道、电缆井和人井的防水层。

三相四线系统应采用四芯电力电缆，不应采用三芯电缆另加 1 根单芯电缆或以导线、电缆金属护套作中性线。电缆的最小弯曲半径应符合表 5-4 的要求，表中 D 为电缆外径。

表 5-4　电缆的最小弯曲半径

电缆类型		多芯	单芯
控制电缆		10D	
橡皮绝缘电力电缆	无铅包或钢铠护套	10D	
	裸铅包护套	15D	
	钢铠护套	20D	
聚氯乙烯绝缘电力电缆		10D	
交联聚乙烯绝缘电力电缆		15D	20D

电缆进入电缆沟、隧道、竖井、建筑物、盘（柜）处应予封堵。电缆直接敷设不得应用非铠装电缆。直埋电缆在直线段每隔 50～100m 处、电缆接头处、转弯处、进入建筑物等处应设置明显的标志或标桩。电力电缆的终端头和中间接头，应保证密封良好，防止受潮。电缆终端头、中间接头的外壳与电缆金属护套及铠装层均应良好接地。

5.4.2　变配电（站）装备安全

5.4.2.1　变配电站建筑

变配电站装有变压器、互感器、避雷器、电力电容器、高低压开关、高低压母线、电缆等多种高压设备和低压设备。变配电站位置选择及建筑结构要求如下：

（1）变配电站位置。变配电站位置应符合供电、建筑、安全的基本原则。从安全角度考虑，变配电站应避开易燃易爆环境；变配电站宜设在企业的上风侧，并不得设在容易沉积粉尘和纤维的环境；变配电站不应设在人员密集的场所。变配电站的选址和建筑应考虑灭火、防蚀、防污、防水、防雨、防雪、防振的要求。地势低洼处不宜建变配电站。变配电站应有足够的消防通道并保持畅通。

（2）建筑结构。高压配电室、低压配电室、油浸电力变压器室、电力电容器室、蓄电池室应为耐火建筑。蓄电池室应隔离。封堵要求：门窗及孔洞应设置网孔小于 10mm×10mm 的金属网，防止小动物钻入。通向站外的孔洞、沟道应予封堵。

变配电站各间隔的门应向外开启。门的两面都有配电装置时，应两边开启。门应为非燃烧体或难燃烧体材料制作的实体门。长度超过 7m 的高压配电室和长度超过 10m 的低压配电室至少应有两个门。

室内油量 600kg 以上的充油设备必须有事故储油设施，储油坑应能容纳 100%的油量。

（3）间距、屏护和隔离。变配电站各部分间距和屏护应符合专业标准的要求。室外变、配电装置与建筑物应保持规定的防火间距。室内充油设备油量 60kg 以下者允许安装在两侧有隔板的间隔内；油量 60～600kg 者须装在有防爆隔墙的间隔内；600kg 以上者应安装在单独的间隔内。

（4）通道与通风。变配电站室内各通道应符合要求。高压配电装置长度大于 6m 时，通道应设两个出口；低压配电装置两个出口间的距离超过 15m 时，应增加出口。

蓄电池室、变压器室、电力电容器室应有良好的通风。

（5）联锁装置。断路器与隔离开关等机构之间、电力电容器的开关与其放电负荷之间应装有可靠的联锁装置。

（6）电气设备正常运行。变配电站的重要部位应设有"止步，高压危险！"等标志；电流、电压、功率因数、油量、油色、温度指示应正常；连接点应无松动、过热迹象；门窗、围栏等辅助设施应完好；声音应正常，应无异常气味；瓷绝缘不得掉瓷、不得有裂纹和放电痕迹并保持清洁；充油设备不得漏油、渗油。

（7）安全用具和灭火器材。变配电站应备有绝缘杆、绝缘夹钳、绝缘靴、绝缘手套、绝缘垫、绝缘站台、各种标示牌、临时接地线、验电器、脚扣、安全带、梯子等各种安全用具。变配电站应配备可用于带电灭火的灭火器材。

（8）技术管理与制度。变配电站应备有高压系统图、低压系统图、电缆布线图、二次回路接线图、设备使用说明书、试验记录、测量记录、检修记录、运行记录等技术资料。

变配电站应建立并执行各项行之有效的规章制度，如工作票制度、操作票制度、工作许可制度、工作监护制度、值班制度、巡视制度、检查制度、检修制度及防火责任制、岗位责任制等规章制度。

5.4.2.2　变配电主要设备

除上述变配电站的一般安全要求外，变压器等设备尚需满足以下安全要求。

（1）电力变压器。电力变压器是变配电站的核心设备，按照绝缘结构分为油浸式变压器和干式变压器。

油浸式变压器所用油的闪点在 135～160℃之间，属于可燃液体。变压器内的固体绝缘衬垫、纸板、棉纱、布、木材等都属于可燃物质，其火灾危险性较大，而且有爆炸的危险。

1）变压器安装。①变压器各部件及本体的固定必须牢固。②电气连接必须良好，铝导体与变压器的连接应采用铜铝过渡接头。③变压器的接地一般是其低压绕组中性点、外壳及其阀型避雷器三者共用的接地。接地必须良好，接地线上应有可断开的连接点。④变压器防爆管喷口前方不得有可燃物体。⑤位于地下的变压器室的门、变压器室通向配电装置室的门、变压器室之间的门均应为防火门。⑥居住建筑物内安装的油浸式变压器，单台容量不得超过 400kV・A。⑦10kV 变压器壳体距门不应小于 1m，距墙不应小于 0.8m（装有操作开关时不应小于 1.2m）。⑧采用自然通风时，变压器室地面应高出室外地面 1.1m。⑨室外变压器容量不超过 315kV・A 者可在柱上安装，315kV・A 以上者应在台上安装；一次引线和二次引线均应采用绝缘导线；柱上变压器底部距地面高度不应小于 2.5m、裸导体距地面高度不应小于 3.5m；变压器台高度一般不应低于 0.5m、其围栏高度不应低于 1.7m、变压器壳体距围栏不应小于 1m、变压器操作面距围栏不应小于 2m。⑩变压器室的门和围栏上应有"止步，高压危险！"的明显标志。

2）变压器运行。运行中变压器高压侧电压偏差不得超过额定值的±5%，低压最大不平衡电流不得超过额定电流的 25%。上层油温一般不应超过 85℃；冷却装置应保持正常，呼吸器内吸潮剂的颜色应为淡蓝色；通向气体继电器的阀门和散热器的阀门应在打开状态，防爆管的膜片应完整，变压器室的门窗、通风孔、百叶窗、防护网、照明灯应完好；室外变压器基础不得下沉，电杆应牢固、不得倾斜。

干式变压器的安装场所应有良好的通风，且空气相对湿度不得超过 70%。

（2）电力电容器。电力电容器是充油设备，安装、运行或操作不当即可能着火甚至发生爆炸，电容器的残留电荷还可能对人身安全构成直接威胁。

1）电容器安装。①电容器所在环境温度一般不应超过 40℃，周围空气相对湿度不应大于 80%，海拔高度不应超过 1000m；周围不应有腐蚀性气体或蒸汽，不应有大量灰尘或纤维；所安装环境应无易燃、易爆危险或强烈振动。②总油量 300kg 以上的高压电容器应安装在单独的防爆室内；总油量 300kg 以下的高压电容器和低压电容器应视其油量的多少安装在有防爆墙的间隔内或有隔板的间隔内。③电容器应避免阳光直射，受阳光直射的窗玻璃应涂以白色。④电容器室应有良好的通风，电容器分层安装时应保证必要的通风条件。⑤电容器外壳和钢架均应采取接地（或接零）措施。⑥电容器应有合格的放电装置。⑦高压电容器组总容量不超过 100kVAr 时，可用跌开式熔断器保护和控制；总容量 100～300kVAr 时，应采用负荷开关保护和控制；总容量 300kVAr 以上时，应采用真空断路器或其他断路器保护和控制。低压电容器组总容量不超过 100kVAr 时，可用交流接触器、刀开关、熔断器或刀熔开关保护和控制；总容量 100kVAr 以上时，应采用低压断路器保护和控制。

2）电容器运行。电容器运行中电流不应长时间超过电容器额定电流的 1.3 倍；电压不应长时间超过电容器额定电压的 1.1 倍；电容器外壳温度不得超过生产厂家的规定值（一般为 60℃或 65℃）。

电容器外壳不应有明显变形，不应有漏油痕迹。电容器的开关设备、保护电器和放电装置应保持完好。

（3）高压开关。高压开关主要包括高压断路器、高压负荷开关和高压隔离开关。高压开关用以完成电路的转换，有较大的危险性。

1）高压断路器。高压断路器是高压开关设备中最重要、最复杂的开关设备。高压断路器有强有力的灭弧装置,既能在正常情况下接通和分断负荷电流,又能借助继电保护装置在故障情况下切断过载电流和短路电流。

断路器分断电路时,如电弧不能及时熄灭,不但断路器本身可能受到严重损坏,还可能迅速发展为弧光短路,导致更为严重的事故。按照灭弧介质和灭弧方式,高压断路器可分为少油断路器、多油断路器、真空断路器、六氟化硫断路器、压缩空气断路器、固体产气断路器和磁吹断路器。

高压断路器必须与高压隔离开关串联使用,由断路器接通和分断电流,由隔离开关隔断电源。因此,切断电路时必须先拉开断路器后拉开隔离开关;接通电路时必须先合上隔离开关后合上断路器。为确保断路器与隔离开关之间的正确操作顺序,除严格执行操作制度外,10kV 系统中常安装机械式或电磁式联锁装置。

油断路器是有爆炸危险的设备。为了防止断路器爆炸,应根据额定电压、额定电流和额定开断电流等参数正确选用断路器,并应保持断路器在正常的运行状态。运行中,断路器的操作机构、传动机构、控制回路、控制电源应保持良好。

2)高压隔离开关。高压隔离开关简称刀闸。隔离开关没有专门的灭弧装置,不能用来接通和分断负荷电流,更不能用来切断短路电流。隔离开关主要用来隔断电源,以保证检修和倒闸操作的安全。

隔离开关安装应当牢固,电气连接应当紧密、接触良好;与铜、铝导体连接须采用铜铝过渡接头。隔离开关不能带负荷操作。拉闸、合闸前应检查与之串联安装的断路器是否在分闸位置。

运行中的高压隔离开关连接部位温度不得超过 75℃。机构应保持灵活。

3)高压负荷开关。高压负荷开关有比较简单的灭弧装置,用来接通和断开负荷电流。负荷开关必须与有高分断能力的高压熔断器配合使用,由熔断器切断短路电流。高压负荷开关的安装要求与高压隔离开关相似。高压负荷开关分断负荷电流时有强电弧产生,因此其前方不得有可燃物。

5.4.2.3　配电柜(箱)

配电柜(箱)分动力配电柜(箱)和照明配电柜(箱),是配电系统的末级设备。配电柜是电动机控制中心的统称。配电柜适用于负荷比较分散、回路较少的场合;电动机控制中心用于负荷集中、回路较多的场合。它们把上一级配电设备某一电路的电能分配给就近的负荷。这级设备应对负荷提供保护、监视和控制。

(1)配电柜(箱)安装。具体要求如下:

1)配电柜(箱)应用不可燃材料制作。

2)触电危险性小的生产场所和办公室,可安装开启式的配电板。

3)触电危险性大或作业环境较差的加工车间、铸造、锻造、热处理、锅炉房、木工房等场所,应安装封闭式配电柜(箱)。

4)有导电性粉尘或产生易燃易爆气体的危险作业场所,必须安装密闭式或防爆型的电气设施。

5)配电柜(箱)各电气元件、仪表、开关和线路应排列整齐,安装牢固,操作方便;柜(箱)内应无积尘、积水和杂物。

6)地安装的柜(箱)底面应高出地面 50~100mm;操作手柄中心高度一般为 1.2~

1.5m；柜（箱）前方 0.8~1.2m 的范围内无障碍物。

7）保护线连接可靠。

8）柜（箱）以外不得有裸带电体外露；必须装设在柜（箱）外表面或配电板上的电气元件，必须有可靠的屏护。

（2）配电柜（箱）运行。配电柜（箱）内各电气元件及线路应接触良好，连接可靠；不得有严重发热、烧损现象。配电柜（箱）的门应完好；门锁应有专人保管。

5.5 电气防火防爆基础知识

5.5.1 电气火灾与爆炸的定义

电气火灾爆炸是由电气引燃源引起的火灾和爆炸。电气装置在运行中产生的危险温度、电火花和电弧是电气引燃源主要形式。在爆炸性气体、爆炸性粉尘环境及火灾危险环境。电气线路、开关、熔断器、插座、照明器具、电热器具、电动机等均可能引起火灾和爆炸。油浸电力变压器、多油断路器等电气设备不仅有较大的火灾危险，还有爆炸的危险。在火灾和爆炸事故中，电气火灾爆炸事故占有很大的比例。从我国一些大城市的火灾事故统计可知，就引起火灾的原因而言，电气原因已居首位。

5.5.2 电气火灾与爆炸的起因

通过以上分析，我们了解到引发电气火灾与爆炸的直接原因是电火花或电弧以及高温，在实际生产过程中，造成电弧或产生高温的原因很多，归结起来，大概有以下几个方面：

（1）电气设备质量问题。包括以下两大方面：

1）电气设备额定值和实际不符。如果误选了假冒伪劣电器，这些电器在制造中大都偷工减料、以次充好，造成电器导电部分（如接触器、断路器的触头，电线电缆的导电截面）的容量达不到使用要求，容易引起导电部分发热而成为火灾隐患；电器绝缘部分的耐压低，则容易引起导体绝缘部分击穿，造成短路故障而引发火灾。

2）成套电气设备内元器件安全距离达不到要求。有些厂家为了节省材料，成套电气设备内部元器件装配过于密集，不能满足器件散热条件，造成部分元器件发热着火而引发火灾。

（2）电气设备安装和使用不当或缺乏维护。包括接触不良、过电流等。

1）接触不良。引起电气设备接触不良的原因是多方面的，有安装原因、环境原因等。在安装过程中，会遇到有电气连接的地方，如线路与线路、线路与设备端子、插头与插座等连接，在相互接触部位，都有接触电阻存在。相互接触部位，如果是机械压接，无论压得再牢固，金属表面也不是百分之百接触，使得接触部位电阻比导体其他部位大。另外，在金属导体的表面都有一定程度的氧化膜存在，由于氧化膜的电阻率远大于导体的电阻率，使得接触处的接触电阻更大。当工作电流通过时，会在接触电阻上产生较大的热量，使连接处温度升高；高温又会使氧化进一步加剧，使接触电阻进一步加大，从而形成恶性循环，产生很高的温度而引发火灾。

在实际生产中，由于环境因素引起接触不良的情况是很多的。粉尘浓度大的环境，电器元件上易堆积灰尘，如开关元件触点之间接触面上积灰，引起接触电阻增大发热，元器件外部积灰影响散热，使温度升高引发火灾。

在机械振动大的环境中，接点的紧固螺栓因振动而松动甚至脱落，也会引起接触不良。更严重的是，曾发生过脱落的螺栓搭接在两相母排之间造成短路引发火灾。另外，三相电动机振动过大，也会使进入电动机接线盒部位的电线或电缆绝缘损坏，造成短路，引发火灾。

2）过电流。电动机及其拖动设备如果出现轴承卡死、磨损严重等情况，不但会使电动机过负荷烧毁，而且会使电动机供电线路和控制元件因过负荷发热、绝缘受损甚至短路起火。曾有过这样一起火灾事故：一台电动机因轴承严重缺少润滑油，电动机过负荷运行而发热，恰遇此台电动机控制回路中热继电器因质量问题未及时动作，结果热继电器发热而绝缘受损，造成相间短路使此台控制柜烧毁。

3）设备长时间缺乏维护，巡检不到位，有故障未及时发现并处理。由于环境有害物质腐蚀老化，人为因素造成的导体绝缘破坏等。

4）私拉、乱拉电线造成的过负荷或短路。

（3）电气设备设计和选型不当。具体如下：

1）电线、电缆截面积选择过小，线路长时间处于过负荷状态。

2）电气设备容量选择过小。

3）保护电器保护整定值选择过大，致使被保护设备在故障时不能及时动作并切断电源。

4）开关电器选型不当，例如应该选用带灭弧装置的开关却用了不带灭弧装置的开关等。

（4）违规操作。具体行为如下：

1）带负荷操作隔离开关。

2）带电维修时，使用工具不当或姿势不正确，不但检修人员有触电危险，而且会造成短路引发火灾事故。某工厂发生过这样一次火灾事故：电动机故障停机，维修电工带电检查其控制回路，在使用验电笔检查进线电源时验电姿势不正确，验电笔斜搭在进线电源两相之间，造成严重短路，致使维修电工严重烧伤，整台控制柜烧毁。

（5）自然因素。具体形式如下：

1）雷电。当雷击建筑物接闪器、防雷系统泄放强大的雷电能量时，火灾也可能因此而产生。我国北方某大型油库因雷击而发生的一场特大火灾，便是一例。雷击产生火灾主要有以下几种途径：

①雷击放电的电弧直接引发火灾。这在一些古建筑中表现尤为突出，现代建筑多为钢筋混凝土结构且设计有良好的防雷系统，这种情况已不多见。

②反击引发的火灾。防雷系统泄放雷电流时可能发生反击，这种反击可能发生在地面以下，也可能发生在地面以上。发生在地面以上的反击通常是将空气击穿产生电弧，最后因电弧而引发火灾。

③感应过电压引发的火灾。感应过电压使得非闭合导电回路的缺口被击穿，产生电弧或电火花，其能量有大有小，能量较大者就可能引发火灾。

2）风雨。风雨可能造成架空线混线、断线或导线和树枝相碰引起短路、接地故障，从而引发火灾。

3）鼠、蛇害。老鼠、蛇等小动物咬坏电线、电缆或爬入电气室内，可能造成相间短路引发火灾。

（6）过电压。电力系统在运行过程中，有可能因故障原因而导致工频电压异常升高，电压异常升高会从两个方面产生火灾危险性：

1）由于电压升高而产生的温升，使用电设备的温度达到危险温度，从而引发火灾。

2）由于电压升高而使导电设备绝缘损坏，击穿打火而引发火灾。

5.5.3 电气火灾与爆炸的特点

（1）季节性。夏、冬两季是电气火灾的高发期。夏季多雨，气候变化大，雷电活动频繁，易引起室外线路断线、短路等故障而引发火灾。另外，由于夏季气温高，运行设备的散热条件差，尤其是室内设备，如开关控制柜、变压器、高低压电容器以及电线电缆等，如果周围环境温度过高，电气设备散热不良而发热，若发现不及时，设备绝缘将破坏而引发火灾。冬季气候干燥，多风降雪，也易引起外线断线和短路等故障而发生火灾。冬季气温较低，电力取暖的情况增多，电力负荷过大，容易发生过负荷火灾。具体到取暖电器设备本身，也会因为使用不当，电热元件接近易燃品，或取暖电器质量问题，电源线、控制元件过负荷等引发火灾。

（2）时间性。对于电气火灾，防患于未然特别重要。例如一些重要配电场所，除应设置完备的保护系统外，值班人员定期巡检，依靠听、闻、看等往往能及时发现火灾隐患。在节假日或夜班时间，值班人员紧缺或个别值班人员疏忽大意、抱有侥幸心理，使规定的巡检和操作制度不能正常进行，电气火灾也往往在此时发生。

（3）隐蔽性。电气火灾开始时可能是很小的元件或短路点，发展过程也可能较长，往往不易被察觉，而一旦着火，引起相邻元件、整个电控设备单元短路着火，便很快发展成整个供电场所的火灾。另外，在供电场所，离不开绝缘介质，绝缘介质着火后，又会产生刺激性有毒气体，悄然弥漫，它不像明火那样容易引起人们警觉，很多电气火灾现场的人员都是因窒息而死亡。

5.5.4 电气防火防爆措施

防火防爆措施是综合性的措施，包括选用合理的电气设备，保持必要的防火间距，电气设备正常运行并有良好的通风，采用耐火设施，有完善的继电保护装置等技术措施。

（1）正确选用电气设备。不同的环境条件选择不同的电气设备，能有效减少火灾爆炸。

1）应根据场所特点，选择适当形式的电气设备。我国爆炸性气体危险场所按爆炸性气体混合物出现的频繁程度和持续时间分为三个区：

①0 区，连续出现或长期出现爆炸性气体混合物的环境；

②1 区，在正常运行时可能出现爆炸性气体混合物的环境；

③2 区，在正常运行时不可能出现爆炸性气体混合物的环境，或即使出现也仅是短时存在的爆炸性气体混合物的环境。

2）防爆型电气设备依其结构和防爆性能的不同可分为：隔爆型（d）、增安型（e）、本质安全型（i）、正压型（p）、充油型（o）、充砂型（q）、无火花型（n）、防爆特殊型（s）、浇封型（m）。具体内容见本书第8章。

（2）保持防火间距。为防止电火花或危险温度引起火灾，开关、插销、熔断器、电热器具、照明器具、电焊器具、电动机等均应根据需要，适当避开易燃易爆建筑构件。天车滑触线的下方，不应堆放易燃易爆物品。

变、配电站是工业企业的动力枢纽，电气设备较多，而且有些设备工作时产生火花和较高温度，其防火、防爆要求比较严格。室外变、配电装置距堆场、可燃液体储罐和甲、乙类厂房库房不应小于25m；距其他建筑物不应小于10m；距液化石油气罐不应小于35m。变压器油量越大，防火间距也越大，必要时可加防火墙。石油化工装置的变、配电室还应布置在装置的一侧，并位于爆炸危险区范围以外。

10kV及以下变、配电室不应设在火灾危险区的正上方或正下方，且变、配电室的门窗应向外开，通向非火灾危险区域。10kV及以下的架空线路，严禁跨越火灾和爆炸危险场所；当线路与火灾和爆炸危险场所接近时，其水平距离一般不应小于杆柱高度的1.5倍。在特殊情况下，采取有效措施后，允许适当减小距离。

（3）保持电气设备正常运行。电气设备运行中产生的火花和危险温度是引起火灾的重要原因。因此，保持电气设备的正常运行对防火防爆有着重要意义。保持电气设备的正常运行包括保持电气设备的电压、电流、温升等参数不超过允许值，保持电气设备足够的绝缘能力，保持电气连接良好等。

保持电压、电流、温升不超过允许值是为了防止电气设备过热。在这方面，要特别注意线路或设备连接处的发热。连接不牢或接触不良都容易使温度急剧上升而过热。

保持电气设备绝缘良好，除可以免除造成人身事故外，还可避免由于泄漏电流、短路火花或短路电流造成火灾或其他设备事故。

此外，保持设备清洁有利于防火。设备脏污或灰尘堆积既降低设备的绝缘又妨碍通风和冷却。特别是正常时有火花产生的电气设备，很可能由于过分脏污引起火灾。因此，从防火的角度出发，应定期或经常清扫电气设备，保持清洁。

（4）通风。在爆炸危险场所，如有良好的通风装置能降低爆炸性混合物的浓度，达到不致引起火灾和爆炸的限度。这样还有利于降低环境温度。这对可燃易燃物质的生产、贮存、使用及对电气装置的正常运行都是必要的。

（5）接地。爆炸和火灾危险场所内的电气设备的金属外壳应可靠地接地（或接零），以便在发生相线碰壳时迅速切断电源，防止短路电流长时间通过设备而产生高温发热。

（6）其他方面的措施。包括以下几点：

1）爆炸危险场所，不准使用非防爆手电筒。

2）在爆炸危险场所内，因条件限制，如必须使用非防爆型电气设备时，应采取临时防爆措施。如安装电气设备的房间，应用非燃烧体的实体墙与爆炸危险场所隔开，只允许一面隔墙与爆炸危险场所贴邻，且不得在隔墙上直接开设门洞；采用通过隔墙的机械传动装置，应在传动轴穿墙处采用填料密封或有同等密封效果的密封措施；安装电气设备的房间的出口，应通向非爆炸危险区域和非火灾危险区环境，当安装电气设备的房间必须与爆炸危险场所相通时，应保持相对的正压，并有可靠的保证措施。

3）密封也是一种有效的防爆措施，密封有两个含义：一是把危险物质尽量装在密闭的容器内，限制爆炸性物质的产生和逸散；二是把电气设备或电气设备可能引爆的部件密封起来，消除引爆的因素。

4）变、配电室建筑的耐火等级不应低于二级，油浸电变压室应采用一级耐火等级。

本 章 小 结

用电安全一直是我国十分看重的问题。本章介绍电气安全的基础知识，包括用电安全技术的基本概念、电气事故的分类及相关概念、工业企业供配电的组成及相关安全规则、电气系统及设备安全以及电气的防火防爆基本知识等。了解或掌握本章内容，可以为后期详细深入地学习电气安全相关知识打下基础。

复习思考题

5-1　用电安全技术有哪些特点？

5-2　简述电气伤害类型。

5-3　什么是电击，有什么特点？

5-4　什么是电伤，有什么特点？

5-5　试分析触电事故的原因及统计规律。

5-6　简述电力系统和工业企业供配电的组成。

5-7　变配电站安全应从哪几方面进行考虑？

5-8　简述电气火灾与爆炸的具体起因。

5-9　试提出几条电气防火防爆的措施。

6 电击危害与防护技术

本章学习要点：
（1）掌握触电危害的影响因素及相应的防护措施。
（2）了解触电事故的现场急救。
（3）掌握绝缘、屏护与间距、安全电压的相关概念和使用安全要求。
（4）了解地和接地的概念以及掌握三种系统的接地方式。
（5）熟练掌握IT系统、TT系统、TN系统的原理以及应用。
（6）掌握重复接地、工作接地的概念和应用要求。

6.1 触 电 危 害

6.1.1 触电伤害影响因素

电流对人体伤害的程度与通过人体电流的大小、电流持续时间、电流通过人体的途径、电流的种类等多种因素有关。而且，上述各个影响因素相互之间，尤其是电流大小与通电时间之间，也有着密切的联系。

（1）伤害程度与电流大小的关系。通过人体的电流越大，人体的生理反应越明显，伤害越严重。按照通过人体的电流强度的不同，以及人体呈现的反应不同，将作用于人体的电流划分为感知电流、摆脱电流和室颤电流三级。

1）感知电流是指电流流过人体时可引起感觉的最小电流。感知电流的最小值称为感知阈值。不同的人，感知电流及感知阈值是不同的。在概率为50%时，成年男性平均工频交流电感知电流约为1.1mA；成年女性约为0.7mA。感知阈值平均为0.5mA，并与时间因素无关。感知电流一般不会对人体造成伤害，但可能因不自主反应而导致由高处跌落等二次事故。感知电流的概率曲线如图6-1所示。

2）摆脱电流是指人在触电后能够自行摆脱带电体的最大电流。摆脱电流的最小值称为摆脱阈值。不同的人，摆脱电流和摆脱阈值是不同的。在概率为50%时，成年男性平均摆脱电流约为16mA；成年女性平均摆脱电流约为10.5mA；儿童的摆脱电流较成人要小。摆脱电流的概率曲线如图6-2所示。成年男性摆脱阈值约为9mA；成年女性摆脱阈值约为6mA。摆脱阈值平均为10mA，与时间无关。

3）室颤电流是指引起心室颤动的电流，其最小电流即室颤阈值。由于心室颤动几乎终将导致死亡，室颤电流也称为致命电流。室颤电流与电流持续时间关系密切。当电流持续时间超过心脏周期时，室颤电流仅为50mA左右，当电流持续时间短于心脏周期时，室

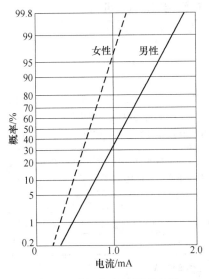

图 6-1　感知电流的概率曲线

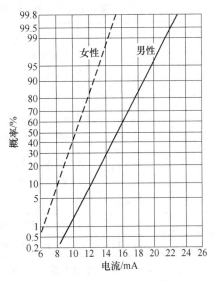

图 6-2　摆脱电流的概率曲线

颤电流为数百毫安。当电流持续时间小于 0.1s，只有电击发生在心脏易损期，500mA 以上乃至数安的电流才能够引起心室颤动。室颤电流与电流持续时间的关系大致如图 6-3 所示。

国际电工委员会（IEC）建议按图 6-4 划分 15～100Hz 交流电流对人体作用的区域范围。该图中各个区域所产生的电击生理效应见表 6-1。心室颤动的程度与通过电流的强度有关，不同电流强度对人体的影响见表 6-2。

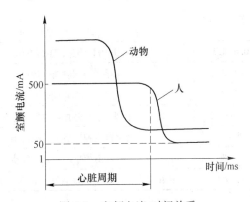

图 6-3　室颤电流-时间关系

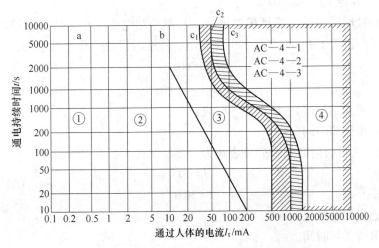

图 6-4　交流电流效应的时间-电流区域图

表 6-1　15~100Hz 交流电流效应的时间-电流区域说明

区域符号	区域界线	生　理　效　应
①	0~0.5mA 至线 a	通常无反应
②	0.5mA 至线 b	通常无有害生理效应
③	线 b 至曲线 c_1	通常无器质性损伤，通电时间超过 2s 以上时，可能发生痉挛样肌肉收缩，呼吸困难。随着电流值和时间的增加，心脏内心电冲动的形成和传导有可恢复的障碍，包括无心室纤维性颤动的心房纤维性颤动和心脏短暂停搏
④	曲线 c_1 以左	除区域③的效应外，随着电流值和通电时间的增加，还可能出现一些危险病理生理效应，如心跳停止、呼吸停止及严重烧伤
AC—4—1	$c_1 \sim c_2$	心室纤维性颤抖的频率增到大约 5%
AC—4—2	$c_2 \sim c_3$	心室纤维性颤抖的频率增到大约 50%
AC—4—3	曲线 c_3 以右	心室纤维性颤抖的频率超过 50%

注：当通电时间小于 10ms 时，线 b 的人体电流的限制保持为恒定值 200mA。

表 6-2　不同电流强度对人体的影响

电流强度/mA	人　体　感　觉	
	50Hz 交流电	直流电
0.6~1.5	开始有感觉，手指麻木	无感觉
2~3	手指强烈刺痛、颤抖	无感觉
5~7	手部痉挛	热感
8~10	手部剧痛，勉强可以摆脱电源	热感增强
20~25	手部迅速麻痹，呼吸困难	手部轻微痉挛
50~80	呼吸麻痹，心室开始颤动	手部痉挛，呼吸困难
90~100	呼吸麻痹，心室经 2s 颤动后发生麻痹，心脏停止跳动	—

（2）伤害程度与电流持续时间的关系。通过人体电流的持续时间越长，越容易引起心室颤动，危险性就越大。其原因如下：

1）电流持续时间越长，能量积累越多，心室颤动电流减小，使危险性增加。当持续时间在 0.01~5s 范围内时，心室颤动电流和电流持续时间的关系可表达为：

$$I = \frac{116}{\sqrt{t}} \tag{6-1}$$

式中　I——心室颤动电流，mA；

　　　t——电流持续时间，s。

心室颤动电流与时间的关系亦可表达为：

当 $t \geqslant 1s$ 时：　　　　　　　　　$I = 50$　　　　　　　　（6-2）

当 $t < 1s$ 时：　　　　　　　　　　$I = 50/t$　　　　　　　（6-3）

式中　I——心室颤动电流，mA；

　　　t——电流持续时间，s。

2）电流持续时间越长，与易损期重合的可能性就越大，电击的危险性就越大。

3）电流持续时间越长，人体电阻因皮肤发热、出汗等原因而降低，使通过人体的电流进一步增加，危险性也随之增加。

（3）伤害程度与电流途径的关系。电流通过人体的途径不同，受伤害的人体部位和程度也不同。电流通过心脏会引起心室颤动，电流较大时会使心脏停止跳动，从而导致血液循环中断而死亡。电流通过中枢神经或有关部位，会引起中枢神经严重失调导致死亡。电流通过头部会使人昏迷，或对脑组织产生严重损坏而导致死亡。电流通过脊髓，会使人瘫痪等。

上述伤害中，以心脏伤害的危险性为最大。因此，流经心脏的电流多、电流路线短的途径是危险性最大的途径。

利用心脏电流因数可以粗略估计不同电流途径下心室颤动的危险性。心脏电流因数是某一路径的心脏内电场强度与从左手到脚流过相同大小电流时的心脏内电场强度的比值。即

$$K = \frac{I_0}{I} \tag{6-4}$$

式中　K——心脏电流因数；

　　　I_0——通过左手—脚途径的电流，mA；

　　　I——通过人体某一电流途径的电流，mA。

表 6-3 列出了各种电流途径的心脏电流因数。

表 6-3　各种电流途径的心脏电流因数

电 流 途 径	心脏电流因数
左手—左脚、右脚或双脚	1.0
双手—双脚	1.0
左手—右手	0.4
右手—左脚、右脚或双脚	0.8
背—右手	0.3
背—左手	0.7
胸—右手	1.3
胸—左手	1.5
臀部—左手、右手或双手	0.7

例如，比较从左手—右手流过 150mA 电流，和左手—双脚流过 60mA 的危险性。由表 6-3 可知，左手—右手的心脏电流因数为 0.4，左手—双脚的心脏电流因数为 1.0。根据式（6-4），可见两者的危险性大致相同。

（4）伤害程度与电流种类的关系。交流电流、直流电流、特殊波形电流都对人体具有伤害作用，不同种类电流对人体的危险程度不同。就电击而言，工频电流对人体的伤害大于直流电流和高频电流。

1）高频电流（100Hz 以上）的效应。高频电流主要在飞机（400Hz）、电动工具及电焊（可达 450Hz）、电疗（4~5kHz）、开关方式供电（20~1000kHz）等方面被使用。

高频电流的危险性可以用频率因数来评价。频率因数是指某频率与工频有相应生理效

应时的电流阈值之比。不同频率下的感知、摆脱、室颤频率因数是各不相同的。

100Hz~1kHz 交流电流的感知阈值和摆脱阈值如图 6-5 所示。图中，频率因数均大于 1，说明感知阈值和摆脱阈值都比工频要高。当电流持续时间超过心脏周期，电流途径为从手到双脚纵向情况的室颤阈值如图 6-6 所示。

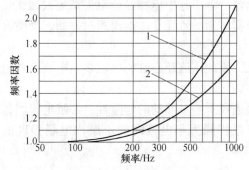

图 6-5　100Hz~1kHz 交流电流的感知阈值和摆脱阈值曲线
1—感知阈值；2—摆脱阈值

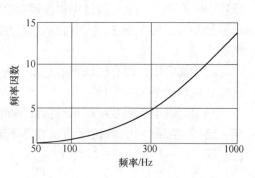

图 6-6　100Hz~1kHz 交流电流的室颤曲线

1~10kHz 交流电流的感知阈值和摆脱阈值如图 6-7 所示。目前，对于频率大于 1kHz 的交流电流，尚未有室颤阈值的试验数据及资料。

就感知阈值而言，10~100kHz 交流电流，感知阈值从 10mA 上升至 100mA；100kHz 以上时，数百毫安的电流不再引起低频电流那样的针刺感觉，而是引起温热感觉。对于频率大于 10kHz 的交流电流，尚未有摆脱阈值和室颤阈值的事故案例、报道及实验数据等。

2）直流电流的效应。与交流电流相比，直流电流更容易摆脱，其室颤电流也比较高。因而，直流电击事故很少。

就感知电流和感知阈值而言，只有在接通和

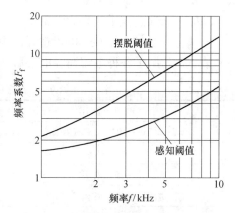

图 6-7　1~10kHz 交流电流的感知阈值和摆脱阈值曲线

断开直流电电流时才会引起感觉，其阈值取决于接触面积、接触状态（潮湿、温度、压力等）、电流持续时间以及个体的生理特征。正常人在正常条件下的感知阈值约为 2mA。

就摆脱电流而言，不大于 300mA 的直流电流没有确定的摆脱阈值，仅在电流接通和断开时引起疼痛和肌肉收缩；大于 300mA 时，将不能摆脱。

就室颤阈值而言，根据动物实验资料和电气事故资料的分析结果，脚部为负极的向下电流的室颤阈值是脚部为正极的向上电流的 2 倍。而对于从左手到右手的电流途径，不大可能发生心室颤动。当电流持续时间超过心脏周期时，直流室颤阈值为交流的数倍。电流持续时间小于 200ms 时，直流室颤阈值大致与交流相同。

IEC 建议按图 6-8 划分直流电流对人体作用的区域范围。该图中各个区域所产生的电击生理效应见表 6-4；关于心室颤动，本图所示是按电流流过人体的路径为从左手至双脚，且为向上电流的效应。

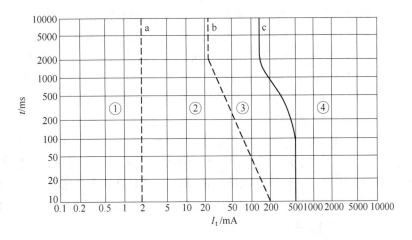

图 6-8　直流电流的时间-电流效应对人体作用的区域划分

表 6-4　直流电流的时间-电流效应曲线内各区的生理效应

区 域	生 理 效 应
①	通常无反应性效应
②	通常无有害的生理效应
③	通常无器官性损伤，随电流和时间的增加，可能出现心脏中兴奋波的形成和传导的可逆性紊乱
④	除③区效应外，还可能出现心室颤动，也可能出现严重烧伤等其他病理生理效应

当 300mA 的直流电流通过人体时，人体四肢有暖热感觉。电流途径为左手—右手、电流为 300mA 及以下时，随持续时间的延长，可能产生可逆性心律不齐、电伤痕、烧伤、晕眩乃至失去知觉等病理效应。当电流为 300mA 以上时，经常出现失去知觉的情况。

3）特殊波形电流的效应。最常见的特殊波形电流有带直流成分的正弦电流、相控电流和多周期控制正弦电流等。特殊波形电流的室颤阈值是按其具有相同电击危险性的等效正弦电流有效值 I_{ev} 考虑。根据表 6-5 可以计算出 I_{ev} 值，利用此值在图 6-4 的 15～100Hz 交流电流对人体作用区域范围图中，可查得其相应的电击效应。

表 6-5　I_{ev} 值的确定

特殊波形电流种类		在下列点击持续时间 T_e 的 I_{ev} 值（T_n 为心动周期）			备　注
		$T_e < T_n$	$T_e = (0.75～1.5)\,T_n$	$T_e > T_n$	
含直流分量				$\dfrac{I_{PP}}{2\sqrt{2}}$	I_P—波形峰值 I_{PP}—波形峰向值 P—电力控制程序 $P = t_s/(t_s + t_P)$ t_s—传导时间 t_P—不传导时间
相对控制	对称控制	$\dfrac{I_P}{\sqrt{2}}$	电流参量由峰值逐渐转为有效值	相应波形电流有效值	
	不对称控制			特定	
多周期控制				由 P 决定	

注：当 $P=1$ 时，I_{ev} 为与同一持续时间的正弦交流电流相同的有效值 I_e。当 $P=0.1$ 时，$I_{ev}=I_P/\sqrt{2}$。当 P 为中间值时，I_{ev} 值介于 I_e 与 $I_{ev}=I_P/\sqrt{2}$ 之间，按插入法计算。

4）电容放电电流的效应。由于电容放电电流（即电容放电时间常数 t 的 3 倍）是作用时间小于 10ms 的脉冲电流，作用时间短暂，不存在摆脱阈值问题，但有一个疼痛阈值。电容放电电流的感知阈值和疼痛阈值决定于电极形状、冲击电量和电流峰值。在干手握住大电极的条件下，感知阈值和疼痛阈值与电量和充电电压的关系如图 6-9 所示。图中，两组斜线分别是电容和能量的分度线。根据充电电压的坐标及电容坐标的交叉点，可在相应的斜线上读出脉冲的电荷及能量。

电容放电的室颤阈值取决于电流持续时间、电流大小、脉冲发生时的心脏相位、电流通过人体的途径和个体生理特征等因素。左手—双脚的电流途径情况下，电容放电的室颤阈值如图 6-10 所示。图中，C_1 以下，无心室颤动；C_1 以上直到 C_2，低心室颤动危险（直到 5% 的概率）；C_2 以上直到 C_3，中等心室颤动危险（直到 50% 的概率）；C_3 以上，高心室颤动危险（大于 50% 的概率）。

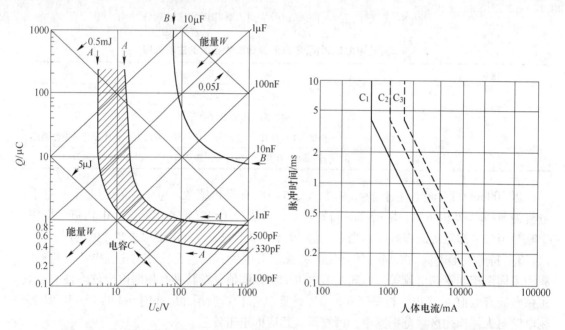

图 6-9　电容放电的感知阈值及疼痛阈值　　　图 6-10　电容放电的心室颤动阈值
　　　A 区—感知阈值；曲线 B—典型的疼痛阈值

（5）伤害程度与人体状况的关系。人体因身体条件不同，对电流的敏感程度也不同。在遭受相同的电击时，不同人的危险程度都不完全相同。

1）女性的感知电流和摆脱电流约比男性低 1/3，电击危险性大于男性。

2）儿童的电击危险性大于成年人。

3）体弱多病者的电击危险性大于健壮者。

4）体重小者的电击危险性一般大于体重大者。

6.1.2　防触电安全措施

6.1.2.1　电击接触点的防护

（1）直接电击的防护措施。直接电击保护又称正常工作的电击保护，也称为基本保护，主要是防止直接接触到带电体，一般采取以下措施：

1）带电体绝缘。带电部分完全用绝缘覆盖。该绝缘的类型必须符合相应电气设备的标准，且只能在遭到机械破坏后才能除去。绝缘能力必须达到长期耐受在运行中受到的机械、化学、点及热应力的要求。一般的油漆、清漆、喷漆都不符合要求。在安装过程中所用的绝缘也必须经过试验，证实合乎要求后才能使用。

2）用遮栏和外护物防护。外护物一般为电气设备的外壳，是在任何地方都能起直接接触保护作用的部件。遮栏则只对任何接近的方向起直接接触保护作用。

两者的防护要求如下：

①最低的防护要求。在电气操作区内，防护等级为 IP2X，顶部则为 IP4X。在电气操作区内，如可同时触及的带电部分没有电位差时，防护等级为 IP1X。在封闭的电气操作区内可不设防护。

②强度及稳定性。遮栏或外护物应紧固在其所在位置，它的材料、尺寸和安装方法必须具有足够的稳定性和耐久性，并可承受在正常使用中可能出现的应力和应变。

③开启或拆卸。必须使用钥匙或工具，并设置联锁装置，即当开启和拆卸遮栏或外护物时，将其中可能偶然触及的所有带电部分的电源自动切断，直到遮栏或外护物复位后才能恢复电源。如遮栏或外护物中有电容器、电缆系统等储能设备并可能导致危险时，不但要在规定时间内泄放能量，而且还必须采用与上述要求相同的联锁装置。也可在带电部分与遮栏、外护物之间插入隔离网罩，当开启或拆卸遮栏或外护物时不会触及带电部分。网罩可以固定，也可在遮栏、外护物除去时自动滑入。网罩防护等级至少为 IP2X，且只有用钥匙和工具才能移开。如需更换灯泡、熔断器而在外护物和遮栏上留有较大的孔洞时，则必须采取适当措施防止人、畜无意识地触及带电部分，而且还须设置明显的标志，警告通过孔洞触及带电部分会发生危险。

3）用阻挡物防护。阻挡物只能防护与带电部分无意识接触，但不能防护人们有意识接触。例如用保护遮拦、栏杆或隔板可以防止人体无意识接近带电部分，又如用网罩或熔断器的保护手柄，可以防止在操作电气设备时无意识触及带电部分。阻挡物可不用钥匙或工具拆除，但必须固定以免无意识地移开。

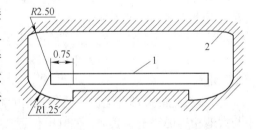

4）置于伸臂范围以外。伸臂范围如图 6-11 所示。将带电部分置于伸臂范围以外可以防止无意识地触及。不同电位而能同时触及的部分严禁放在伸臂范围内。如两部分相距不到 2.5m，则认为是能够同时触及的。当人们的正常活动范围 S 由一个防护等级低于 IP2X 的阻挡物（如栏杆）限制时，则规定的距离应从阻挡物算起。在正常工作时须手持大或长的导电物体的地方，计算距离时须计及该物体的外形尺寸。

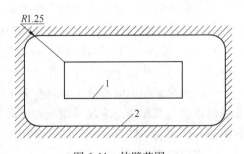

图 6-11　伸臂范围
1—平台；2—手臂可达到的界限

5）采用 RCD（剩余电流保护装置，也称漏电开关）作为附加保护。RCD 不能作为直接电击的唯一保护设备，只能作为附加保护，也就是作为其他保护失效或使用者疏忽时的附加电击保护。剩余电流动作整定值一般采用 30mA。

（2）间接电击的防护措施。间接电击保护又称故障下的电击保护，也称附加保护，一般采用以下措施：

1）自动切断电源。当故障时，最大电击电流的持续时间超过允许范围时，自动切断电源（IT 系统的第一次故障除外），防止电击电流造成有害的生理效应。采用这种方法的前提是：电气设备的外露导电部分必须按系统接地制式与保护线相连，同时还宜进行主等电位联结。自动切断电源法可以最大限度地利用原有的过电流保护设备，且方法简单、投资最省，是一种常用的措施。

2）使用Ⅱ级设备或采用相当绝缘的保护。Ⅱ级设备既有基本绝缘也有双重绝缘或加强绝缘，不考虑保护接地方法，设备内导电部分严禁与保护线连接。该类设备的绝缘外护物必须能承受可能发生的机械、电或热应力，一般的油漆、清漆及类似物料的涂层不符合要求。绝缘外护物上严禁有任何非绝缘材料制作的螺栓，以免破坏外护物的绝缘。

3）采用非导电场所。在非导电场所内，严禁有保护线，也不采取接地措施，因此可采用 0 级设备（这种设备只有基本绝缘，没有保护接地手段）。非导电场所应具有绝缘的地板和墙（用于标称电压不超过 500V 的设备，其绝缘电阻不小于 50kΩ；如标称电压超过 500V，则为 100kΩ），其防护措施如下：

①外露导电部分之间、外露导电部分与外部导电部分之间的距离不小于 2m；如在伸臂范围以外，则为 1.25m。

②如达不到上述距离，则在两导电部分之间设置绝缘阻挡物，使越过阻挡物的距离不小于 2m。

③将外部导电部分绝缘起来，绝缘物要有足够的机械强度并能耐受 2000V 电压，且在正常情况下，泄漏电流不大于 1mA。

上述布置必须是永久性的，即使使用手携式或移动式设备也必须能满足上述要求；另外，还应采取措施使墙和地板不因受潮而失去原有电阻值，同时外部导电部分也不能从外部引入电位。

4）不接地的局部等电位联结。凡是能同时触及的外露导电部分和外部导电部分采用不与大地相连的等电位联结，使其电位近似相等，以免发生电击。局部等电位联结系统严禁通过外露导电部分或外部导电部分与大地接触，如不能满足，必须采用自动切断电源措施。为了防止进入等电位场所的人遭受危险的电位差，在和大地绝缘的导电地板与不接地的等电位联结系统连接的地方，必须采取措施减少电位差。

5）电气隔离。将回路进行电气隔离是为了防止触及绝缘破坏的外露导电部分产生电击电流，一般采取以下措施：

①该回路必须由隔离变压器或有多个等效隔离绕组的发电机供电，电源设备必须采用Ⅱ级设备或与其相当的绝缘。如该电源设备供电给几个电气设备，则这些电气设备的外露导电部分严禁与电源设备的金属外壳相连。

②该回路电压不能超过 500V，其带电部分严禁与其他回路或大地相连，并须注意与大地之间的绝缘。继电器、接触器、辅助开关等电气设备的带电部分与其他回路的任何部

分之间也需要这种电气隔离。

③不同回路应分开布线，如无法分开，则必须采用不带金属外皮的多芯电缆或将绝缘导线敷设在绝缘的管路或线槽中。这些电缆或导线的额定电压不低于可能出现的最高电压，但每条回路有过电流保护。

④被隔离回路的外露导电部分必须采用绝缘的不接地等电位联结，该连接线严禁与其他回路的保护线或外露导电部分相连接，也不与外部导电部分连接。插座必须有保护插孔，其触头上必须连接到等电位联结系统。软电缆也必须有一根保护芯线作等电位联结用（供电给Ⅱ级设备的电缆除外）。

⑤如出现影响两个外露导电部分的故障，而这两部分又接至不同相的导线时，则必须有一个保护装置能满足自动切断电源的要求。

（3）防止直接和间接电击两者的措施。兼有防止直接和间接电击的保护，也称为正常工作及故障情况下两者的电击保护，可采取以下措施。

1）安全电压。安全电压采用的标称电压不超过安全电压 50V，如果引出中性线，中性线的绝缘与相线相同。

我国安全电压额定值的等级分别为 42V、36V、24V、12V、6V。安全电压选用见表 6-6。

表 6-6　安全电压选用

安全电压（交流有效值）/V		选用举例
额定值	空载上限值	
42	50	在有触电危险的场所使用的手提式电动工具等
36	43	在矿井、多导电粉尘等场所使用的行灯
24	29	在金属容器内、隧道内、矿井内等工作地点狭窄、行动不便以及周围有大面积接地导体的环境中，供某些有人体可能偶然触及的带电体的设备选用
12	15	
6	8	

2）安全电源供电。安全电源有以下几种：

①安全隔离变压器，其一、二次绕组间最好用接地屏蔽隔离。

②电化电源，如蓄电池。

③与较高电压回路无关的其他电源，如柴油发电机。

④按标准制造的电子装置，保证内部故障时，端子电压不超过 50V，或端子电压可能超过 50V，但电能量很小，人一接触端子，电压立即降到 50V 以下。

3）回路配置。回路配置有以下几点要求：

①安全电压的带电部分严禁与大地、其他回路的带电部分或保护线相连。

②安全电压回路的导线与其他回路导线隔离，该隔离不低于安全变压器输入和输出线圈间的绝缘强度。如无法隔离，安全电压回路的导线必须在基本绝缘外附加一个密封的非金属护套，电压不同的回路的导线必须用接地的金属屏蔽或金属护套分开。如果安全电压回路的导线与其他电压回路的导线在同一电缆或组合导线内，则安全电压回路的导线必须单独或集中地按最高电压绝缘处理。

③安全电压的插头不能插入其他电压的插座内，安全电压的插座也不能被其他电源的

插头插入，且必须有保护触头。

④当标准电压超过25V时，正常工作的电击保护必须采用IP2X的遮栏或外护物，或采用包以耐压500V、历时1min不击穿的绝缘。

6.1.2.2　防止电击的接地方法

防止电击接地就是将电气设备在正常情况下不带电的金属部分与接地极之间作良好的金属连接，以保护人体的安全。

从图6-12可以看出，当电气设备某处的绝缘损坏时外壳就带电。由于电源中性点接地，即使设备不接地，因线路与大地间存在电容，或者线路上某处绝缘不好，如果人体触及此绝缘损坏的电气设备外壳，则电流就经人体而成通路，这样就遭受了电击的危害。

图6-13表示有接地装置的电气设备。当绝缘损坏、外壳带电时，接地电流I_d将同时沿着接地极和人体两条通路流过。流过每一条通路的电流值将与其电阻的大小成反比，电流分别为I'_d及I_B。即

$$\frac{I_B}{I'_d} = \frac{R_d}{R_B} \tag{6-5}$$

式中　I'_d——沿接地极流过的电流，mA；

　　　I_B——流经人体的电流，mA；

　　　R_B——人体的电阻，Ω；

　　　R_d——接地极的接地电阻，Ω。

从式中可以看出，接地极电阻越小，流经人体的电流也就越小。通常人体的电阻比接地极电阻大数百倍，所以流经人体的电流也就比流经接地极的电流小数百倍。当接地电阻极小时，流经人体的电流几乎等于零，也就是，$R_d \approx 0$，$I_B \approx 0$。因而，人体就能避免触电的危险。

因此，不论施工或运行时，在一年中的任何季节，均应保证接地电阻不大于设计或规程中所规定的接地电阻值，以免发生电击危险。

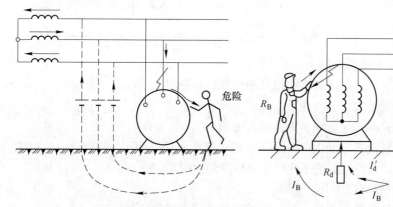

图6-12　人体触及绝缘损失的电机　　　图6-13　当设有接地装置后，人体触及绝缘损坏
　　　　　　外壳时的电流通道　　　　　　　　　　　　的电机外壳时电流的通路

6.1.2.3　防护人身触电的技术措施

（1）保护接地和接零。保护接地（见图6-14）就是把电气设备的外壳、框架等用接地装置与大地可靠地连接，它适用于电源中性点不接地的低压系统中。如果电气设备的绝缘损坏使金属导体碰壳，由于接地装置的接地电阻很小，则外壳对地电压大大降低。当人

体与外壳接触时，则外壳与大地之间形成两条并联支路，电气设备的接地电阻愈小，则通过人体的电流也愈小，所以可以防止触电。

保护接零（见图6-15）就是在电源中性点接地的低压系统中，把电气设备的金属外壳、框架与中性线或接中干线（三相三线制电路中所敷设的接中干线）相连接。如果电气设备的绝缘损坏而碰壳，构成"相—中"线短路回路，由于中性线的电阻很小，所以短路电流很大。很大的短路电流将使电路中保护开关动作或使电路中保护熔丝断开，切断了电源，这时外壳不带电，便没有触电的可能。

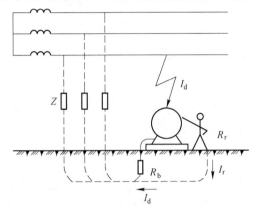

图 6-14　保护接地

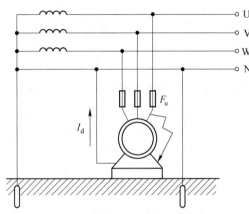

图 6-15　保护接零

但须注意，用于保护接零的中性线或专用保护接地线上不得装设熔断器或开关，以保证保护的可靠性。更要指出的是：对同一台变压器或同一段母线供电的低压线路，不宜采用接零、接地两种保护方式，即通常不应对一部分设备采取接零，而对另一部分设备采取接地保护，以免当采用接地的设备一旦小故障形成外壳带电时，将使所有采取接地的设备外壳也均带电。一般具有自用配电变压器的用户，都采用接中性线的保护接零方式。

（2）触电保护装置。它除具有漏电保护功能外，还具有短路、过流等自动开关保护功能。漏电保护装置的种类按装置输入信号的种类和动作特点可分为电压型、零序电流型和泄漏电流型3种。零序电流型又分为有互感器和无互感器2种。各种类型的漏电保护装置的适用范围可参考表6-7。

表6-7　各种类型的漏电保护装置的适用范围

类　型			适用范围	备　注
电压型			适用于接地或不接地设备的漏电保护，可单独使用，也可与保护接地、保护接零同时使用	装置的动作电压不应超过安全电压
零序电流型	有电流互感器	电磁脱扣器	适用于接地或不接地系统设备或线路的漏电保护	分高灵敏度（小于30mA）、中灵敏度（30～1000mA）和低灵敏度（大于1000mA）动作时间有快速（小于0.01s）、定时（0.1~2s）和反应限
		灵敏继电器		
		晶体管放大器		
	无电流互感器		只适用于不接地系统线路漏电保护	
	泄漏电流型		只适用于不接地系统线路漏电保护	

6.1.2.4　保证安全的组织措施和技术措施

（1）保证安全的组织措施。包括以下几个措施：

1）凡电气工作人员必须精神正常，身体无妨碍工作的疾病，熟悉本职业务，并经考试合格。另外，还要学会紧急救护法，特别是触电急救。

2）在电气设备上工作，应严格遵守工作票制度、操作票制度、工作许可制度、工作监护制度、工作间断、转移和终结制度。

3）把好电气工程项目的设计关、施工关，合理设计，正确选型，电器设备质量应符合国家标准和有关规定，施工安装应符合规程要求。

（2）保证安全的技术措施。包括以下几个措施：

1）在全部停电或部分停电的电器设备或线路上工作，必须完成停电、验电、装设接地线、挂标识牌和装设遮栏等技术措施。

2）工作人员在进行工作时，正常活动范围与带电设备的距离应不小于表6-8的规定。

表6-8　正常活动范围与带电设备的距离

设备电压/kV	≤10	1~35	44	6~110	154	220	330	500
人与带电部分的距离/m	0.35	0.60	0.90	1.5	2.00	3.00	4.00	5.00

3）电器安全用具。为了防止电气人员在工作中发生触电、电弧烧伤、高空摔跌等事故，必须使用静电试验合格的电气安全工具，如绝缘棒、绝缘夹钳、绝缘挡板、绝缘手套、绝缘靴、绝缘鞋、绝缘台、绝缘垫、验电器、高压核相器、高低压型电流表等；还应使用一般防护安全用具，如携带型接地线、临时遮栏、警告牌、护目镜、安全带等。

6.1.3　触电事故的现场急救

现场抢救触电者的原则是八字方针：迅速、就地、准确、坚持。触电急救的第一步是使触电者迅速脱离电源，第二步是现场救护。

电流对人体的作用时间越长，对生命的威胁越大。所以，触电急救的关键是首先要使触电者迅速脱离电源。

（1）脱离低压电源的方法。脱离低压电源的方法可用"拉"、"切"、"挑"、"拽"和"垫"五字来概括，如图6-16所示。救护人员应根据触电现场的具体情况，选择最恰当的方法。

（2）脱离高压电源的方法。由于高压装置的电压等级高，一般绝缘材料无法保证救护人员的安全，而且高压电源开关距离现场较远，不便拉闸。因此，使触电者脱离高压电源的方法与脱离低压电源的方法有所不同，通常的做法是：

1）立即电话通知有关供电部门拉闸停电。

2）如电源开关离触电现场不太远，则可戴上绝缘手套，穿上绝缘靴，拉开高压断路器，或用绝缘棒拉开高压跌落保险以切断电源。

3）往架空线路抛挂裸金属软导线，人为造成线路短路，迫使继电保护装置动作，从而使电源开关跳闸。抛挂前，将短路线的一端先固定在铁塔或接地引线上，另一端系重物。抛掷短路线时，应注意防止电弧伤人或断线危及人员安全，也要防止重物砸伤人。

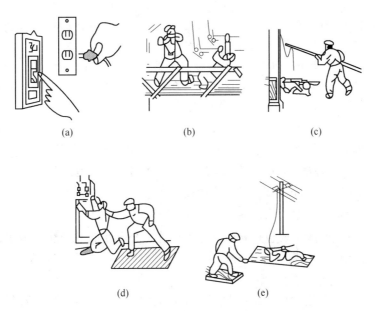

图 6-16　脱离低压电源的方法
（a）"拉"法；（b）"切"法；（c）"挑"法；（d）"拽"法；（e）"垫"法

4）如果触电者触及断落在地上的带电高压导线，且尚未确证线路无电之前，救护人不可进入断线落地点 8~10m 的范围内，以防止跨步电压触电。进入该范围的救护人员应穿上绝缘靴或临时双脚并拢跳跃地接近触电者。触电者脱离带电导线后应迅速将其带至 8~10m 以外立即开始触电急救。只有在证实线路已经无电，才可在触电者离开触电导线后就地急救。

（3）使触电者脱离电源时应注意的事项。包括以下几项：

1）救护人不得采用金属和其他潮湿的物品作为救护工具。

2）未采取绝缘措施前，救护人不得直接触及触电者的皮肤和潮湿的衣服。

3）在拉拽触电者脱离电源的过程中，救护人宜用单手操作，这样对救护人比较安全。

4）当触电者位于高位时，应采取措施预防触电者在脱离电源后坠地摔伤或摔死。

5）夜间发生触电事故时，应考虑切断电源后的临时照明问题，以利救护。

6.2　直接接触电击防护

6.2.1　绝缘

绝缘是指利用绝缘材料对带电体进行封闭和隔离，使电流按照确定的线路流动，防止出现电气短路、触电事故的电气安全措施。良好的绝缘是保证电气系统正常运行的基本保证。

绝缘材料，又可称为电解质，其主要作用是对带电体或不同电位的导体进行隔离。它的导电能力很小，但并不是绝对不导电。工程上常用的绝缘材料的电阻率一般都大于等于 $1 \times 10^7 \Omega \cdot m$。根据材料的物理性质将绝缘材料分为气体绝缘材料、液体绝缘材料、固体绝缘材料三类。

气体绝缘材料：常用的有空气、氮气、氢气、二氧化碳等。例如，架空高压输电线路的对地绝缘过程中，不仅采用了绝缘子，还利用了空气作为绝缘介质。

液体绝缘材料：常用的有从石油中提炼出来的绝缘矿物油，十二烷基苯、聚丁二烯、硅油等合成油，以及蓖麻油等天然油。例如，在变压器、电容器和电缆中使用的均是液体绝缘介质。

固体绝缘材料：常用的有树脂绝缘漆纸、纸板等绝缘纤维制品，漆布、漆管和绑扎带等绝缘浸渍纤维制品，绝缘云母制品，电工用薄膜、复合制品和黏带，电工用层压制品，电工用塑料和橡胶，玻璃、陶瓷、环氧树脂等。此种材料既具有绝缘的功能，同时又有支撑的作用，因此在电气系统中有着最为广泛的应用。

6.2.1.1　绝缘材料的电气性能

绝缘材料的电气性能主要包括材料的导电性能、介电性能及绝缘强度等，分别以绝缘电阻率 ρ（或电导率 γ）、相对介电常数 ε_r、介质损耗角 $\tan\delta$ 及击穿场强 E_B 四个参数来表示。

（1）绝缘材料的导电性能。绝缘材料的主要电性参数有绝缘电阻率和绝缘电阻。任何电介质都不会完全的绝缘，材料内部总存在一些带电质点，主要包括本征离子和杂质离子。在电场的作用下，电介质中的带电质子作有方向的作用，其等效电路图如图 6-17（a）所示，在直流电压作用下的电流如图 6-17（b）所示。图中，流经电阻支路的电流 i_1 称为漏导电流；流经电容和电阻串联支路的电流 i_a 称为吸收电流，是由缓慢极化和离子体积电荷形成的电流；流经电容支路的电流 i_c 称为充电电流，是由几何电容等效应构成的电流。

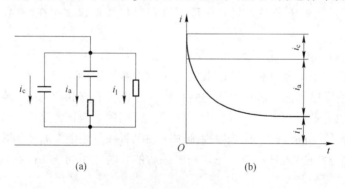

图 6-17　绝缘材料导电
(a) 等效电路；(b) 电流曲线

对于固体来说，漏导电流有两条途径：体积途径和表面途径。因此，对应两条途径分别有两种电阻率，即体积电阻率 ρ_V 和表面电阻率 ρ_S。任何电介质中的带电粒子沿电场方向作规则的运动，形成电流，这种物理现象称为电介质的电导。任何电介质都具有一定的电导，表征电导大小的物理量是电导率，通常用 γ 表示，它决定着介质的绝缘性能。几种电介质的电导率如表 6-9 所示。

影响电介质的电阻率主要有：温度、湿度、杂质含量和电场强度。

温度升高时，分子热运动加剧、使离子容易迁移，电阻率按指数规律下降。

湿度升高时，一方面水分的浸入增加了电介质的导电离子，使绝缘电阻下降；另一方面，对亲水材料，水分还会大大降低其表面电阻率。电气设备特别是户外设备，在运行过程中，往往受潮引起绝缘材料电阻率下降，造成泄漏电流过大而使设备损坏。因此，为了预防事故的发生，应定期检查设备绝缘电阻的变化。

表 6-9　几种常见电介质的电导率

材　料　类　别		名　称	电导率（20℃）$\gamma/\Omega^{-1} \cdot cm^{-1}$
液体介质	弱极性	变压器油	$10^{-12} \sim 10^{-15}$
		硅有机油	$10^{-14} \sim 10^{-15}$
	极性	蓖麻油	$10^{-10} \sim 10^{-12}$
固体介质	中性	石蜡	10^{-16}
	弱极性	聚四氟乙烯	$10^{-17} \sim 10^{-18}$
		聚苯乙烯	$10^{-17} \sim 10^{-18}$
		松香	$10^{-15} \sim 10^{-16}$
	极性	纤维素	10^{-14}
		胶木	$10^{-13} \sim 10^{-14}$
		聚氯乙烯	$10^{-15} \sim 10^{-16}$
	离子型	云母	$10^{-15} \sim 10^{-16}$
		电瓷	$10^{-14} \sim 10^{-15}$

杂质的含量增加，增加了内部的导电离子，也使电介质表面污染并吸附水分，从而降低了体积电阻率和表面电阻率。

在较高的电场强度作用下，固体和液体电介质的离子迁移能力随电场强度的增强而增大，使电阻率下降。当电场强度临近电介质的击穿电场强度时，因出现大量的电子迁移，使绝缘电阻按指数规律下降。

（2）极化和介电常数。一般电介质在没有外部电场情况下对外不显示电性，但当电介质在受到电场作用时，电介质中的正、负电荷发生偏移，出现极化。

电介质的极化是指处于电场作用下的电介质，其中的原子发生正电荷和负电荷偏移，使得正、负电荷的中心不再重合，形成的电偶极子及其定向排列。电介质极化后，在电介质表面上产生束缚电荷，束缚电荷不能自由移动。

介电常数是表示电介质极化特征的性能参数。介电常数越大，电介质极化能力越强，产生的束缚电荷就越多。束缚电荷能产生电场，且该电场总是削弱外电场的。因此，电介质周围的电场强度，总是低于同样带电体处在真空中时其周围的电场强度。

现用电容器来说明介电常数的物理意义。如图 6-18 所示为一平行平板电容器，极板面积为 A，距离为 d，电极间所加直流电压为 U。当极板间为真空时，如图 6-18（a）所示，电压 U 对真空电容器充电，极板上出

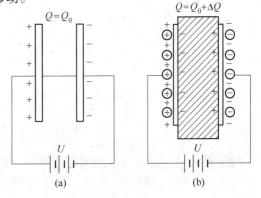

图 6-18　电介质的极化现象
（a）电极间无介质；（b）电极间有介质

现的电荷量为 Q_0，此时真空电容器的电容（几何电容）C_0；当极板间填充了某种电介质，如图 6-18（b）所示，极板上出现的电荷量为 Q，此时真空电容器的电容（几何电容）C_0，则 C 与 C_0 的比值即该电介质的相对介电常数，即

$$\varepsilon_\gamma = \frac{C}{C_0} \qquad (6-6)$$

由于电介质的极化，靠近电介质表面处出现了束缚电荷，同时极板上的自由电荷也相应增加。也就是说，填充电介质之后，极板上容纳了更多的自由电荷，说明电容被增大。因此，可以看出，相对介电常数总是大于 1 的。

绝缘材料的介电常数受电源频率、温度、湿度等因素而产生变化。随频率增加，有些极化过程在半周期内来不及完成，以致极化程度下降，介电常数减小。随温度增加，电偶极子更易于极化，介电常数增大；但当温度超过某一限度后，由于热运动加剧，极化反而困难一些，介电常数减小。随湿度增加，材料吸收水分，由于水的相对介电常数很高，且水分的侵入能增加极化作用，使得电介质的介电常数明显增加。因此，通过测量介电常数，能够判断电介质受潮程度等。气压对气体材料的介电常数有明显影响，压力增大，密度就增大，相对介电常数也增大。

（3）介质损耗。电介质在电压作用下都有能量损耗。损耗分为两种：一种是由极性介质中的电偶极子极化和多层介质的夹层极化等引起的极化损耗；另一种是由介质电导引起的电导损耗。在直流电压作用下，电介质中不存在周期性的极化过程，所以只存在由电导引起的电导损耗；在交流电压作用下，除了电导损耗外，还存在由周期性极化过程引起的极化损耗。

在交流电压作用下，电介质中的部分电能不可逆地转变成热能，单位时间内消耗的能量称为电介质功率损耗，简称介质损耗。单位时间内消耗的能量叫做介质损耗功率。介质损耗产生的原因既可以是漏电电流，也可以是电介质极化。介质损耗使介质发热，加速绝缘老化，是电介质发生热击穿的根源。电介质在交流电压作用下的等值电路和相量图如图 6-19 所示。

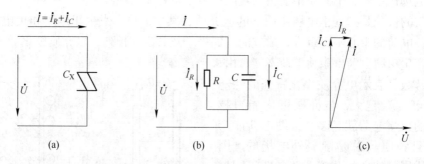

图 6-19　电介质在交流电压作用下的等值电路和相量图
（a）电路示意图；（b）等值电路图；（c）相量图

相量图中的总电流与电压的相位差 ψ，称为电介质的功率因数角。功率因数角的余角 δ 称为介质损耗角。根据相量图，可以求出单位体积内介质损耗功率为

$$P = \omega \varepsilon E^2 \tan\delta \qquad (6-7)$$

式中　ω——电源角频率，$\omega = 2\pi f$；

ε ——电介质介电常数；

E ——电介质内电场强度，V/m；

tanδ ——介质损耗角正切。

由于介质损耗功率 P 值与试验电压、试品尺寸等因素有关，难以用来对电介质品质作严密的比较，所以通常是以介质损耗角正切 tanδ 来衡量电介质的介质损耗性能。对于电气设备中使用的电介质，要求它的 tanδ 值越小越好。而当绝缘受潮或劣化时，tanδ 值剧烈上升，tanδ 能敏感地反映绝缘质量。因此，在电气安全要求高的场合，需进行介质损耗试验。

影响绝缘材料介质损耗的因素主要有频率、温度、湿度、电场强度和辐射，影响过程比较复杂。从总的趋势上来说，随着上述因素的增强，介质损耗增加。

6.2.1.2　绝缘的破坏

很多因素会影响电气设备的绝缘性能，在制造、运输过程中可能产生潜伏性缺陷，在长期运行过程可能受到正常运行电压和过电压、热、化学、机械、生物等因素而逐渐劣化，并发展成为缺陷。

绝缘的缺陷一般可分为集中性缺陷和分布性缺陷两大类。集中性（或局部性）缺陷是指绝缘的某个局部或某几个部分存在缺陷，而剩余部分完好无损。例如瓷件局部开裂、发电机绕组线棒端部绝缘局部磨损或开裂、绝缘内部有气泡等。这种缺陷在一定条件下发展很快，会波及整体。分布性缺陷是指绝缘在各种因素影响下导致的整体绝缘性能下降。例如绝缘整体受潮、变压器油变质、固体有机绝缘的老化等。这种缺陷是缓慢发展的。

绝缘出现缺陷后，在电场作用下，会发生诸如极化、电导、损耗和击穿等各种物理现象，其电气特性及其他绝缘性能就要发生变化，导致绝缘破坏。绝缘破坏的形式有绝缘击穿、绝缘老化和绝缘损坏三种。

（1）绝缘击穿。绝缘击穿主要包括气体电介质的击穿、液体电介质的击穿和固体电介质的击穿三种。

1）气体电介质的击穿是由于碰撞电离导致的电击穿。碰撞电离过程是一个连锁反应过程，每一个电子碰撞产生一系列新电子，形成电子崩。电子崩向阳极发展，形成一条具有高电导的通道，导致气体击穿。在工程上采用高真空和高气压的方法来提高气体的击穿场强。空气的击穿场强为 25~30kV/cm。

2）液体电介质的击穿特性与其纯净度有关，它是由于电子碰撞电离最后导致击穿。由于液体的密度大，电子自由行程短，积聚能量大，因此击穿场强比气体高。工程上液体绝缘材料不可避免地含有气体、液体、固体杂质。第一，当液体中含有乳化状水滴和纤维时，由于水和纤维的极性强，在强电场的作用下使纤维极化而定向排列，并运动到电场强度最高处连成小桥，小桥贯穿两电极间引起电导剧增，局部温度骤升，最后导致电击。例如变压器油中含有极少量水分就会大大降低油的击穿场强。第二，含有气体杂质的液体电介质的击穿可用气泡击穿机理解释。气体的临界场强比油低得多，致使气泡游离，局部发热加剧，体积膨胀，气泡扩大，形成连通两电极的导电小桥，最终导致整个电介质击穿。

因此在液体绝缘材料使用之前，必须进行纯化、脱水、脱气处理，使用中避免这些杂质的侵入。液体电介质击穿后，绝缘性能在一定程度上可以得到恢复。

3）固体电介质的击穿有电击穿、热击穿、电化学击穿和放电击穿等。

电击穿特点是电压作用时间短，击穿电压高，与电场强度密切相关。

热击穿特点是电压作用时间长，击穿电压较低。热击穿电压随环境温度上升而下降，与电场均匀程度关系不大。

电化学击穿电压作用时间长，击穿电压往往很低。与绝缘材料本身的耐游离性能、制造工艺、工作条件等因素有关。

放电击穿是固体电介质在强电场作用下，内部气泡首先发生碰撞游离而放电，继而加热其他杂质，使之汽化形成气泡，由气泡放电进一步发展，导致击穿。放电击穿的击穿电压与绝缘材料的质量有关。

固体电介质一旦击穿将失去其绝缘性能。

（2）绝缘老化与损坏。绝缘老化根据老化机理主要有热老化机理和电老化机理。

1）热老化，主要发生在低压设备中，包括低分子挥发性成分的逸出，包括材料的解聚和氧化裂解、热裂解、水解，还包括材料分子链继续聚合等过程。

2）电老化，它主要是由局部放电引起的，主要发生在高压设备中。

绝缘损坏是指由于不正确选用绝缘材料，不正确地进行电气设备及线路的安装，不合理地使用电气设备等，导致绝缘材料受到污染和浸蚀或外界热源、机械因素的作用，在较短或很短的时间内失去其电气性能或力学性能的现象。

6.2.1.3　电气设备防触电保护分类

依据《电工电子设备防触电保护分类》（GB/T 2501—90），可将电气设备分为：

0 类设备——仅靠基本绝缘作为防触电保护的设备，当设备有能触及的可导电部分时，该部分不与设施固定布线中的保护（接地）线相连接，一旦基本绝缘失效，则安全性完全取决于使用环境。

Ⅰ 类设备——设备的防触电保护不仅靠基本绝缘，还包括一种附加的安全措施，即将能触及的可导电部分与设施固定布线中的保护（接地）线相连接。

对于使用软电线或软电缆的设备，软电线或软电缆应具有一根保护（接地）芯线。经有关标准允许，任何部件至少都是基本绝缘并装有接地端子，但电源软线不带接地导线，插头没有接地插脚，不能插入有接地插孔的电源插座的设备，只要其保护线没有和固定布线中的保护（接地）线相连接，就看作 0 类设备，但在所有其他方面，设备的接地措施应完全遵守 Ⅰ 类设备的要求。

Ⅱ 类设备——设备的防触电保护不仅靠基本绝缘还具有像双重绝缘或加强绝缘那样的附加安全措施。这种设备不采用保护接地的措施，也不依赖于安装条件。

Ⅱ 类设备可以具有保持保护接地回路连续性的器件，但其必须在设备内部，并按 Ⅱ 类的要求与能触及的可导电表面绝缘起来。有金属外壳的 Ⅱ 类设备必要时可以采取将等电位连接线与外壳连接的手段。Ⅱ 类设备可因工作（与保护目的不同）的原因，采取与大地连接的手段，但必须在技术上无损于安全水平。

在特殊情况下，如某些 Ⅱ 类电子设备的信号端子，在主管技术部门认为需要安全阻抗，而且在技术上无损于安全水平时。Ⅱ 类设备可以使用安全阻抗。

某些情况，需要把"全部绝缘外壳"的和"有金属外壳"的 Ⅱ 类设备加以区别。

Ⅲ 类设备——设备的防触电保护依靠安全特低电压（SELV）供电，且设备内可能出现的电压不会高于安全特低电压。

Ⅲ类设备不得具有保护接地手段。必要时，可因工作（与保护目的不同）的原因，采取与大地连接的手段，但必须在技术上无损于安全水平。

有金属外壳的Ⅲ类设备必要时可以采取将等电位连接线与外壳连接的手段。

6.2.1.4 双重绝缘和加强绝缘

双重绝缘和加强绝缘是在基本绝缘的基础上，通过结构和材料设计，增强绝缘性能，使之具备直接接触电击防护和间接电击防护的功能。

（1）双重绝缘和加强绝缘的结构。主要分为以下四种：

1）基本绝缘（Basic insulation），也叫工作绝缘和功能绝缘，指带电部分上对防触电起基本保护作用的绝缘，位于带电体与不可触及金属之间。

2）附加绝缘（Supplementary insulation），为了在基本绝缘损坏的情况下防止触电，而在基本绝缘之外使用的独立绝缘，位于不可接触及金属件与可触及金属件之间。

3）双重绝缘（Double insulation），同时具有基本绝缘和附加绝缘的绝缘。

4）加强绝缘（Reinforced insulation），相当于双重绝缘保护程度的单独绝缘结构。

注："绝缘结构"这一术语并不意味着绝缘必须是同类件。它可以由几个基本绝缘或附加绝缘那样的单独试验层组成。

（2）双重绝缘和加强绝缘的安全条件。双重绝缘和加强绝缘的设备应满足以下安全条件：

1）电源连接线。电源线的固定件应使用绝缘材料，应加以保护绝缘等级的绝缘。对电源线截面的要求如表 6-10 所示。

表 6-10　电源连接线截面积

额定电流 IN/A	电源线截面积/mm²	额定电流 IN/A	电源线截面积/mm²
IN≤10	0.75	25<IN≤32	4
10<IN≤13.5	1	32<IN≤40	6
13.5<IN≤16	1.5	40<IN≤63	10
16<IN≤25	2.5		

2）绝缘电阻。绝缘电阻是在直流电压为 500V 的条件下测试，工作绝缘的绝缘电阻不得低于 2MΩ，保护绝缘的绝缘电阻不得低于 5MΩ，加强绝缘的绝缘电阻不得低于 7MΩ。

3）外壳防护和机械强度。Ⅱ类设备应保证在正常工作时以及在拆卸部件时，人体不会触及金属工作绝缘与带电体隔离的金属部件。若利用绝缘外护物实现加强绝缘，则要求外护物必须用钥匙或工具才能开启，其上不得有金属件穿过，并有足够的绝缘水平和机械强度。

6.2.2　屏护与间距

屏护和间距是防止直接电击的安全措施，同时也是防止短路、故障接地等电气事故的安全措施。

6.2.2.1　屏护相关概念和应用

屏护是一种对电击危险因素进行隔离的手段，即采用遮栏、护罩、护盖、箱匣等把危险的带电体同外界隔离开来，防止人体接触或接近带电体引起触电事故。屏护可分为屏蔽和障碍。两者的区别为：后者只能防止人体无意识触及或接近带电体，而不能防止有意识移开、绕过或翻过障碍触及或接近带电体。因此屏蔽是完全的防护，障碍是不完全的防护。屏护装置主要用于电气设备不便于绝缘或绝缘不足以保证安全的场合。如开关电气的可动部分，对于高压设备，不管绝缘与否均要加屏护装置。室内外的变压器和变配装置，均要有完善的防护。

6.2.2.2　屏护装置的条件

（1）屏护装置所用的材料应有足够的机械强度和良好的耐火性能。

（2）屏护装置应有足够的尺寸，与带电体间应保持足够的距离，遮栏高度不应低于1.7m，下部边缘离地不应超过0.1m，网眼遮栏与带电体之间的距离不应小于表6-11所示的距离。

表6-11　网眼遮栏与带电体之间的距离

额定电压/kV	<1	10	20~30
最小距离/m	0.15	0.35	0.6

（3）遮栏、栅栏等屏护装置上应有"止步、高压危险"等标志。

（4）必要时应配合采用声光报警信号和联锁装置。

6.2.2.3　间距

间距是指带电体与地面之间、带电体与其他设备和设施之间、带电体与带电体之间必要的安全距离。在安全间距选择时，既要考虑安全的要求，同时也要符合人机工效学的要求。

不同电压等级、不同设备类型、不同安装方式、不同的周围环境所要求的间距不同。

（1）线路间距。在未经相关管理部门许可的情况下，架空线路不得跨越建筑物。如必须跨越应遵守架空线路导线与建筑物的最小距离规定，如表6-12所示。架空线路导线与街道树木、厂区树木的最小距离如表6-13所示。

表6-12　导线与建筑物的最小距离

线路电压/kV	≤1	10	35
垂直距离/m	2.5	3.0	4.0
水平距离/m	1.0	1.5	3.0

表6-13　导线与树木的最小距离

线路电压/kV	≤1	10	35
垂直距离/m	1.0	1.5	3.0
水平距离/m	1.0	2.0	—

同杆架设不同种类、不同电压的电气线路时，电力线路应位于弱电线路的上方，高压线路应位于低压线路的上方。横担之间的最小距离如表6-14所示。

表6-14 同杆线路横担之间的最小距离

项 目	直线杆/m	分线杆和转角杆/m
10kV 与 10kV	0.8	0.45/0.6
10kV 与低压	1.2	1.0
低压与低压	0.6	0.3
10kV 与通信电缆	2.5	—
低压与通信电缆	1.5	—

其他相关定义及标准如下：

1）接户线。从配电线路到用户进线处第一个支持点之间的一段导线。10kV 接户线对地距离不应小于 4.5m；低压接户线对地距离不应小于 2.75m。

2）进户线。从接户线引入室内的一段导线。进户线的进户管口与接户线端头之间的垂直距离不应大于 0.5m；进户线对地距离不应小于 2.7m。

户内低压线路与工业管道和工艺设备之间的最小间距见表6-15。表中无括号的数字为电缆管线在管道上方的数据，有括号的数字为电缆管线在管道下方的数据。电缆管线应该尽可能敷设在热力管道的下方。

直埋电缆埋设深度不应小于 0.7m，并应位于冻土层之下。

表6-15 户内低压线路与工业管道和工艺设备的最小距离　　　　（m）

布 线 方 式		穿金属管导线	电缆	明设绝缘导线	裸导线	起重机滑触线	配电设备
煤气管	平行	100	500	1000	1000	1500	1500
	交叉	100	300	300	500	500	—
乙炔管	平行	100	1000	1000	2000	3000	3000
	交叉	100	500	500	500	500	—
氧气管	平行	100	500	500	1000	1000	1500
	交叉	100	300	300	500	500	—
蒸气管	平行	1000(500)	1000(500)	1000(500)	1000	1000	500
	交叉	300	300	300	500	500	—
暖热水管	平行	300(200)	500	300(200)	1000	1000	100
	交叉	100	100	100	500	500	—
通风管	平行	—	200	200	1000	1000	100
	交叉	—	100	100	500	500	—
上、下水管	平行	—	200	200	1000	1000	100
	交叉	—	100	100	500	500	—
压缩空气管	平行	—	200	200	1000	1000	100
	交叉	—	100	100	500	500	—
工艺设备	平行	—	—	—	1500	1500	100
	交叉	—	—	—	1500	1500	—

（2）用电设备间距。明装的车间低压配电箱底口距地面的高度可取 1.2m，暗装的可取 1.4m。明装电能表板底口距地面的高度可取 1.8m。常用电器的安装高度为 1.3～1.5m，墙用平开关离地面高度可取 1.4m，户内灯具高度应大于 2.5m，户外灯具高度应大于 3m。

（3）检修间距。低压操作时，人体及其所携带工具与带电体之间的距离不得小于 0.1m；高压作业时，各种作业所要求的最小距离见表 6-16。

表 6-16   高压作业的最小距离

类　　别	最小距离/m	
	10kV	35kV
无遮栏作业，人体及其所携带工具与带电体之间	0.7	1.0
无遮栏作业，人体及其所携带工具与带电体之间，用绝缘杆操作	0.4	0.6
线路作业，人体及其所携带工具与带电体之间	1.0	2.5
带电水冲洗，小型喷嘴与带电体之间	0.4	0.6
喷灯或气焊火焰与带电体之间	1.5	3.0

6.2.3   安全电压

安全电压的保护原理是，通过对系统中可能作用于人体的电压进行限制，使触电时流过人体的电流受到抑制，将触电危险性控制在安全范围内。

（1）安全电压限值。安全电压限值是在任何运行条件下，允许存在于两个可同时触及的可导电部分间的最高电压值（直流为无纹波直流电压值，交流为有效值）。其中影响电压限值的主要因素有：人体阻抗因素、电气系统因素、外部影响因素、人的能力因素、生理效应界限、电气参数界限等。

（2）安全电压额定值。除采用独立电源外，安全电压的供电电源的输入电路与输出电路必须与其他电气系统和任何无关的可导电部分实行电气上的隔离。安全电压额定值大的等级为 42V，36V，24V，12V 和 6V，具体是根据使用环境、人员和使用方式来确定的。

当电气设备采用了超过 24V 的安全电压时，必须采取防止直接接触带电体的保护措施。可将特低电压（Extra low voltage，ELV）防护类型分为以下三类：

1）SELV（Safety extra low voltage，安全特低电压），只作为不接地系统的安全特低电压的防护。

2）PELV（Protective extra low voltage，保护特低电压），只作为保护接地系统的安全特低电压的防护。

3）FELV（Functional extra low voltage，功能特低电压），由于功能上的原因（非电击防护目的），采用了特低电压。但不能满足或没有必要满足 SELV 和 PELV 的所有条件。

6.3   间接接触电击防护

间接接触电击是故障状态下的电击。保护接地、保护接零、加强绝缘、电气隔离等是防止间接接触电击的技术措施。保护接地和保护接零是防止间接接触电击的基本技术措施。

6.3.1 地和接地

6.3.1.1 地和接地的概念

（1）地。主要包括以下三类：

1）电气地。大地是一个电阻非常低、电容量非常大的物体，拥有吸收无限电荷的能力，而且在吸收大量电荷后仍能保持电位不变，因此适合作为电气系统中的参考电位体。这种"地"是"电气地"，并不等于"地理地"，但却包含在"地理地"之中。"电气地"的范围随着大地结构的组成和大地与带电体接触的情况而定。

2）地电位。与大地紧密接触并形成电气接触的一个或一组导电体称为接地极，通常采用圆钢或角钢，也可采用铜棒或铜板。

3）逻辑地。电子设备中各级电路电流的传输、信息转换要求有一个参考地电位，这个电位还可防止外界电磁场信号的侵入，常称这个电位为"逻辑地"。这个"地"不一定是"地理地"，可能是电子设备的金属机壳、底座、印刷电路板上的地线或建筑物内的总接地端子、接地干线等；逻辑地可与大地接触，也可不接触，而"电气地"必须与大地接触。

（2）接地。大地是可导电的地层，其任何一点的电位通常取为零。电力系统和电气装置的中性点、电气设备的外露导电部分和装置外导电部分经由导体与大地相连，称为"接地"。

（3）接地电流和接地短路电流。凡从接地点流入地下的电流都称为接地电流。

接地电流有正常接地电流和故障接地电流之分。正常接地电流是指正常工作时通过接地装置流入地下，接大地形成工作回路的电流；故障接地电流是指系统发生故障时出现的接地电流。

超过额定电流的任何电流称为过电流。在正常情况下的不同电位点间，由于阻抗可忽略不计的故障产生的过电流称为短路电流，例如相线和中性线间产生金属性短路所产生的电流称为单相短路电流。由绝缘损坏而产生的电流称为故障电流，流入大地的故障电流称为接地故障电流。当电气设备的外壳接地，且其绝缘损坏，相线与金属外壳接触时称为"碰壳"，由碰壳所产生的电流称为"碰壳电流"。

系统两相接地可能导致系统发生短路，这时的接地电流叫做接地短路电流。在高压系统中，接地短路电流可能很大，接地短路电流在500A及其以下的，称为小接地短路电流系统；接地短路电流在500A以上的，称为大接地短路电流系统。

（4）接触电压和跨步电压。在图6-20中，当电气装置 M 绝缘损坏碰壳短路时，流经接地极的短路电流为 I_d。如接地极的接地电阻为 R_d，则在接地极处产生的对地电压 $U_d = I_d \cdot R_d$，通常称 U_d 为故障电压，相应的电位分布曲线为图6-20中的曲线 C。一般情况下，接地线的阻抗可不计，则 M 上所呈现的电位即为 U_d。当人在流散区内时，由曲线 C 可知人所处的地电位为 U_ϕ。此时如人接触 M，由接触所产生的故障电压 $U_t = U_d - U_\phi$。人站立在地上，设一只脚的鞋、袜和地面电阻为 R_p，当人接触 M 时，两只脚为并联，其综合电阻为 $R_p/2$。在 U_t 的作用下，$R_p/2$ 与人体电阻 R_B 串联，则流经人体的电流，$I_B = U_f/(R_B + R_p/2)$，人体所承受的电压 $U_t = I_B \cdot R_B = U_f \cdot R_B/(R_B + R_p/2)$。这种当电气装置绝缘损坏时，触及电气装置的手和触及地面的双脚之间所出现的接触电压 U_t 与 M 和接地极间的距离有关。由图 6-20 可见，当 M 越靠近接地极，U_ϕ 越大，则 U_f 越小，相应地 U_t 也越小。当人在流散区范围以外，则 $U_\phi = 0$，此时 $U_f = U_d$，$U_t = U_d \cdot R_B / (R_B + R_p/2)$，$U_t$ 为最大值。由于在流散区内人所站立的位置与 U_ϕ 有关，通常以站立在离电气装置水平方向 0.8m 和手接触电气装置垂直方向 1.8m 的条件下计算接触电压。如电气装置在流散区以外，计算接触电压 U_t 时就不必考虑上述水平和垂直距离。

人行走在流散区内，由图 6-20 的曲线 C 可见，一只脚的电位为 $U_{\phi1}$，另一只脚的电位为 $U_{\phi2}$，则由于跨步所产生的故障电压 $U_k = U_{\phi1} - U_{\phi2}$。在 U_k 的作用下，人体电流 I_B 从人体的一只脚的电阻 R_p，流过人体电阻 R_B，再流经另一只脚的电阻 R_p，则人体电流 $I_B = U_k / (R_B + 2R_p)$。此时人体所承受的电压 $U_t = I_B \cdot R_B = U_k \cdot R_B / (R_B + 2R_p)$。这种当电气装置绝缘损坏时，在流散区内跨步的条件下，人体所承受的电压 U_k 为跨步电压。一般人的步距约为 0.8m，因此跨步电压 U_k 以地面上 0.8m 水平距离间的电位差为条件来计算。由图 6-20 可见，当人越靠近接地极时，$U_{\phi1}$ 越大。当一只脚在接地极上时 $U_{\phi1} = U_d$，此时跨步所产生的故障电压 U_k 为最大值，即图 6-20 中的 U_{km}，相应地跨步电压值也是最大值。反之，人越远离接地极，则跨步电压越小。当人在流散区以外时，$U_{\phi1}$ 和 $U_{\phi2}$ 都等于零，则 $U_k = 0$，不再呈现跨步电压。

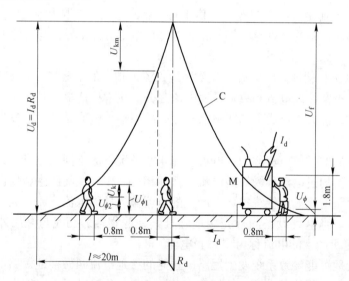

图 6-20　对地电压、接触电压和跨步电压的示意图

（5）流散电阻、接地电阻和冲击接地电阻。接地极的对地电压与经接地极流入地中的接地电流之比，称为流散电阻。

电气设备接地部位的对地电压与接地电流之比，称为接地装置的接地电阻，即等于接地线的电阻与流散电阻之和。一般因为接地线的电阻甚小，可以略去不计，因此，可认为接地电阻等于流散电阻。

为了降低接地电阻，往往用多根的单一接地极以金属体并联连接而组成复合接地极或接地极组。由于各处单一接地极埋置的距离往往等于单一接地极长度而远小于 40m，此时，电流流入各单一接地极时，将受到相互的限制，而妨碍电流的流散。换句话说，即等于增加各单一接地极的电阻。这种影响电流流散的现象，称为屏蔽作用，如图 6-21 所示。

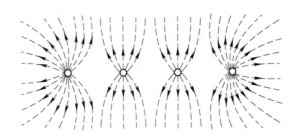

图 6-21 多根接地极的电流散布图

由于屏蔽作用，接地极组的流散电阻，并不等于各单一接地极流散电阻的并联值。此时，接地极组的流散电阻

$$R_{\mathrm{d}} = R_{\mathrm{d1}}/(n \cdot \eta) \tag{6-8}$$

式中　R_{d1}——单一接地极的流散电阻，Ω；

　　　n——单一接地极的根数；

　　　η——接地极的利用系数，它与接地极的形状、单一接地极的根数和位置有关。

在工程中已知冲击电流的幅值 I_{M} 和冲击电阻 R_{ds} 的条件下，计算冲击电流通过接地极流散时的冲击电压幅值 $U_{\mathrm{M}} = I_{\mathrm{M}} \cdot R_{\mathrm{ds}}$。由于实际上电位与电流的最大值发生于不同时间，所以这样计算的幅值常常比实际出现的幅值大一些，是偏于安全的，因此在实际中还是适用的。

6.3.1.2　接地的分类

一般分为保护性接地和功能性接地两种。

（1）保护性接地。分为以下四类：

1）防电击接地。为了防止电气设备绝缘损坏或产生漏电流时，使平时不带电的外露导电部分带电而导致电击，将设备的外露导电部分接地，称为防电击接地。这种接地还可以限制线路涌流或低压线路及设备由于高压窜入而引起的高电压；当产生电器故障时，有利于过电流保护装置动作而切断电源。这种接地，也是狭义的"保护接地"。

2）防静电接地。将静电荷引入大地，防止由于静电积聚对人体和设备造成危害。特别是目前电子设备中集成电路用得很多，而集成电路容易受到静电作用产生故障，接地后可防止集成电路的损坏。

3）防雷接地。将雷电导入大地，是为了防止雷电流使人身受到电击或财产受到破坏。

4）防电蚀接地。地下埋设金属体作为牺牲阳极或阴极，防止电缆、金属管道等受到电蚀。

（2）功能性接地。分为以下四类：

1）工作接地。为了保证电力系统运行，防止系统振荡，保证继电保护的可靠性，在交直流电力系统的适当地方进行接地，交流一般为中性点，直流一般为中点，在电子设备系统中，则称除电子设备系统以外的交直流接地为功率地。

2）逻辑接地。为了确保稳定的参考电位，将电子设备中的适当金属件作为"逻辑地"，一般采用金属底板作逻辑地。常将逻辑接地及其他模拟信号系统的接地统称为直流地。

3）屏蔽接地。将电气干扰源引入大地，抑制外来电磁干扰对电子设备的影响，也可减少电子设备产生的干扰影响其他电子设备。

4）信号接地。为保证信号具有稳定的基准电位而设置的接地，例如检测漏电流的接地，阻抗测量电桥和电晕放电损耗测量等电气参数测量的接地。

6.3.1.3　接地系统的组成

接地系统是将电气装置的外露导电部分通过导电体与大地相连接的系统，一般由下列几部分或其中一部分组成。

（1）接地极（T）。与大地紧密接触并与大地形成电气连接的一个或一组导电体称为接地极。与大地接触的建筑物的金属构件、金属管道等用作接地的称为自然接地极。专用于接地的与大地接触的导体称为人工接地极。常用作接地极的有：接地棒、接地管、接地带、接地线、接地板、地下钢结构和钢筋混凝土中的钢筋等。多个接地极在地中配置的相互距离可使得其中之一流过最大电流时不致显著影响其他接地极电位的称为独立接地极。在离开接地极 10m 处的电动势比在接地极处的电动势小得多，因此在一般情况下，两个接地极相距至少 10m，才能算是独立接地极。如要两个接地极彼此不受影响，至少相距 40m。

（2）总接地端子（B）。连接保护线、接地线、等电位联结线等用以接地的多个端子的组合称为总接地端子。

（3）接地线（G）。与接地极相连，只起接地作用的导体称为接地线。一般将从总接地端子连接到地极的导体称为接地线。连接多条接地线并与总接地端子相连的导体称为接地干线。

6.3.1.4　低压配电系统的接地方式

低压配电系统按保护接地的形式不同可分为：IT 系统、TT 系统和 TN 系统。其中 IT 系统和 TT 系统的设备外露可导电部分经各自的保护线直接接地（过去称为保护接地）；TN 系统的设备外露可导电部分经公共的保护线与电源中性点直接电气连接（过去称为接零保护）。

国际电工委员会（IEC）对系统接地的文字符号的意义规定如下。

第一个字母表示电力系统的对地关系：T 为点直接接地；I 为所有带电部分与地绝缘，或一点经阻抗接地。第二个字母表示装置的外露可导电部分的对地关系；T 为外露可导电部分对地直接电气连接，与电力系统的任何接地点无关；N 为外露可导电部分与电力系统的接地点直接电气连接（在交流系统中，接地点通常就是中性点）。后面还有字母时，这些字母表示中性线与保护线的组合：S 为中性线和保护线是分开的；C 为中性线和保护线是合一的。

6.3.2　IT 系统

IT 系统保护接地是指将电气装置正常情况下不带电的金属部分与接地装置连接起来，以防止该部分在故障情况下突然带电而造成对人体的伤害。IT 系统的电源中性点是对地绝缘的或经高阻抗接地，而用电设备的金属外壳直接接地，即过去称三相三线制供电系统的保护接地。

6.3.2.1　IT 系统的安全原理

若设备外壳没有接地，在发生单相碰壳故障时，设备外壳带上了相电压，若此时人触摸外壳，就会有相当危险的电流流经人身与电网和大地之间的分布电容所构成的回路，产生间接接触电击，如图 6-22 所示。绝缘阻抗 Z 由各相对地绝缘电阻和导线对地分布电容并联组成。虽然绝缘电阻一般是兆欧级的，但在特殊情况下，绝缘电阻可能下降为 $2 \sim 5\mathrm{k}\Omega$。电缆的分布电容可取 $0.05\mu\mathrm{F/km}$，架空线的分布电容约为 $0.005\mu\mathrm{F/km}$。如果各相对地绝缘阻抗对称，即 $Z_1 = Z_2 = Z_3 = Z$。根据戴维南定理，可以求出人体承受的电压和流过人体的电流分别为：

$$U_\mathrm{p} = \frac{R_\mathrm{p}}{R_\mathrm{p} + Z/3}U = \frac{3R_\mathrm{p}}{3R_\mathrm{p} + Z}U \tag{6-9}$$

$$I_\mathrm{p} = \frac{U}{R_\mathrm{p} + Z/3} = \frac{3U}{3R_\mathrm{p} + Z} \tag{6-10}$$

式中　U——相电压，V；

U_p——人体电压，V；

I_p——人体电流，A；

R_p——人体电阻，Ω；

Z——各相对地绝缘阻抗，Ω。

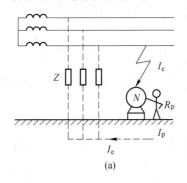 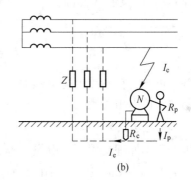

图 6-22　IT 系统安全原理

绝缘阻抗 Z 是绝缘电阻 R 和分布电容 C 的并联阻抗，当对地绝缘电阻较低，对地分布电容又很小的情况，绝缘阻抗中的容抗比电阻大得多时，可以不考虑电容。这时式（6-9）、式（6-10）可简化，进而求得人体电压和人体电流分别为：

$$U_\mathrm{p} = \frac{3R_\mathrm{p}}{3R_\mathrm{p} + R}U \tag{6-11}$$

$$I_\mathrm{p} = \frac{3U}{3R_\mathrm{p} + R} \tag{6-12}$$

在对地分布电容较大、对地绝缘电阻很高时，由于绝缘阻抗中的电阻比电抗大得多，可以不考虑电阻。这时，求得人体电压和人体电流分别为：

$$U_\mathrm{p} = \frac{3R_\mathrm{p}}{\left| 3R_\mathrm{p} - j\dfrac{1}{\omega C} \right|}U = \frac{3\omega R_\mathrm{p}CU}{\sqrt{9\omega^2 R_\mathrm{p}^2 C^2 + 1}} \tag{6-13}$$

$$I_p = \frac{3\omega CU}{\sqrt{9\omega^2 R_p^2 C^2 + 1}} \qquad (6\text{-}14)$$

如果各相对地绝缘阻抗不对称时，即（$Z_1 \neq Z_2 \neq Z_3$）时，令中性点对地电压为 U_N，根据基尔霍夫电压定律可列出各相对地电压的向量为：

$$\begin{cases} \dot{U}_1' = \dot{U}_1' - \dot{U}_N' \\ \dot{U}_2' = \dot{U}_2' - \dot{U}_N' \\ \dot{U}_3' = \dot{U}_3' - \dot{U}_N' \end{cases} \qquad (6\text{-}15)$$

式中，$\dot{U}_1'$、$\dot{U}_2'$、$\dot{U}_3'$ 分别为变压器低压边输出的相电压，根据基尔霍夫电流定律可写出各电流间的关系为：

$$\dot{I}_1 + \dot{I}_2 + \dot{I}_3 + \dot{I}_p = 0 \qquad (6\text{-}16)$$

再运用欧姆定律得到

$$\frac{\dot{U}_1 - \dot{U}_N}{Z_1} - \frac{\dot{U}_2 - \dot{U}_N}{Z_1} - \frac{\dot{U}_3 - \dot{U}_N}{Z_1} + \frac{\dot{U}_3 - \dot{U}_N}{R_p} = 0 \qquad (6\text{-}17)$$

整理后，可求得

$$\dot{U}_N = \left(\frac{\dot{U}_1}{Z_1} + \frac{\dot{U}_2}{Z_1} + \frac{\dot{U}_3}{Z_1} + \frac{\dot{U}_3}{R_p} \right) \Big/ \left(\frac{1}{Z_1} + \frac{1}{Z_2} + \frac{1}{Z_3} + \frac{1}{R_p} \right) \qquad (6\text{-}18)$$

$$U_P = |\dot{U} - \dot{U}_N| \qquad (6\text{-}19)$$

$$I_p = \frac{U_p}{R_p} \qquad (6\text{-}20)$$

由上述各式可知，在不接地配电网中，单相电击的危险性取决于配电网电压、配电网对地绝缘电阻和人体电阻等因素。

6.3.2.2　接地电阻的确定

保护接地的基本原理是限制漏电设备外壳对地电压在安全限值 UL 以内，即漏电设备对地电压 $U_E = I_E \cdot R_E \leqslant UL$。接地电阻的要求见表 6-17。

表 6-17　接地电阻要求

接 地 种 类			接地电阻/Ω
工作接地	变压器容量≥100kV·A	≤	4
	变压器容量<100kV·A	≤	10
保护接地		≤	4
重复接地		≤	10
油罐防静电接地		≤	100
建筑物进户线绝缘子铁脚（防雷）		≤	30
大接地短路电流系统电气设备接地			
短路电流 $I_d \leqslant 4000A$		≤	$2000/I_d$
短路电流 $I_d > 4000A$		≤	0.5
小接地短路电流系统电气设备接地	高低压设备共用接地装置	≤	$120/I_d$
	高压设备单独装设接地装置	≤	$250/I_d$

另外，对于架空线路和电缆线路的接地电阻，有以下要求：

小接地短路电流系统中，无避雷线的高压电力线路在居民区的钢筋混凝土杆、金属杆塔应接地，其接地电阻不应超过30Ω。

中性点直接接地的低压系统的架空线路和高、低压共杆架设的架空线路，其钢筋混凝土杆的铁横担、金属杆和钢筋应与零线连接。与零线连接的电杆可不另作接地。

沥青路面上的高、低压线路的钢筋混凝土和金属杆塔以及已有运行经验的地区，可不另设人工接地装置。钢筋混凝土的钢筋、铁横担和金属杆塔，也可不与零线连接。

三相三芯电力电缆两端的金属外皮均应接地。

变电所电力电缆的金属外皮可利用主接地网接地。与架空线路连接的单芯电力电缆进线段，首端金属外皮应接地，如果在负荷电流下，末端金属外皮上的感应电压超过60V，末端宜经过接地器或间隙接地。

在高土壤电阻率地区，接地电阻难以达到要求数值时，接地电阻允许值可以适当提高。例如，低压设备接地电阻允许达到10~30Ω，小接地短路电流系统中高压设备接地电阻允许达到30Ω，发电厂和区域变电站的接地电阻允许达到15Ω。

6.3.2.3　绝缘监视

在不接地配电网中，发生一相故障接地时，其他两相对地电压升高，可能接近相电压，这会增加绝缘的负担、增加触电的危险。而且，不接地配电网中一相接地的接地电流很小，线路和设备还能继续工作，故障可能长时间存在，这对安全是非常不利的。因此，在不接地配电网中，需要对配电网进行绝缘监视（接地故障监视），并设置声光双重报警信号。

低压配电网的绝缘监视，是用三只规格相同的电压表来实现的，接线如图6-23所示。配电网对地电压正常时，三相平衡，三只电压表读数均为相电压；当一相接地时，该相电压表读数急剧降低，另两相则显著升高。即使系统没有接地，而是一相或两相对地绝缘显著恶化时，三只电压表也会给出不同的读数，提示工作人员注意。为了不影响系统中保护接地的可靠性，应当采用高内阻的电压表。

高压配电网的绝缘监视示意图如图6-24所示。监视仪表（器）通过电压互感器同配电网连接。互感器有两组低压线圈：一组接成星形，供绝缘监视的电压表用；另一组接成开口三角形，开口处接信号继电器。正常时，三相平衡，三只电压表读数相同，三角形开口外电压为零，信号继电器K不动作。当一相接地或一、两相绝缘明显恶化时，三只电压表出现不同读数，同时三角形开口处出现电压信号，继电器动作，发出信号。

低压配电网绝缘监视装置以监视三相对地电压平衡为基础，对于一相接地故障很敏感，但如果三相绝缘同时降低，监视装置无法做出反映。另外，当三相绝缘都在安全范围以内，但相互差别较大时，监视装置会给出错误的指示或信号。当然，上述两种情况很少发生，所以低压配电网绝缘监视装置在一定范围内是适用的。

在低压配电网中，如果需要准确地检测配电网对地绝缘情况，可以采用无源测量装置和有源测量装置测量绝缘阻抗。

无源测量装置的基本线路如图6-25所示。按下开关SB_1时，测得该相对地电压U；按

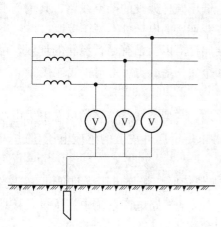

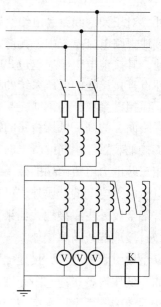

图 6-23　低压配电网绝缘监视示意图　　　图 6-24　高压配电网绝缘监视示意图

下 SB_2 时，测得该相接地电流 I，由此可求得三相配电网对地导纳近似为

$$Y = \sqrt{G^2 + B^2} = \frac{1}{U} \tag{6-21}$$

如接通 SA_1，重复上述步骤，测得电压 U_G 和电流 I_G，可求得这时三相电网对地导纳近似为

$$Y_G = \sqrt{(G + G_G)^2 + B^2} = \frac{I_G}{U_G} \tag{6-22}$$

而接通 SA_2，重复上述步骤，可求得

$$Y = \sqrt{G^2 + (B + B_B)^2} = \frac{I_B}{U_B} \tag{6-23}$$

比较上列各项，可求得

$$G = \frac{Y_G^2 - Y^2 - G_G^2}{2G_G} \tag{6-24}$$

$$B = \sqrt{Y^2 - G^2} \tag{6-25}$$

有源测量装置的基本线路图如图 6-26 所示。根据测量所得的电压和电流值，经适当转换，即可求得绝缘阻抗值。如在电流回路中加入整流和滤波环节，则可测得绝缘电阻。

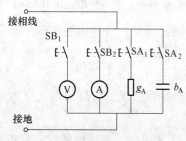

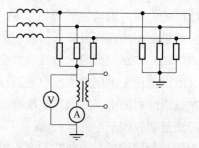

图 6-25　配电网绝缘阻抗无源测量　　　图 6-26　配电网绝缘阻抗有源测量

配电网中出现过电压的原因很多。由于外部原因造成的有雷击过电压、电磁感应过电压和静电感应过电压；由内部原因造成的有操作过电压、谐振过电压以及来自变压器高压侧的过渡电压或感应电压。

对于不接地配电网，由于配电网与大地之间没有直接的电气连接，在意外情况下可能产生很高的对地电压。为了减轻过电压的危险，在不接地低压配电网中，应把低压配电网的中性点或者一相经击穿保险器接地。击穿保险器主要由黄铜电极和带小孔的云母片组成，其击穿电压大多不超过额定电压的 2 倍。正常情况下，击穿保险器处在绝缘状态，配电系统不接地；当过电压产生时，云母片带孔部分的空气隙被击穿，产生故障接地短路电流，引起高压系统过电流保护装置动作，断开电源。如果这个电流不大，不足以引起保护装置动作，则可以通过适当的接地电阻值控制低压系统电压升高不超过 120V。为此，接地电阻应为：

$$R_{\mathrm{E}} \leqslant \frac{120}{I_{\mathrm{HE}}} \tag{6-26}$$

式中　R_{E}——接地电阻，Ω；

　　　I_{HE}——高压系统单相接地短路电流，A。

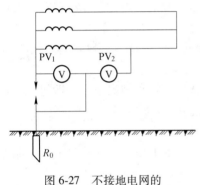

图 6-27　不接地电网的
过电压保护及监视

击穿保险器在正常情况下必须保持绝缘良好。否则，不接地配电网变成接地配电网，用电设备上的保护接地将不足以保证安全。因此，对击穿保险器的状态应经常检查，或者如图 6-27 所示，接入两只相同的高内阻电压表进行监视。正常时，两只电压表的读数各为相电压的一半。如果击穿保险器内部短路，一只电压表的读数降低至零，而另一只电压表的读数上升至相电压。必要时，防护装置应当设置监视击穿保险器绝缘的声、光双重报警信号，为了不降低系统保护接地的可靠性，监视装置应具有很高的内阻。

6.3.3　TT 系统

6.3.3.1　TT 系统的原理

TT 系统保护接地的基本原理是限制故障设备外壳或零线对地电压在安全预期接触电压内，如图 6-28 所示。因为有工作接地，TT 系统具有良好的过电压防护性能，一相故障接地时单相电击的危险性较小，故障接地点比较容易检测等优点。

接地的配电网中发生单相电击时，人体接受的电压接近相电压。TT 系统如有一相漏电，则故障电流主要经接地电阻 R_{E} 和工作接地电阻 R_0 构成回路。漏电设备对地电压和零线对地电压分别为

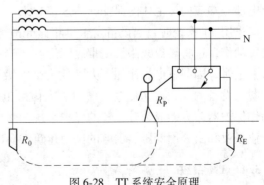

图 6-28　TT 系统安全原理

$$U_E = \frac{R_E R_P}{R_0 R_E + R_0 R_E + R_E R_P} U \tag{6-27}$$

$$U_N = \frac{R_0 R_P + R_0 R_E}{R_0 R_E + R_0 R_E + R_E R_P} U \tag{6-28}$$

式中　U——配电网相电压；

　　　R_P——人体电阻。

一般情况下，$R_0 \ll R_P$，$R_E \ll R_P$。式（6-27）和式（6-28）可简化为

$$U_E \approx \frac{R_E}{R_0 + R_E} U \tag{6-29}$$

$$U_N \approx \frac{R_0}{R_0 + R_E} U \tag{6-30}$$

显然，$U_N + U_E = U$，且 $U_E / U_N = R_E / R_N$。与没有接地相比较，漏电设备上对地电压有所降低，但零线上却产生了对地电压。而且，由于 R_E 和 R_N 同在一个数量级，二者都可能远远超过安全电压，人触及漏电设备或触及零线都可能受到致命的电击。

另一方面，由于故障电流主要经 R_E 和 R_0 构成回路，如忽略带电体与外壳之间的电阻，其大小为

$$I_E \approx \frac{1}{R_0 + R_E} U \tag{6-31}$$

由于 R_E 和 R_0 都是欧姆级的电阻，因此，I_E 不可能太大。这种情况下，一般过电流保护装置不起作用，不能及时切断电源，使故障长时间延续下去。

因此，一般情况下不能采用 TT 系统，它的主要缺陷为：

（1）当用电设备漏电时，保护接地只能降低漏电设备上的电压，而不能将电压限制在安全范围以内。

（2）漏电电流较短路电流小得多，不足以使自动空气开关跳闸或熔断器熔体熔断。

6.3.3.2　TT 系统的应用

根据以上分析，一般情况下不采用 TT 系统，有时也用于低压共用用户，即用于未装备配电变压器从外面引进低压电源的小型用户。采用 TT 系统时，被保护设备的所有外露导电部分均应同接地体的保护导体连接起来。

采用 TT 系统时，当设备发生单相碰壳故障时，接地电流并不很大，往往不能使保护装置动作，这将导致线路长期带故障运行；当 TT 系统中的用电设备只适用于绝缘不良引起漏电时，因漏电电流往往不大（仅为毫安级），不可能使线路的保护装置动作，这也导致漏电设备的外壳长期带电，增加了人体触电的危险。因此，TT 系统必须加装剩余电流动作保护器，方能成为较完善的保护系统。目前，TT 系统广泛应用于城镇、农村居民区、工业企业和由公用变压器供电的民用建筑中。

6.3.4　TN 系统

TN 系统是三相四线配电网低压中性点直接接地，电气设备金属外壳采取接零措施的系统。"T"表示中性点直接接地；"N"表示电气设备金属外壳与配电网中性点之间金属

性的连接，亦即与配电网保护零线（保护导体）的紧密连接。"保护接零"一词有利于明确区分接地配电网中的保护接地，还有利于区分中性线和零线、工作零线和保护零线，有其独特的科学性。

6.3.4.1 TN 系统的安全原理及类别

中性点接地的三相四线制配电网的 TN 保护接零原理如图 6-29 所示。当某相带电部分碰连设备外壳（即外露导电部分）时，通过设备外壳形成该相对零线的单相短路，短路电流 I_d 能促使线路上的短路保护元件（如低压断路器或熔断器）迅速动作，断开故障部分设备的电源，缩短短路持续时间，消除电击危险。

在《施工现场临时用电安全技术规范》（JGJ 46—2012）中明确规定：施工现场的低压配电系统必须采用 TN 系统，即采用具有专用保护零线的保护接零系统。

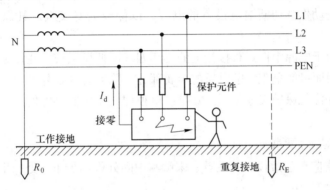

图 6-29　保护接零原理图

TN 系统是指系统有一点直接接地，装置的外露导电部分用保护线与该点连接。按照中性线与保护线的组合情况，TN 系统有以下 3 种形式：TN-S 系统，整个系统的中性线与保护线是分开的（见图 6-30）；TN-C-S 系统，系统中有一部分中性线与保护线是合一的（见图 6-31）；TN-C 系统，整个系统的中性线与保护线是合一的（见图 6-32）。

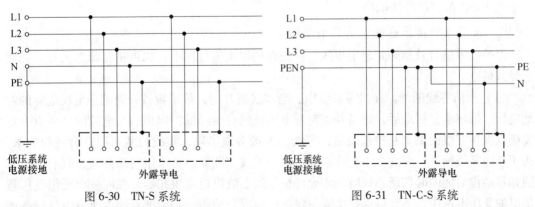

图 6-30　TN-S 系统　　　　　　　　图 6-31　TN-C-S 系统

6.3.4.2 保护接零的应用范围

在电力系统中，由于电气装置绝缘老化、磨损或被过电压击穿等原因，都会使原来不带电的部分（如金属底座、金属外壳、金属框架等）带电，或者使原来带低压电的部分带上高压电，这些意外的不正常带电将会引起电气设备损坏和人身触电伤亡事故。为了避免这类事故的发生，通常采取保护接地和保护接零的防护措施。

A 保护接零的作用

由于保护接地有一定的局限性，所以就采用保护接零。即将电气设备正常情况下不带电的金属部分用金属导体与系统中的零线连接起来，当设备绝缘损坏碰壳时，就形成单相金属性短路，短路电流流经相线——零线回路，而不经过电源中性点接地装置，从而产生足够大的短路电流，使

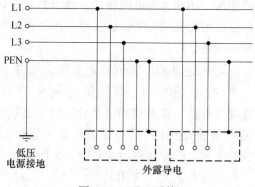

图 6-32 TN-C 系统

过流保护装置迅速动作，切断漏电设备的电源，以保障人身安全。其保护效果比保护接地好。

保护接零适用于电源中性点直接接地的三相四线制低压系统。在该系统中，凡由于绝缘损坏或其他原因而可能呈现危险电压的金属部分，除另有规定外都应接零。应接零和不必接零的设备或部位与保护接地相同。凡是由单独配电变压器供电的厂矿企业，应采用保护接零方式。

B 对保护零线的要求

（1）保护零线应单独敷设，并在首、末端和中间处作不少于 3 处的重复接地，每处重复接地电阻值不大于 10Ω。

（2）保护零线仅作保护接零之用，不得与工作零线混用。

（3）保护零线上不得装设控制开关和熔断器。

（4）保护零线应为具有绿/黄双色标志的绝缘线。

（5）保护零线截面应不小于工作零线截面。架空敷设时，采用绝缘铜线，截面积应不小于 10mm^2，采用绝缘铝线时，截面积应不小 16mm^2；电气设备的保护零线应为截面积不小于 2.5mm^2 的多股绝缘铜线。

C 采用保护接零应注意的几个问题

保护接零能有效地防止触电事故。但是在具体实施过程中，如果稍有疏忽大意，仍然会导致触电。

（1）严防零线断线。在接零系统中，当零线断开时，接零设备外壳就会呈现危险的对地电压。采取重复接地后，设备外壳对地电压虽然有所降低，但仍然是危险的。所以一定要确保保护零线的施工及检修质量，零线的连接必须牢靠，零线的截面应符合规程要求。为了严防零线断开，零线上不允许单独装设开关或熔断器。若采用自动开关，只有当过流脱扣器动作后能同时切断相线时，才允许在零线上装设过流脱扣器。在同一台配电变压器供电的低压电网中，不允许保护接零与保护接地混合使用。必须把系统内所有电气设备的外壳都与零线连接起来，构成一个零线网络，才能确保人身安全。

（2）严防电源中性点接地线断开。在保护接零系统中，若电源中性点接地线断开，当系统中任何一处发生接地或设备碰壳时，都会使所有接零设备外壳呈现接近于相电压的对地电压，这是十分危险的。因此，在日常工作中要认真做好巡视检查，发现中性点接地线

断开或接触不良时，应及时进行处理。

（3）重复接地。保护接零系统零线应装设足够的重复接地。

6.3.4.3　重复接地

运行经验表明，在接零系统中，零线仅在电源处接地是不够安全的。为此，零线还需要在低压架空线路的干线和分支线的终端进行接地；在电缆或架空线路引入车间或大型建筑物处，也要进行接地（距接地点不超过 50m 者除外）；或在屋内将零线与配电屏、控制屏的接地装置相连接，这种接地叫做重复接地。

采用重复接地的目的是：

（1）当电气设备发生接地短路时，可以降低零线的对地电压。

（2）当零线断线时，可以继续使零线保持接地状态，减轻了触电的危害。在没有采用重复接地的情况下，当零线发生断线时，接在断线点后面的设备只要有一台发生接地短路，其他设备外壳的对地电压都接近于相电压。

采取重复接地后，重复接地和电源中性点工作接地构成零线的并联支路，从而使相线——零线回路的阻抗减小，短路电流增大，使过流保护装置迅速动作。由于短路电流的增大，变压器低压绕组相线上的电压相应增加，从而使零线上的压降减小，设备外壳对地电压进一步减小，触电危险程度大为减小。

当采用重复接地后，接地零线断线点后面的设备外壳上的对地电压可以大大降低，其值决定于变压器中性点接地电阻和重复接地电阻的大小，即

$$U_{\mathrm{d}} = U \times R_{\mathrm{s}} / (R_0 + R_{\mathrm{s}}) \tag{6-32}$$

$$I_{\mathrm{d}} = U / (R_0 + R_{\mathrm{s}}) \tag{6-33}$$

式中　U——相电压，V；

　　　U_{d}——设备外壳对地电压，V；

　　　I_{d}——单相接地故障电流，A；

　　　R_{s}——重复接地电阻，Ω；

　　　R_0——变压器中性点电阻，Ω。

如果是多处重复接地（并联），则接地电阻值很低，设备外壳的对地电压也就很小，从而大大减轻了人身触电的危险。尽管如此，为了确保安全，还是应在施工时坚持保证质量，在运行中加强维护，杜绝发生零线断线现象。

在接零系统中，即使没有设备漏电，而当三相负载不平衡时，零线上就有电流，从而零线上就有电压降，它与零线电流和零线阻抗成正比。而零线上的电压降就是接零设备外壳的对地电压。在无重复接地时，当低压线路过长，零线阻抗较大，三相负载严重不平衡时，即使零线没有断线，设备也没有漏电的情况下，人体触及设备外壳时，也常会有麻木的感觉。采取重复接地后，麻木现象将会减轻或消除。

从以上分析可知，在接零系统中，必须采取重复接地。重复接地电阻不应大于10Ω，当配电变压器容量不大于 100kV·A，重复接地不少于 3 处时，其接地电阻可不大于30Ω。零线的重复接地应充分利用自然接地体（直流系统除外）。

在低压配电系统中，重复接地的问题应明确是对 N 线重复接地还是对 PE 线重复接地，在以往的设计或施工实践中，不够明确。现就有关问题进行分析，以利于在实践中正确应用。

对于 TN-S 系统，重复接地就是对 PE 线的重复接地，其作用如下：

（1）如不进行重复接地，当 PE 断线时，系统处于既不接零也不接地的无保护状态。而对其进行重复接地以后，当 PE 正常时，系统处于接零保护状态；当 PE 断线时，如果断线处在重复接地前侧，系统则处在接地保护状态。进行了重复接地的 TN-S 系统具有一个非常有趣的双重保护功能，即 PE 断线后由 TN–S 系统变成 TT 系统的保护方式（PE 断线在重复接地前侧）。

（2）当相线断线与大地发生短路时，由于故障电流的存在造成了 PE 线电位的升高，当断线点与大地间电阻较小时，PE 线的电位很有可能远远超过安全电压。而进行重复接地以后，由于重复接地电阻与电源工作接地电阻并联后的等效电阻小于电源工作接地电阻，使得相线断线接地处的接地电阻分担的电压增加，从而有效降低 PE 线对地电压，减少触电危险。

（3）PE 线的重复接地可以降低当相线碰壳短路时的设备外壳对地的电压，相线碰壳时，外壳对地电压即等于故障点 P 与变压器中性点间的电压。

如果只是对 N 线重复接地，它不具有上述第（1）项与第（3）项作用，只具有上述第（2）项的作用。对于 TN-S 系统，其用电设备外壳是与 PE 线而不是 N 线相接的。因此，我们所关心的更主要的是 PE 线的电位，而不是 N 线的电位，TN-S 系统的重复接地不是对 N 线的重复接地。

如果将 PE 线和 N 线共同接地，由于 PE 线与 N 线在重复接地处相接，重复接地前侧（接近于变压器中性点一侧）的 PE 线与 N 线已无区别，原由 N 线承担的全部中性线电流变为由 N 线和 PE 线共同承担（一小部分通过重复接地分流）。可以认为，这时重复接地前侧已不存在 PE 线，只有由原 PE 线及 N 线并联共同组成的 PEN 线，原 TN-S 系统实际上已变成了 TN-C-S 系统，原 TN-S 系统所具有的优点将丧失，故不能将 PE 线和 N 线共同接地。

在工程实践中，对于 TN-S 系统，很少将 N 线和 PE 线分别重复接地。其原因主要为：

（1）将 N 线和 PE 线分别重复接地仅比 PE 线单独重复接地多一项作用，即可以降低当 N 线断线时产生的中性点电位的偏移作用，有利于用电设备的安全，但是这种作用并不一定十分明显，并且一旦工作零线重复接地，其前侧便不能采用漏电保护。

（2）如果要将 N 线和 PE 线分别重复接地，为保证 PE 线电位稳定，避免受 N 线电位的影响，N 线的重复接地必须与 PE 线的重复接地及建筑物的基础钢筋、埋地金属管道等所有进行了等电位联结的各接地体、金属构件和金属管道的地下部分保持足够的距离，最好为 20m 以上，而在实际施工中很难做到这一点。

本 章 小 结

本章首先叙述了触电事故的危害影响因素以及相应的安全措施，从而提出触电伤害的现场急救。然后从直接接触电击防护和间接接触电击防护两大方面叙述了系统而具体的防触电安全措施。同时，本章还着重介绍了接地与接零的实际应用以及重复接地和工作接地的相关概念。通过本章的学习，同学们能够在学会触电伤害形式，绝缘、屏护与间距、安全电压的基本概念和适用条件，IT 系统、TT 系统、TN 系统三大接地方式的相关原理和适用范围的基础上，正确地在生活中、工作中进行防触电保护。

复习思考题

6-1　简述触电伤害的几个影响因素。

6-2　简述遇到触电事故时，应该怎样进行现场急救。

6-3　直接接触电击防护有哪几种？

6-4　绝缘材料种类有哪些？

6-5　论述屏蔽在预防触电事故中的作用。

6-6　什么是"地"？

6-7　简述接地的分类。

6-8　简述 IT 系统及安全特点。

6-9　简述 TT 系统及安全特点。

6-10　简述 TN 系统及安全特点。

6-11　什么叫重复接地？

6-12　什么叫工作接地？

7 静电、雷电、电磁辐射的危害及防护

本章学习要点：

  （1）掌握静电的分类以及相应静电产生和积聚的方式。

  （2）掌握静电消散的方式以及静电产生的影响因素。

  （3）掌握雷击的种类以及防雷建筑物的分类。

  （4）掌握防雷装置的组成，了解其每个组成的相关要求。

  （5）掌握电磁辐射的概念、种类。

  （6）掌握我国电磁场的安全标准。

  （7）了解并掌握静电、雷电、电磁辐射的危害以及相应的防护措施。

7.1 静电危害与防护技术

7.1.1 静电的分类、产生与积聚

  （1）固体静电。固体起电通常包括接触起电、物理效应起电、非对称摩擦起电、电解起电、静电感应起电等起电类型。在生产工艺中，如纤维织物与辊轴的摩擦，塑料或橡胶的碾制，某些物质在挤出、过滤、粉碎和研磨过程中均可能有静电产生。而上述生产工艺中产生的静电往往能引起火灾和电击等事故。

  1）接触起电。两种不同材料的物体相接触，在它们之间的距离很小的时候，一种物质中的电子就会传给另一种物质。失去电子的物体带正电，得到电子的物体带负电。两物体接触时，总是功函数较小的那个物体有更多的电子转移到功函数较大的物体上去，两物体接触后再分开，它们就带上了不同符号的电荷。

  金属之间紧密接触虽然可产生偶电层（液体与固体接触时，在它们的分界面处会形成电量相等、符号相反的两层电荷，即偶电层），但当两金属分开时各接触点不可能做到同时分开，因而接触面两边的正负电荷将通过尚未分开的那些接触点构成的导电通道而互相中和，致使在通常情况下导体分开后仍不带电。只有绝缘状态下的金属与绝缘材料摩擦时，两者都有可能带电，如图 7-1 所示。

  实践证明由橡胶带、皮革或合成材料制成的传动皮带与皮带轮或导轮间发生摩擦和接触后分离时，不论皮带轮或导轮是用非金属材料制成的还是用金属材料制成的，都会在皮带和导轮上产生等量异性的静电电荷。如图 7-2 所示，橡胶带通过辊轴产生静电。在橡胶、塑料、造纸、纤维等行业生产中的静电有时可高达几万伏甚至十几万伏，如不采取适当消除措施，则很容易导致电击和火灾。

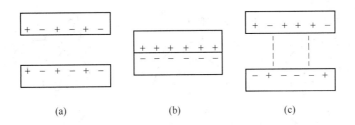

图 7-1　接触起电示意图

（a）接触前；（b）接触产生双电层；（c）分离产生静电

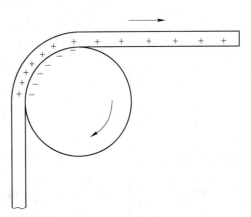

图 7-2　橡胶带通过辊轴产生静电

金属与均匀电介质接触时，也同样形成静电。

2）固体的物理效应起电。主要包括热电效应和压电效应。

某些晶体具有明显的热电现象，例如将石英体加热，则一端带正电，另一端带负电；在冷却时两端与加热时带电符号相反，这一带电现象称为热电效应。

晶体受到应力作用后，内部便发生均匀的形变，只有在原先正负离子排列成不对称点阵时，才有可能由应力产生电偶极矩，如金刚石类型的硫化锌、水晶、磷酸氢钾和钛酸钡等不对称的晶体在应力作用下可以发生极化。不对称的晶体受到应变后，离子间受到不对称的内应力，这个内应力使得离子间产生不对称的相对移动，结果产生了新的电偶极矩和面电荷，这种现象称为压电效应。

原来呈电中性的固体材料或粉体类物质因破裂会产生静电，如图 7-3 所示。另外，当有极性的冰块破裂时也可产生静电。其带电过程是电荷因冻结而分离，冻结后假如中心部带负电，外侧带正电，则当冰层破裂时将引起电荷的分离，这时碎冰片将带上正电，如图 7-4 所示。

3）非对称摩擦带电。现取两根相同物质的棒研究其起电规律。令一根静止，另一根在其上摩擦，如图 7-5 所示。这时静止的一根在较大的范围内受到摩擦，而运动的那根棒

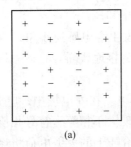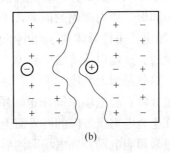

（a）　　　　　　　　　　　　　　　（b）

图 7-3　破裂起电示意图

（a）破坏前；（b）破坏后

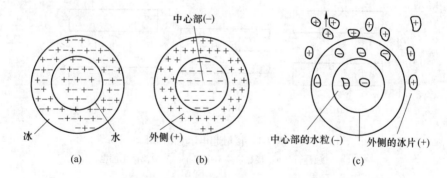

图 7-4　因冻结、破裂而产生静电图

（a）电荷因冻结而分离；（b）冻结晶完了的电荷分离；（c）冰的破裂引起电荷分离

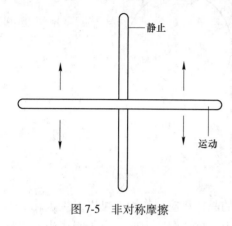

图 7-5　非对称摩擦

只有一个很小的面积（接触点）受到了摩擦，这样的摩擦称为非对称摩擦。用橡胶棒进行非对称摩擦，最初发现运动的棒带正电而继续进行几十次强烈摩擦后其电荷又变成负的，这是因为运动的棒在接触点温度上升产生变形的缘故。

有人认为，由于变形引起硬橡胶棒的局部破断产生出容易移动的离子，又因两棒之间存在温度差和离子浓度差，离子就向对面的棒扩散。相同材质但温度不同的两物体互相摩擦也会产生静电。例如，加热的玻璃棒与冷的玻璃棒相摩擦后会分别带上符号相反的电荷。对这一现象可以作如下解释：一方面由于两棒间存在着温度差使棒表面的带电粒子向冷的一方扩散；另一方面也由于两者的温度差产生了表面能级之差，从而导致了带电粒子的定向运动。

4）电解起电。当把金属浸入电解质溶液中时，金属离子将向溶液扩散。随着这一过程的进行，在界面上将出现偶电层，形成电位差。

应该指出，上述的电解现象在固体与固体之间接触时也会发生。这是由于固体表面能吸附很薄的水或其他的液体形成薄膜，这就使得两相接触的固体分界面上存在这种膜，通过这种膜而发生了电解现象。实验指出，当这种液膜的厚度为 10^{-7} m 时电解现象最易发生。但应指出，由于在固体表面存在着这种液膜会大大降低固体的表面电阻率，致使这样的固体经接触再分离时，界面两侧的电荷几乎全部中和掉。

5）静电感应带电。中性导体置于外电场中会发生静电感应现象，当把被感应而带电的导体的一端接地时，这端电荷将被中和掉，然后将接地线断开，再去掉外场，这时孤立导体就带上了电，这就是所谓感应起电。

除导体外，电介质在静电场中同样也能感应起电。在外电场中，电介质要发生极化。极化后的电介质在垂直电力线方向的两界面上将出现大小相等、符号相反的束缚电荷，这些束缚电荷也反过来影响电场。外电场取消后，电介质上的束缚电荷将逐渐消失。如果束缚电荷的某一种电荷由于某种原因消失，则电介质上另一种电荷将使电介质处于带电状态。

　　6）固体静电的积聚。静电开始产生时静电量是随时间而增加的，但积聚到一定程度时，静电量不会无限地增加而是趋于某一稳定值。这是因为任何材料的绝缘电阻都不可能是无限大的，因此严格说静电的产生和静电的泄漏是同时进行的，只不过开始阶段静电的产生多于静电的泄漏，然后产生量和泄漏量逐渐达到平衡。

　　（2）粉体静电。粉体是指由固体物质分散而成的细小颗粒。粉体物料在研磨、搅拌、筛分或高速运动时，与管道壁或其他器具的碰撞与摩擦以及由于破断都会产生静电。

　　粉体静电的产生比较复杂，下面对能影响粉体静电产生的几个主要因素进行分析。

　　1）材质影响。以在管道中气力输送粉体为例进行研究。实验发现粉体与管道材料相同时静电产生量很少；当管道由金属材料制成时静电产生量与金属材质种类关系不大；当管道及粉体均由绝缘材料制成时，材料性质对静电影响显著，甚至能改变静电电荷的符号。

　　2）时间影响。粉体在管道中输送或在容器中搅拌时间越长，对整体来讲，粉体颗粒与器壁之间的碰撞次数越多；对每个颗粒来讲，发生摩擦和碰撞的次数增多，其表面上带有的静电量也增多。但同时也增加了带电粒子的放电机会；所以最终表现出来的结果是静电带电趋于平衡，即开始时随输送时间或搅拌时间的增加，静电产生量也不断增多，但经过一段时间之后，便逐渐趋于饱和，如图7-6所示。

　　3）运动速度的影响。运动速度是指粉体输送速度或搅拌速度，速度越高，颗粒的摩擦和碰撞越激烈，静电产生量也越多，而达到饱和所需要的时间却大为缩小。在气力输送工艺中，如果气流速度高达每秒数米至每秒数十米，就能很快达到静电饱和状态。

　　4）载荷量的影响。载荷量是指气力输送中每立方米气流中所含粉体的质量。由于载荷量越大，颗粒数越多，势必造成每个颗粒在管道内与管壁摩擦和碰撞的机会越少。于是，颗粒上的平均电量或单位质量粉体的电量均随载荷量的增加而减少，如图7-7所示。

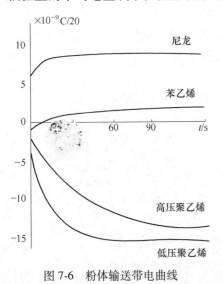

图7-6　粉体输送带电曲线　　　　　　　　图7-7　管道粉体静电与载荷量的关系

　　5）粉体颗粒大小的影响。虽然从单个颗粒看，大颗粒比小颗粒带电多，但从整体来看，在质量不变的条件下，粉体颗粒越小，则粉体颗粒的总表面积就越大，因此所带电荷就越多。

除上述各因素外，粉体静电的产生还同管道、料槽和搅拌桨的形状、结构有关。例如，弯曲的管道比直管道容易产生静电；管道的狭窄部分比宽阔部分容易产生静电等。同一般固体材料一样，温度、湿度、外部电场等因素对粉体静电也都有影响。

用气流输送粉体物质，在工业中已有广泛的应用。例如，通常利用压缩空气来输送面粉、医用花粉等非易燃性粉体物质。因为这些粉体用气流在管路里被输送的过程中，粉体颗粒与管壁发生剧烈的、频繁的摩擦和碰撞，因而常产生强烈的静电。同时，在粉体输送过程中又很容易产生不同强度的放电火花，这就涉及整个输送过程的安全性问题。为了找出粉体在气力输送过程中的起电规律，又考虑到实验的安全性，人们通常是利用惰性固体介质粉粒进行研究从而摸清其起电规律的。

（3）液体静电。运动时液体由于电渗透、电解、电泳等物理过程，液体与固体在接触上也会出现双电层。在紧贴分界面存在固定电荷层，与其相邻是滑移电荷层。如果液体在管道内紊流运动。滑移电荷层沿管道断面均匀分布，在液体流动时，一种极性的电荷随液体流动，形成流动电流，在管道的终端将积累静电电荷。

流体在流动、搅拌、沉降、过滤、摇晃、喷射、飞溅、冲刷、灌注等过程中都可能产生静电。这种静电常常能引起易燃液体和可燃液体的火灾和爆炸，因此研究液体的静电是非常重要的。下面介绍液体介质中产生静电的几种形式：

1）流动带电。液体在流动中的摩擦带电是工业生产中颇为常见的一种静电带电形式。如汽油、航空煤油等低电导率的轻质油品在管线中输送时，苯通过有滤网的漏斗倒入试瓶时，甚至在用蘸有汽油的棉纱洗涤金属或衣物时都有静电发生，如图 7-8 所示。

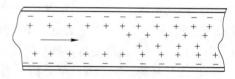

图 7-8　石油摩擦带电

2）喷射带电。当液体从管口喷出后在与空气接触时，它将被分散成许许多多的小液滴。较大的液滴很快地沉降，而另外一些微小的液滴停滞在空气中形成雾状的小液滴云，带有大量的电荷。例如水或甲醇在高压喷出后形成的雾状小液滴就带大量电荷而形成电荷云，如图 7-9 所示。

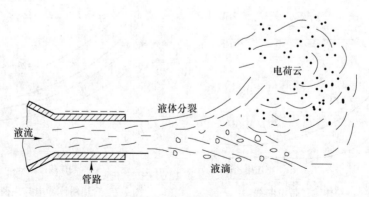

图 7-9　液体的喷射带电示意图

3）冲击带电。当液体从管口喷出后遇到器壁或挡板的阻碍时，飞溅起的小液滴同样会在空间形成电荷云。例如汽油经过顶部管口注入储油罐或油槽车的过程中，油柱下落时对器壁发生冲击，引起飞沫、雾滴而带电，如图7-10所示。

4）沉降带电。当在绝缘液体中，例如在轻质油品中含有固体颗粒杂质或水分，且这些颗粒或凝聚成的大水滴向下沉降时，也有静电产生，如图7-11所示。

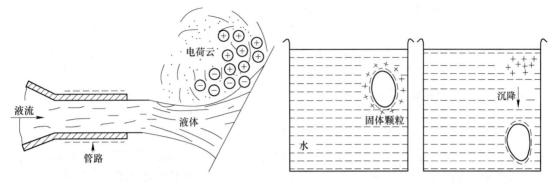

图7-10　液体的冲击带电示意图　　　　图7-11　液体的沉降带电示意图

了解和掌握静电产生和积累的诸因素，对控制静电的危害是十分必要的。影响液体静电产生的主要因素有以下几个方面：

（1）液体所含杂质对静电产生量的影响。液体内含有高分子材料（如橡胶、沥青）的杂质时，会增加静电的产生。液体内含有水分时在液体流动、搅拌或喷射过程中会产生附加静电；液体宏观运动停止后，液体内水珠的沉降过程要持续相当长一段时间，沉降过程中也会产生静电。如果油管或油槽底部积水，经搅动后容易引起静电事故。

（2）液体电阻率对静电产生量的影响。在一定范围内静电产生量随电阻率的增加而增大，但达到某一数值后，它又随着电阻率值的增加而减小。如果在石油成品中加入化学药剂，则可改变其电阻率，并测得电阻率对在管道中流动的油品的液流电流值也有明显的影响。

（3）管道材料和管道内壁状况对液流电流的影响。管线材质对管线中流动的液体所产生的液流电流的影响是不可忽略的。实验指出，同种液体流过金、银、钯、硼酸玻璃、玻璃钢等管道时，其静电的产生量仅有微小差别，但由于上述材质的电阻率差异很大，因此对其静电的消散却有显著的影响，从而明显影响液流电流的大小。

（4）水分的影响。当高阻的油品中含有水分时，水虽然不会与油品直接作用使静电增加，但是会与油品中的杂质起作用从而间接影响油品的带电量。实验结果表明，当油品中混入水分在1%～5%时，其静电产生量最多，静电危险性也越大。

（5）管路几何形状及容器尺寸的影响。注油管口形状对静电产生有很大影响。例如，45°斜口圆筒管头比平圆筒管头产生的静电量要少得多。这主要是因为液体流经平圆筒管头处时，同斜口圆筒管头相比，液体被分散的程度要强烈得多。容器的尺寸对静电产生量也有影响。一般说来，在其他条件相同的情况下，大容器的液面静电电压较高。

（6）过滤器的影响。过滤器会大大增加接触和分离的强度，更换不同的过滤器，可使液体静电的电压增加十几倍甚至近百倍，有时还可以改变静电电荷的极性。

（7）流速和管径的影响。带电量与流速的平方成正比，流速越大，带电量越大。

（8）流体流动状态的影响。实验指出，流动的液体由层流变为湍流时，其带电量会有显著的增加。

7.1.2　静电的消散

物体所带的静电，在没有其他来源供给时，其原有的静电总是要逐渐消散的。静电的消散主要是通过两种途径，即放电和泄漏。

（1）静电放电。静电放电是当带电体周围的场强超过周围介质的绝缘击穿场强时，因介质产生的电离而使带电体上的电荷部分或全部消失的现象。由于带电体可能是固体、流体、粉体以及其他条件的不同，静电放电（缩写 ESD）有多种形态，根据放电的特点，静电放电分为均匀场放电和非均匀场放电。

1）均匀场放电。辉光放电和弧光放电是均匀电场中气体放电的典型形式。

①辉光放电。在很低的大气压下，例如约 1mmHg（1mmHg = 133.322Pa）时，能观察到气体辉光放电的现象。方法是：在一长玻璃管两端装上两个电极（见图 7-12），电极上加上几百伏特的电位差，就很容易观察到这种放电。在通过管中的电流作用下，气体在放电中能发出辉光，因此称为辉光放电。气体在管中放电可分为如下几个光区：阴极附近的弱光区——第一暗区；其次是阴电辉光区（简称阴电辉区）；再次是第二弱光区——第二暗区（法拉第暗区）；最后是强阳电辉光区（简称阳电辉区）。阳电辉区占管子的大部分。

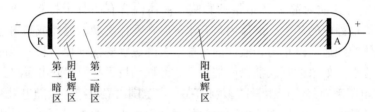

图 7-12　辉光放电

②弧光放电。将在大气压下的两个通电电极（最常用的是碳电极）接触后立即分开，两极间即可产生弧光放电。弧光放电所必需的是，在阴极上只要有炽热的一点作为电子源即可，而阳极甚至可以是冷的。同时，电流增加时（减小外电阻）电极间的电位差随着减小。

2）非均匀场放电。静电放电通常是在非均匀电场中进行的，非均匀电场中的静电放电通常包括如下三种类型，如图 7-13 所示。

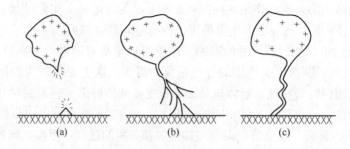

图 7-13　静电放电的主要形式

（a）电晕放电；（b）刷形放电；（c）火花放电

①电晕放电。是属于自激放电的一种，它是在较大压强下，通常是在大气压强下发生

的，这是由于两个电极（或其中一个）的表面曲率半径很小，放电间隙中的电场是很不均匀的。气体的电离是在电极附近很窄的一层内发生的；在气体的其他部分导电性是由于两种极性的离子运动的结果。有时电晕放电还伴有嘶嘶声，在黑暗的条件下还可观察到淡紫色的光。

②刷形放电。是火花放电的一种，其放电通道有很多分支，而不是集中在一点，放电时伴有声光。由于绝缘体束缚电荷的能力很强，其表面容易出现刷形放电。同一带电绝缘体与其他物体之间，有时可发生多次刷形放电。

③火花放电。是指放电通道集中的火花放电，即电极上有明显放电集中点的火花放电。火花放电时有短促的爆裂声和明亮的闪光。在易燃易爆场所，火花放电具有很大的危险性。

（2）静电泄漏。带电体的电荷除可通过放电而消散外，另一消散的方式就是静电泄漏。

绝缘体上泄漏方式包括表面泄漏（遇到表面电阻）和体内泄漏（遇到体积电阻）。放电时间常数越大静电越不容易泄漏，类似电容放电，危险性大，可用半值时间 $t_{\frac{1}{2}}$（取绝缘体上静电电量泄漏一半时所用的时间）来衡量。

$$Q = Q_0 e^{-\frac{t}{\tau}} \tag{7-1}$$

式中　Q——泄漏后的电量，C；

　　　Q_0——泄漏前的电量，C；

　　　t——泄漏时间，s；

　　　τ——泄漏时间常数。

$$t_{\frac{1}{2}} = 0.693R \cdot C = 0.693\varepsilon\rho \tag{7-2}$$

式中　ε——常数，F/m；

　　　ρ——电阻率，Ω/m。

另外湿度对绝缘体表面电阻影响较大，湿度越高表面电阻降低。

湿度影响静电的泄漏，吸湿性越大的绝缘体，对静电泄漏的影响也越大，这是由于随着湿度的增加，绝缘体表面凝结成很薄的水膜，在水膜中溶入了空气中的二氧化碳，有时还能溶入绝缘体所析出的电解质，使绝缘体表面电阻大为降低，从而加速静电的泄漏。

7.1.3 物体静电参数、测量和影响因素

（1）静电参数。主要参数包括电荷量和静电电压。

电荷量：表示静电电荷量的多少用电量 Q 表示，其单位是库仑（C），由于库仑的单位太大通常用微库或纳库，$1C = 10^6 \mu C$，在测量粉体带电及其荷质比，或测量防静电服的性能时都要测量其带电电荷量。

静电电压：由于在很多场合测量静电电位较容易，另一个常用的静电参数是静电电位，其单位为伏（V）。但由于静电电压通常很高，因此常用一个较大的单位千伏（kV）。测量物体的静电电压时常用的方法是用非接触式静电电压表，在测量时不与被测物体接触，因而对被测量物体的静电影响很小，常用的仪表有 EST101 型防爆静电电压表。

（2）测量静电的仪器设备。测量物体带电的多少常用的参数是静电电荷量和静电电

压，不过测量塑料、橡胶、防静电地板（面）、地毯等材料的防静电性能时候，通常用电阻、电阻率、体积电阻率、表面电阻率、电荷（或电压）半衰期、静电电容、介电常数等，其中最常用、最可靠的是电阻及电阻率。

测量静电电荷量的仪器有电荷量表，测量静电电位可用静电电压表。测量材料特性的有许多测量静电的仪表如高阻计、电荷量表等。常用的静电测量仪器仪表见表7-1。

表 7-1　常用的静电测量仪器仪表

测量对象	仪表名称	仪表原理	测量范围	适用场所	特　点	备　注
电压	静电报警系统	测量人体是否带有危险的静电	$10 \sim 20kV$	实验室、现场	数字或发光二极管指示，带有危险静电时报警	安装在重要部门的入口处，可24h监视工作人员的带静电状态
	静电电压表	利用静电感应，经过直流放大指示读数	数十伏~数万伏	实验室、现场	体积小，非接触式测量	—
	静电电压表	利用静电感应线经传动机构变成交流信号，然后放大指示读数	数十伏~数万伏	实验室、现场	体积小，非接触式测量	—
	集电式静电电压表	利用放射性元素电离空气，改变空气绝缘电阻	数十伏~数万伏	实验室、现场	体积小，非接触式测量	—
电阻	电阻表	—	$10^4 \sim 10^{15}\Omega$	实验室、现场	耗电小、体积小，操作方便	可测量导电地面电阻
	人体综合电阻测量仪	测量人体穿鞋状态下是否起导静电作用	$10^4 \sim 10^{10}\Omega$	实验室、现场	数字或发光二极管指示，不合格时报警	可对进入车间的工作人员进行检查
高绝缘电阻	振动电容式超高电阻计等	用振动电容器将直流微弱信号变成交流信号后放大并指示	$10^6 \sim 10^{15}\Omega$	实验室	宜用于固体介质高绝缘测量	可测量 $10 \sim 16A$ 的微电流
微电流	复射式检流计等	利用磁场对载流线圈的作用力矩使张丝偏转	$< 1.5 \times 10^{-9} A$	实验室	—	—

测量对象	仪表名称	仪表原理	测量范围	适用场所	特 点	备 注
电容	万能电桥等	电桥原理	数皮法到数十微法	实验室、现场	携带式	仪表种类较多
电荷	法拉第筒或法拉第笼	测取法拉第筒的电筒及电位	较宽	实验室	设备容易筹备	按 $Q=CV$ 计算
	电荷仪或电量表	直接测量物体的电量	$10^{-5} \sim 10^{11}\Omega$	实验室、现场	测量范围宽,可测导体和非导体的电荷量	测非导体的电荷量时要用法拉第筒
可燃气体	可燃气体检测仪	利用气敏元件遇到可燃气体时,使气体电阻下降等原理	一档,危险浓度检漏;二档,灵敏检漏	实验室、现场	体积小,质量轻,灵敏度高	

（3）静电的影响因素。包括以下三个因素：

1）材质和杂质。不同的材质和杂质，对于静电的积累是不同的。

电阻率，对于固体电阻率在 $1\times10^9\Omega \cdot m$ 以上的物体，静电容易积累；在 $1\times10^7\Omega \cdot m$ 以下者，静电泄漏强，不易积累。

对于液体，电阻率在 $1\times10^{10}\Omega \cdot m$ 左右的物体最容易积累静电，在 $1\times10^8\Omega \cdot m$ 以下者泄漏强，不易积累静电，电阻率在 $1\times10^{13}\Omega \cdot m$ 以上的物体分子极性很弱，不产生静电。

对于粉尘，管道材料与粉体材料相同不易产生静电，当管道等用金属，则粉体为绝缘材料时，静电多少取决于粉体的性质，均为绝缘材料时，材料性质对静电的影响大。

电阻率低的只有容易失电子，而电阻率高的材料才容易产生和积累静电。

杂质（液体中含高分子材料或水分），如能降低原有材料的电阻率，则有利于静电泄漏。

2）工艺设备和工艺参数。接触面积越大，双电层电荷越多，产生静电越多。管道内壁粗糙度、接触面积越大，冲击和分离的机会就越多，流动电流就越大。粉体直径越小，比表面积越大，产生静电越多。

3）环境条件和时间。湿度、导电性地面、周围导体的布置都会对静电的产生有一定的影响。

7.1.4 静电引起的故障和灾害

（1）静电引起的生产故障。静电引起的生产故障包括静电力学现象、静电放电现象引起的故障。

1）静电力学现象引起的生产故障。物体带电后，在其周围空间有电场。在静电力作用下，轻小物体被吸引或被排斥，如图 7-14 所示。在静电场中，这种吸引力或排斥力按库仑法则计算。

　　静电的作用力尽管实际上不过每平方厘米数百毫克,但是由于这种力的作用,在实际生产过程中发生了各种生产故障。在粉体加工行业,生产过程中产生的静电会降低生产效率、影响生产质量。例如粉体筛分时,由于静电力的作用而吸附细微的粉末,使筛目变小或堵塞;气力输送时在管道上和管子弯道处贴附粉末造成输送不良;在球磨过程中,由于钢球吸附一层粉末,不但会降低生产效率,而且这一层粉末脱落下来混进产品之中,还会降低产品质量;计量时,由于计量器具吸附粉体还会造成测量误差;粉体装袋时,由于静电斥力的作用,粉体四散飞扬。一般粒子半径约为 $100\mu m$ 以下时,容易发生生产故障。

　　2)静电放电现象引起的生产故障。静电放电引起的生产故障是由于静电放电产生的声光等物理现象和电磁波的电气现象所造成的。在电子技术行业,当带电体发生间歇性放电,一次放电的电荷量为 $10^{-11} \sim 10^{-9}C$,放电能量为 $10^{-5} \sim 10^{-3}J$ 时,能量很小,但也能使半导体元件 MOS-IC 等损坏。而当带电体表面电荷密度为 $10^{-5} \sim 10^{-4}C/m^2$ 时,将发生火花放电或表面放电。放电时,在带电体和接地体之间有离子电流流动并辐射出电磁波,会引起计算机、继电器、开关等设备中电子元件的误动作。另外静电放电产生的电磁波进入无线电通讯设备、磁带录音机等会产生杂音,从而降低信息质量或引起信息差错。

　　(2)静电引起的电击。静电引起的电击,由于放电是脉冲瞬时现象,所以作为电击发生的极限,一般不以电流衡量,而是以带电电位和人体电容来衡量。静电电击有两种情况:一是带电体向人体放电;二是人体带电向接地导体放电。

　　1)带电体向人体放电。如图7-15所示当带电体为导体时,在此直线以下为无电击感觉区域,在直线以上的带电电位对人体发生放电,将有 $2\times10^{-7} \sim 3\times10^{-1}C$ 以上的电荷流入人体,发生电击。

　　带电体是绝缘体,确定发生电击的界限是很困难的。一般认为,电压10kV,表面电

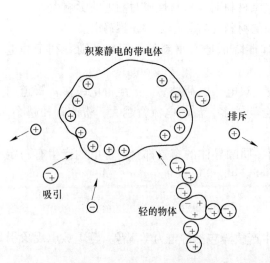

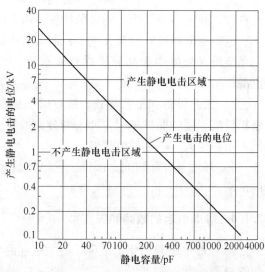

图 7-14　带电体的力学现象　　　　　　图 7-15　静电容量和产生静电电击的电位关系

荷密度为 $10^{-5}C/m^2$ 的带电绝缘体是可能引起电击的，对于带电情况很不均匀的绝缘体、包含有局部低电阻率区域的绝缘体以及对于近旁有金属导体的绝缘体，也要注意防止静电电击。

2）人体带电向接地导体放电。对于静电，人体相当于导体，放电时其有关部分的电荷一次消失，即能量集中释放，引起灾害的危险性较大。当人体的放电电荷达到 $2\times10^{-7}\sim3\times10^{-7}C$ 以上时会产生静电电击放电，表 7-2 为人体带电电位和静电电击程度的关系。由表 7-2 可知，当人体带电电位（静电电压）为 3kV 左右时，人体即有明显的电击感觉。因此，电击灾害的发生极限定为 3kV。

表 7-2　人体带电电位和静电电击程度的关系

人体带电电位/kV	静电电击程度	备　注
1.0	一点感觉都没有	
2.0	在手指的外侧有感觉但不痛	产生微弱的放电声音（察觉电压）
2.5	放电的部分有针触的感觉，有点哆哆嗦嗦的感觉，但不痛	
3.0	有像刺扎那样的痛感，有针扎的感觉	
4.0	在手指上有微痛感，有针深扎的痛感	
5.0	手掌至前腕有电击的痛感	见到放电的发光
6.0	在手指上有强烈的痛感，电击后手腕觉得有些沉重	由指尖延伸出放电的发光
7.0	在手指和手掌上有强烈的痛感，有麻木感	
8.0	手掌至前腕有麻木感	
9.0	手腕上有强烈的痛感，手有严重的麻木感	
10.0	全手有痛感，有电流流过的感觉	
11.0	手指上有严重的麻木感，全手有强烈的触电感	
12.0	在较强的触电电压下全手有被狠打的感觉	

注：人体的静电容量为 90pF。

（3）静电放电引起的着火、爆炸灾害。电压达到 300V 以上所产生的静电火花，即可引燃周围的可燃气体和粉尘。

1）静电爆炸和火灾发生的条件。物体带电后，静电总是要泄放掉的。电荷的泄放有两个途径：一是自然逸散，二是不同形式的放电。静电放电是由电能转换成热能的过程，并有可能将可燃物点燃，成为着火或爆炸的火源。

静电放电要成为点燃的火源，必须同时具备以下几个条件：

①有产生静电的来源；

②静电得以积聚，其静电压足以引起静电放电；

③静电放电的能量足够点燃可燃的混合物；

④放电必须在爆炸混合物的爆炸浓度范围内发生。

从消除静电危害的角度考虑，只要破坏其中的任何一个条件都可以达到防止点燃的目的。

2）最小点燃能量。最小点燃能量是指在常温和常压下，将可燃性物质和空气混合，在最敏感的条件下，诸如可燃物的性质和浓度、电极的形状和火花间隙、电路参数等都处于各自的最敏感条件时，引燃可燃物所需的最低能量。在某些生产过程中，常因静电放电引起灾害。那么在生产工艺过程中，从安全角度出发，静电放电火花在什么情况下可以点燃可燃性混合物呢？这需要解决两个问题，一是找到最小点燃能量，二是找到现场工艺条件下所能出现的最大静电放电能量，然后将两者加以比较。如果后者比前者小得多，则现场工艺对静电是安全的；若两者接近或后者比前者大则是危险的，应采取防静电措施。

7.1.5 静电防护措施

7.1.5.1 基本静电防护措施

静电危害的防护主要在减少静电的产生、加快静电的消散、消除静电放电的条件、控制环境危险程度等方面采取措施。

（1）减少静电的产生。工艺控制是减少静电产生的主要措施，工艺控制方法很多，应用很广。

1）选用适当的材料。根据现场条件，为了有利于静电的泄漏，为了减轻火花放电和感应带电的危险，可采用阻值为 $1 \times 10^7 \sim 1 \times 10^9 \Omega$ 左右的导电性工具。

在火工药剂混合中，多应用导电漆，静电荷能通过接地装置迅速泄漏，静电荷积累不起来，大大降低事故发生的几率。如在合成三硝基间苯二酚铅时，加入少量的石墨，可以大大降低该药的电阻值，消除静电积累的效果也比较好。

适当应用导电布和炭素纤维。导电布是用涤纶短纤维和不锈钢丝（直径 $6 \sim 9 \mu m$）混纺、编织成布，其中钢丝比例为 $1\% \sim 3\%$，用导电布做成各种除电装置，再通过导线接地。炭素纤维制成皮带布，用以消除静电。导电布和炭素纤维消除静电效果较好，在不接地线条件下也能向空气中释放静电电荷，它主要是由于在布面上有许多微细的纤维尖端，带电体发出电力线，在纤维尖端形成许多不均匀的静电场，从而使附近空气电离，尖端发生电晕放电，使正负离子中和，以达到消除静电的目的。

在有静电危险的场所，工作人员不应穿着丝绸、人造纤维或其他高绝缘衣料制作的衣服，以免产生危险静电。

2）限制摩擦速度或流速。限制输送速度、降低物料移动中的摩擦速度或液体物料在管道中的流速等工作参数可减少静电的产生。例如，为了限制产生危险的静电，烃类燃油在管道内流动时，流速与管径应满足以下关系：

$$V^2 D \leqslant 0.64 \tag{7-3}$$

式中 V ——流速，m/s；

        D ——管径，m。

对液体物料来说，控制流速是减少静电电荷产生的有效办法。

允许流速与液体电阻率有着十分密切的关系。当电阻率不超过 $1 \times 10^5 \Omega \cdot m$ 时，允许流速不超过 10m/s；当电阻率在 $1 \times 10^5 \sim 1 \times 10^9 \Omega \cdot m$ 之间时，允许流速不超过 5m/s；当电

阻率超过 $1 \times 10^9 \Omega \cdot m$ 时，允许流速决定于液体性质、管道直径、管道内壁光滑程度等条件，不可一概而论，但 1.2m/s 的流速一般总是允许的。为了不影响生产率，可将最大允许流速定为安全流速，使物料在输送中不超过安全流速。在倾倒等动作时也应缓慢，索取物品需轻拿轻放，严禁快速拖拉、翻动产品和猛抖药料。

粉体在管道中的允许输送速度取决于粉体的性质、载荷量、电阻率及管道内壁的光滑程度等。

3）限制非导电材料的暴露面积。非带电材料在工艺过程中产生的静电电荷大部分积聚在表面，所以，限制非带电材料的暴露面积，能够有效地降低其静电电量，减轻静电危害。

（2）加快静电的消散。主要方式包括以下四种：

1）接地。接地是消除静电危害最常见的方法，主要用来消除导体上的静电。

为了防止火花放电，应将可能发生火花放电的间隙跨接连通起来，并予以接地，使其各部位与大地等电位。为了防止感应静电的危险，不仅产生静电的金属部分应当接地，其他不相连接但邻近的金属部分也应接地。在生产过程中，以下工艺设备应采取接地措施：

①凡用来加工、储存、运输各种易燃液体、易燃气体和粉体的设备都必须接地。如果袋形过滤器由纺织品或类似物品制成，建议用金属丝穿缝并接地；如果管道由不导电材料制成，应在管外或管内绕以金属丝，并将金属丝接地。

②工厂或车间的氧气、乙炔等管道必须连成一个整体，并予以接地。可能产生静电的管道两端和每隔 200~300m 处均应接地。平行管道相距 10cm 以内时，每隔 20m 应用连接线互相连接起来。管道与管道或管道与其他金属物件交叉或接近，其间距离小于 10cm 时，也应互相连接起来。

③注油漏斗、浮动罐顶、工作站台、磅秤和金属检尺等辅助设备均应接地。油壶或油桶装油时，应与注油设备跨接起来，并予以接地。

④油槽汽车行驶时，由于汽车轮胎与路面有摩擦，汽车底盘上可能产生危险的静电。为了导出静电电荷，油槽车应带有导电橡胶条或金属链条（在碰撞火花可能导致危险的场合，不得使用金属链条），其一端与油槽车底盘相连；另一端与大地接触。汽车槽车、铁路槽车在装油之前，应与储油设备跨接并接地；装、卸完毕先拆除油管，后拆除跨接线和接地线。

⑤可能产生和积累静电的固体和粉体作业中，压延机、上光机及各种辊轴磨、筛、混合器等工艺设备均应接地。

因为静电泄漏电流很小，所有单纯为了消除导体上静电的接地，其防静电接地电阻原则上不得超过 $1M\Omega$；对于金属导体，为了检测方便，可要求接地电阻不超过 10~1000Ω。

为了防止人体静电的危害，工作人员应穿导电性鞋。导电性鞋鞋底（包括袜子）的电阻不应超过 $1 \times 10^7 \Omega$。同时，为了防止电击的危险，导电性鞋的鞋底（包括袜子）电阻不宜低于 $1 \times 10^4 \Omega$。穿用导电性鞋时，所处地面的电阻不应大于鞋底的电阻。人体还可以通过金属腕带和挠性金属连接线予以接地。应注意：在有静电危险的场所，工作人员不应佩戴孤立的金属物件。

采用导电性地面实质上也是一种接地措施。采用导电性地面不但能泄漏设备上的静电，而且有利于泄漏聚集在人体上的静电。导电性地面是用电阻率为 $1 \times 10^8 \Omega \cdot m$ 以下的材料制成的地面，如混凝土、导电橡胶、导电合成树脂、导电木板、导电水磨石和导电瓷砖等地面。在绝缘板上喷刷导电性涂料也能起到与导电性地面同样的作用。采用导电性地面或导电性涂料喷刷地面时，地面与大地之间的电阻不应超过 $1M\Omega$，地面与接地导体的接触面积不宜小于 $10cm^2$。

接地对于消除绝缘体上的静电效果是不大的。对于产生和积累静电的高绝缘材料，即对于电阻率为 $1 \times 10^9 \Omega \cdot m$ 以上的固体材料和电阻率为 $1 \times 10^{10} \Omega \cdot m$ 以上的液体材料，即使与接地导体接触，其上静电变化也不大。而且，对于产生和积累静电的高绝缘材料，如经导体直接接地，则相当于把大地电位引向带电的绝缘体，有可能反而增加火花放电的危险性。

2）增湿。随着湿度的增加，绝缘体表面上形成薄薄的水膜。该水膜的厚度只有 $1 \times 10^{-5}cm$，其中含有杂质和溶解物质，有较好的导电性，因此，它能使绝缘体的表面电阻大大降低，能加速静电的泄漏。

应当指出，增湿主要是增强静电沿绝缘体表面的泄漏，而不是增加通过空气的泄漏。

在这种情况下，一旦发生放电，由于能量的释放比较集中，火花比较强烈。

允许增湿与否以及允许增加湿度的范围，需根据生产要求确定。从消除静电危害的角度考虑，保持相对湿度在 70% 以上较为适宜。当相对湿度低于 30% 时，产生的静电是比较强烈的。

为防止大量带电，相对湿度应在 50% 以上；为了提高降低静电的效果，相对湿度应提高到 65%~70%；对于吸湿性很强的聚合材料，为了保证降低静电的效果，相对湿度应提高到 80%~90%。

应当注意，空气的相对湿度在很大程度上受温度的影响。增湿的方法不宜用于消除高温环境里的绝缘体上的静电。

3）添加抗静电添加剂。抗静电添加剂是化学药剂，具有良好的导电性或较强的吸湿性。因此，在容易产生静电的高绝缘材料中，加入抗静电添加剂之后，能降低材料的体积电阻率或表面电阻率，加速静电的泄漏，消除静电的危险。对于固体，若能将其体积电阻率降低至 $1 \times 10^7 \Omega \cdot m$ 以下或将其表面电阻率降低至 $1 \times 10^8 \Omega \cdot m$ 以下即可消除静电的危险。对于液体，若能将其体积电阻率降低至 $1 \times 10^8 \Omega \cdot m$ 以下，即可消除静电的危险。

使用抗静电添加剂是从根本上消除静电危险的办法，但应注意防止某些抗静电添加剂的毒性和腐蚀性造成的危害。这应从工艺状况、生产成本和产品使用条件等方面考虑使用抗静电添加剂的合理性。

应当指出，对于悬浮粉体和蒸气静电，因其每一微小的颗粒（或小珠）都是互相绝缘的，所以任何抗静电添加剂都不起作用。

4）使用静电中和器。静电中和器又叫静电消除器，可将气体进行电离，产生消除静电所必要的离子（一般为正、负离子对），其中与带电物体极性相反的离子向带电物体移动，并与带电物体的电荷进行中和，从而达到消除静电的目的。几种常用的静电中和器的特点和适用场所见表 7-3。

表 7-3 静电中和器的特点和适用场所

静电中和器种类		特　点	主要应用场所
外接高压电源式	通用式	消电能力强	单膜、纸、布
	送风式	作用距离较远、范围较广	配管内、局部空间
	防爆式	不会成为引火源，机构较复杂	有防爆要求的场所
感应式		机构及使用简单，不易成为火源，当电体电位在 2~3kV 以下时，难以消电	单膜、纸、布、某些粉末
放射源式		不会成为火源，要注意安全使用	密闭空间等

在消静电要求较高的场所，还可以采用组合性的静电中和器，如兼有高压作用和放射作用的中和器，以及兼有感应作用和放射线作用的中和器等。感应式静电消除器在带电体表面电位比较低时不能进行工作，只有在电位高时才能有较高的效率。而放射源式静电消除器能在电位不高的情况下正常工作，但其效率会受到电离电流的限制，电离电流不随介质上电位的增高而增大。两者组合在一起可弥补各自的不足。这种组合式静电消除器的特性是由放射源式和感应式两种消除器的特性叠加而成，消电效果更为显著。

尽管静电中和器不一定能把带电体上的静电完全中和掉，但可将静电中和至安全范围以内。与抗静电添加剂相比，静电中和器具有不影响产品质量、使用方便等优点。

（3）消除静电放电条件。应从静电屏蔽和结构设计两方面考虑。

1）静电屏蔽。静电屏蔽是用接地导体（即屏蔽导体）靠近带静电体放置，以增大带静电体对地电容，降低带电体静电电位，从而减轻静电放电的危险。应当注意到，屏蔽不能消除静电电荷。此外，屏蔽还能减小可能的放电面积，限制放电能量，防止静电感应。

2）结构设计。在设计和制造设备时，应避免存在易产生静电放电的条件，如在容器内避免设计细长、突出的带电性结构。

（4）环境危险程度控制。静电引起爆炸和火灾的条件之一是有爆炸性混合物存在，为了防止静电的危害，可采取以下控制所在环境爆炸和火灾危险性的措施：

1）取代易燃介质。在很多可能产生和积累静电的工艺过程中，要用到有机溶剂和易燃液体，并由此带来爆炸和火灾的危险。在不影响工艺过程的正常运转和产品质量且经济上合理的情况下，用不可燃介质代替易燃介质是防止静电引起的爆炸和火灾的重要措施之一。例如，用三氯乙烯、四氯化碳、苛性钠或苛性钾代替汽油、煤油作洗涤剂有良好的防爆效果。

2）降低爆炸性混合物的浓度。在爆炸和火灾危险环境，采用通风装置或抽气装置及时排出爆炸性混合物，使混合物的浓度不超过爆炸下限，可防止静电引起爆炸的危险。

3）减少氧化剂含量。这种方法实质上是充填氮、二氧化碳或其他不活泼的气体，减少气体、蒸气或粉尘爆炸性混合物中氧的含量，氧的含量不超过 8%时即不会引起燃烧。

通常充填氮或二氧化碳降低混合物的含氧量。但是，对于镁、铝、锆、钛等粉尘爆炸性混合物，充填氮或二氧化碳是无效的，可充填氩、氦等惰性气体以防止爆炸和火灾。

7.1.5.2 固体物料防静电措施

（1）防静电接地线不得利用电源零线，不得与防直击雷地线共用。

（2）在进行间接接地时，可在金属导体与非金属静电导体或静电亚导体之间加设金属箔，也可涂导电性涂料或导电膏以减少接触电阻。

（3）非金属静电导体或静电亚导体与金属导体相互连接时，其紧密接触的面积应大于20cm²。

（4）在振动和频繁移动的器件上用的接地导体禁止用单股线及金属链，应采用6mm²以上的裸绞线或编织线。

（5）架空配管系统各组成部分，应保持可靠的电气连接。室外的系统同时要满足国家有关防雷规程的要求。

7.1.5.3 液体物料防静电措施

（1）接地。对于不同的设备设施有不同的接地要求。

罐、塔等固定设备原则上要求在多个部位上进行接地，其接地点应设两处以上，接地点应沿设备外围均匀布置，其间距不应大于30m。

管路两端和每隔200~300m处，应有一处接地。当平行管路相距10cm以内时，每隔20m应加连接。当管路与其他管路交叉间距小于10cm时，应相连并接地。对金属管路中的非导体管路段，除需做屏蔽保护外，两端的金属管应分别与接地干线相接。非导体管路段上的金属件应跨接、接地。

汽车、火车等移动设备在装卸过程中应采用专用的接地导线、夹子和接地端子将移动设备与装卸设备连接起来。

油轮和船舶灌装作业前，应先将船体与陆地上接地端进行接地。使用软管输送轻质油品前，应做电气连续性检查。遵循先接搭接线后接软管，作业后先拆输油软管后拆搭接线。

向飞机加油前，应将机体和加油设备同时接地。压力加油时，机体和加油接头应直接连接。翼上加油时，机体与加油枪必须保持良好接触。飞机加油宜采用导电性软管。管路系统的所有金属件，包括护套的金属包覆层必须接地。

（2）控制烃类液体灌装的流速。不同方式的烃类液体灌装，流速的要求是不同的。

1）油罐。对于电导率低于50pS/m的液体石油产品，在注入口未浸没前，初始流速不应大于1m/s，当注入口浸没200m后，可逐步提高流速，但最大流速不应超过7m/s。如采用其他有效防静电措施，可不受上述限制。

2）汽车罐车。在装卸油前，必须先检查罐车内部，不应有未接地的浮动物。装油鹤管、管道、罐车必须跨接和接地。采用顶部装油时，装油鹤管应深入到槽罐的底部200m。装油速度宜满足下式：

$$V^2D \leq 0.5 \tag{7-4}$$

式中 V——油品流速，m/s；

D——鹤管管径，m。

装油方式应尽量采用底部装油。禁止使用无挡板汽车罐车运输轻质油品。装油完毕，宜静置不少于2min后，再进行采样、测温、检尺、拆除接地线等。汽车罐车未经清洗不宜换装油品。

3）铁路罐车。在装卸油前，必须先检查罐车内部，不应有未接地的浮动物。装油鹤管、管道、槽罐必须跨接和接地。顶部装卸油时，装卸油鹤管应深入到槽罐的底部。装油速度宜满足下式：

$$V^2D \leqslant 0.8 \qquad (7\text{-}5)$$

装油完毕，宜静置不少于 2 min 后，再进行采样、测温、检尺、拆除接地线等。铁路罐车未经清洗不宜换装油品。

4）油轮和船舶。装油初速度不大于 1m/s，当入口管浸没后，可提高流速，但 100m 管径不大于 9m/s，150m 管径不大于 7m/s。

5）飞机。当注油品电导率大于 50pS/m 时，飞机的加油速度可达至 7m/s。

（3）选择正确的灌装方式。为了避免液体在容器内喷射或溅射，应将注油管延伸至容器底部，而且，其方向应有利于减轻容器底部积水或沉淀物搅动。图 7-16 所示为三种比较合理的注油方式。

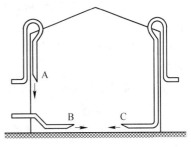

图 7-16 注油示意图

为了减轻从油罐顶部注油时的冲击，减少注油时产生的静电，改变注油管头（鹤管头）的形状能收到一定的效果。经验表明，T 形注油管头、锥形注油管头、45°斜口形注油管头和人字形注油管头都能降低油罐内油面的最高电位。

（4）烃类液体的采样、测温、检尺。在烃类液体的灌装、循环或搅拌过程中，禁止进行采样、测温或检尺等操作。必须在设备停止工作，达到表 7-4 规定的静置时间后，才能进行上述操作。

表 7-4 烃类液体灌装、循环或搅拌后的静置时间 　　　　　　　　　　（min）

带电物体的电导率/S·m⁻¹	带电液体的容积/m³			
	<10	10~50	50~5000	>5000
$\geqslant 10^{-6}$	1	1	1	1
$>10^{-12}$、$<10^{-8}$	2	3	10	30
$>10^{-14}$、$<10^{-12}$	4	5	60	120
$<10^{-14}$	10	15	120	240

注：若容器内设有专有量槽，则按液体容积小于 $1 \times 10^3 m^3$ 取值。

不准同时使用绝缘和非绝缘等不同材质的检尺、测温、采样工具进行作业。油罐采样、计量和测温前静置时间可按油轮和船舶相关规定的静置时间的要求进行。进行油品采样、计量和测温时，不得猛拉快提，上提速度不得大于 0.5m/s，下落速度不得大于 1m/s。

（5）吹扫和清洗。采用蒸汽进行吹扫和清洗时，受蒸汽喷击的管线、导电物体都必须与油罐或设备进行接地连接。严禁使用压缩空气对汽油、煤油、苯、轻柴油等产品的管线进行清扫。严禁使用汽油、苯类等易燃溶剂对设备、器具吹扫和清洗。使用液体喷洗容器时，压力不得大于 980kPa。

7.1.5.4 气体物料防静电措施

（1）在工艺设备的设计及结构上应避免粉体的不正常滞留、堆积和飞扬；同时还应配置必要的密闭、清扫和排放装置。

（2）应尽量采用金属导体制作管道或部件。当采用静电非导体时，应具体测量并评价其起电程度。必要时应采取相应措施。

（3）对输送可燃气体的管道或容器等，应防止不正常的泄漏，并宜装设气体泄漏自动检测报警器。

（4）气流物料输送系统内，应防止偶然性外来金属导体混入，成为对地绝缘的导体。

（5）必要时，可在气流输送系统的管道中央，顺其走向加设两端接地的金属线，以降低管内静电电位。也可采取专用的管道静电消除器。

（6）对于强烈带电的粉料，宜先输入小体积的金属接地容器，待静电消除后再装入大料仓。

（7）大型料仓内部不应有突出的接地导体。在顶部进料时，进料口不得伸出，应与仓顶取平。

（8）当筒仓的直径在 1.5m 以上，且工艺中粉尘粒径多数在 30μm 以下时，要用惰性气体置换、密封筒仓。

（9）收集和过滤粉料的设备，应采用导静电的容器及滤料并予以接地。

（10）粉体的粒径越细，越易起电和点燃。在整个工艺过程中，应尽量避免利用或形成粒径在 75μm 或更小的细微粉尘。

（11）工艺中需将静电非导体粉粒投入可燃性液体或混合搅拌时，应采取相应的综合防护措施。

（12）高压可燃气体的对空排放，应选择适宜的流向和处所。对于压力高、容量大的气体（如液氢）排放时，宜在排放口装设专用的感应式消电器。同时要避开可能发生雷暴等危害安全的恶劣天气。

7.1.5.5　人体防静电措施

（1）当气体爆炸危险场所的等级属 0 区和 1 区，且可燃物的最小点燃能量在 0.25mJ 以下时，工作人员需穿防静电鞋、防静电服。当环境相对湿度保持在 50% 以上时，可穿棉工作服。

（2）静电危险场所的工作人员，外露穿着物（包括鞋、衣物）应具防静电或导电功能，各部分穿着物应存在电气连续性，地面应配用导电地面。

（3）在气体爆炸危险场所的等级属 0 区和 1 区工作时，应佩戴防静电手套。

（4）防静电衣物所用材料的表面电阻率应低于 $5 \times 10^{10} \Omega \cdot m$，防静电工作服技术要求应满足相关国家标准要求。

（5）可以采用安全有效的局部静电防护措施（如腕带），以防止静电危害的发生。

（6）禁止在静电危险场所穿脱衣物、帽子及类似物，并避免剧烈的身体运动。

（7）在静电危险场所，工作人员不应佩戴孤立的金属物件。

7.2　雷电危害与防护技术

7.2.1　雷击的种类及危害

雷电的破坏主要是由于云层间或云和大地之间以及云和空气间的电场达到一定程度

（25~30kV/cm）时，所发生的猛烈放电现象。通常雷击有三种形式，直击雷、感应雷、球形雷。

（1）直击雷。落地雷是直击雷，它是带电积云与地面（特别是突起物）之间，由于带电的性质不同，在地面凸出物顶部感应出异性电荷，形成很强的电场（25~30kV/cm）把大气击穿（由带电积云向大地发展的跳跃式先导放电，到达地面时，发生从地面凸出物顶部向积云发展的极明亮的主放电，主放电向上发展至云端后结束）。放电过程可以击坏放电通路上的建筑物与输电线，击死击伤人畜等。雷电直接击在建筑物上，可以产生电效应、热效应和机械力。

直击雷是带电积云接近地面至一定程度时，与地面目标之间的强烈放电，直击雷的作用过程如图 7-17 所示。

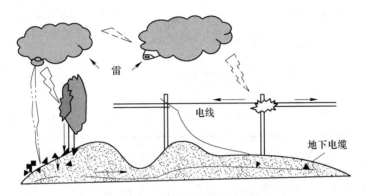

图 7-17　直击雷作用示意图

直击雷的每次放电含有先导放电、主放电、余光 3 个阶段。具体的放电过程如图 7-18 所示。

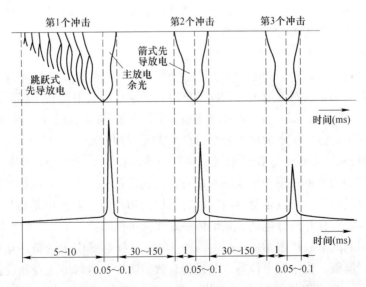

图 7-18　直击雷放电图（上半部分为光学照片图，下半部分为电流波形图）

大约 50% 的直击雷有重复放电特征。每次雷击有 3、4 个冲击甚至数十个冲击。直击雷的电压峰值通常可达几万伏甚至几百万伏，电流峰值可达几十千安乃至几百千安，其破坏性之所以很强，主要原因是雷云所蕴藏的能量在极短的时间（其持续时间通常只有几微秒到几百微秒，一般不超过 500ms）就释放出来，从瞬间功率来讲是巨大的。

（2）感应雷（二次雷）。感应雷也称作雷电感应，其作用过程如图 7-19 所示。

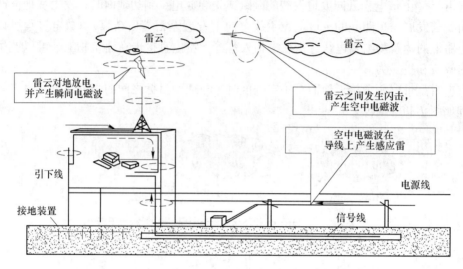

图 7-19　感应雷作用示意图

感应雷击是间接雷，是由感应电荷放电时造成的。感应电荷是由于雷雨云的静电感应或放电时的电磁感应作用（相应分为静电感应雷和电磁感应雷），使建筑物上的金属物体（如管道、钢筋、电线等）感应出与雷雨云相反的一种电荷。感应雷破坏也称为二次破坏。由于雷电流变化梯度很大，会产生强大的交变磁场，使得周围的金属构件产生感应电流，这种电流可能向周围物体放电，如附近有可燃物就会引发火灾和爆炸，而感应到正在联机的导线上就会对设备产生强烈的破坏性。

感应雷破坏分为静电感应雷和电磁感应雷两种。

1）静电感应雷。带有大量负电荷的雷云所产生的电场将会在金属导线上感应出被电场束缚的正电荷。当雷云对地放电或云间放电时，云层中的负电荷在一瞬间消失了（严格说是大大减弱），那么在线路上感应出的这些被束缚的正电荷也就在一瞬间失去了束缚，在电势能的作用下，这些正电荷将沿着线路产生大电流冲击。

2）电磁感应雷。雷击发生在供电线路附近，或击在避雷针上会产生强大的交变电磁场。此交变电磁场的能量将感应于线路并最终作用到设备上。由于避雷针的存在，建筑物上落雷机会反倒增加，内部设备遭感应雷危害的机会和程度一般来说是增加了，因此，避雷针引下线通体要有良好的导电性。接地体一定要处于低阻抗状态。

由感应雷引起的事故约占雷害事故的 80%~90%。针对感应雷的破坏途径，我们可采取接地、分流、屏蔽、均压等电位等方法进行有效的防护。以保证人身和设备的安全。

（3）球形雷。在雷电频繁的雷雨季节，偶然会发现殷红色、灰红色、紫色、蓝色的"火球"，直径一般十到几十厘米，甚至超过 1m。有时从天而降，然后又在空中或沿地面水平移动，有时平移有时滚动，通过烟囱、开着的门窗和其他缝隙进入室内，或无声地消失，或发出丝丝的声音，或发生剧烈的爆炸，因而人们习惯称之为"球形雷"。从电学角度考虑，球形雷应当是一团处在特殊状态下的带电气体。

相应地，雷击的危害主要包括以下几点：

（1）雷击一般性破坏。当雷电直接击在建筑物上，强大的雷电流使建（构）筑物水分受热汽化膨胀，从而产生很大的机械力，导致建筑物燃烧或爆炸。另外，当雷电击中接闪器，电流沿引下线向大地放电时，瞬间对地电位升高，有可能向临近的物体闪击，称为雷电"反击"，从而造成火灾或人身伤亡。

雷电有电性质、热性质、机械性质等多方面的破坏作用，均可能带来触电、火灾和爆炸、设备和设施毁坏以及大规模停电等极为严重的后果。

（2）雷电波引入的破坏。当雷电接近架空管线时，高压冲击波会沿架空管线侵入室内，造成高电流引入，这样可能引起设备损坏或人身伤亡事故。如果附近有可燃物，容易酿成火灾。

常见的雷电干扰的入侵途径及原因有如下四种。

1）当建筑物本身受雷电直击时，和建筑物连接的金属导体包括建筑物钢筋与地极之间产生瞬时电位差，构成摧毁电子设备的冲击过电压。并且经下引线流过的大量电流，亦产生磁场冲击波。

2）当远端的导线因雷电而产生感应电压会由远端经导线传导过来。

3）当云层间放电时，强大的电磁冲击会在邻近的地上金属导线感应出冲击电压，并且磁场冲击会蔓延到地上的建筑物。

4）另外，内部操作过电压，如变压器的空载、电机的启动、开关的开启等，能引起强大的脉冲冲击电流通过线缆引入，破坏电子设备。

（3）建筑物受雷击部位。建筑物易遭雷击的部位是屋面上突出的部分和边沿。如平屋面的檐角、女儿墙和四周屋檐；有坡度的屋面的屋角、屋脊、檐角和屋檐；此外高层建筑的侧面墙上也容易遭到雷电的侧击。具体情况如下：

1）建筑物雷击部位与不同屋顶坡度（0°、15°、30°、45°）有关。

2）屋角与檐角的雷击率最高。

3）屋顶的坡度愈大，屋脊的雷击率也愈大；当坡度大于40°时，屋檐一般不会再受雷击。

4）当屋面坡度小于27°，长度小于30m时，雷击点多发生在山墙，而屋脊和屋檐一般不再遭受雷击。

5）雷击屋面的概率甚少。

7.2.2　防雷建筑物分类

根据建筑物的重要性、内容及雷击后果的严重性以及遭受雷击的概率大小等因素综合考虑，我国《建筑物防雷设计规范》将建、构筑物划分为三类不同的防雷类别，以便规定不同的雷电防护要求和措施。各种建筑物的防雷类别如下：

（1）第一类防雷建筑物。因电火花而引起爆炸会造成巨大破坏和人身伤亡的下列建筑物：

1）制造、使用或储存大量爆炸物质如炸药、火药、起爆药、火工品等的建筑物。

2）具有 0 区、1 区或 10 区爆炸危险环境的建筑物。

（2）第二类防雷建筑物。包括以下七项：

1）国家级重点文物保护的建筑物。

2）特别重要的建筑物。如国家级的会堂和办公建筑物、大型展览和博览建筑物、大型车车站、国宾馆、国家级档案馆、大城市的重要给水泵房等。

3）对国民经济有重要意义且装设大量电子设备的建筑物，如国家级计算中心、国际通信枢纽等。

4）电火花不易引起爆炸或不致造成巨大破坏和人身伤亡的下列建筑物：

①制造、使用储存爆炸物的建筑物。

②具有 1 区、2 区或 11 区爆炸危险环境的建筑物。

5）工业企业内有爆炸危险的露天钢质封闭气罐。

6）年预计雷击次数 $N > 0.06$ 的重要建筑物或人员密集的公共建筑物。如部、省级办公建筑物，集会、展览、博览、体育、商业、影剧院、医院、学校等建筑物。

7）年预计雷击次数 $N > 0.03$ 的一般性民用建筑，如住宅、办公楼等。

（3）第三类防雷建筑物。包括以下七项：

1）省级重点文物保护的建筑物及省级档案馆。

2）年预计雷击次数 $0.012 \leqslant N \leqslant 0.06$ 的重要或人员密集场所，如部、省级办公建筑物，集会、展览、博览、体育、商业、影剧院、医院、学校等建筑物。

3）根据雷击后工业生产的影响及产生的后果，并结合当地气象、地形、地质及周围环境等因素，确定需要防雷的 21 区、22 区、23 区火灾危险环境。

4）年预计雷击次数 $0.006 \leqslant N \leqslant 0.3$ 的一般性民用建筑物，如住宅、办公楼

5）年预计雷击次数 $N \geqslant 0.006$ 的一般性工业建筑物。

6）度高在 15m 以上的烟囱、水塔等孤立的高耸建筑物；在年平均雷暴日不超过 15 天的地区，高度可为 20m 及以上。

7）未装设防直击雷装置及不处于其他建、构筑物的保护范围内，但没有电子系统防雷击电磁脉冲的建筑物，宜按第三类考虑防直击措施。

7.2.3　防雷装置的认识

一套完整的防雷装置包括接闪器、引下线、接地装置、电涌保护器及其他连接导体等部件。避雷器是一种专门的防雷装置。

7.2.3.1　接闪器

接闪器的作用是利用其高出被保护物的突出地位，把雷电引向自身，然后通过引下线和接地装置，把雷电流泄入大地，以此保护被保护物免受雷击。

（1）接闪器的种类。避雷针、避雷线、避雷网和避雷带都可作为接闪器，建筑物的金属屋面也可作为第一类工业建筑物以外其他各类建筑物的接闪器。

1）避雷针一般安装在支柱（电杆）上或其他构架、建筑物上。避雷针的作用原理是：由于静电感应，避雷针能对雷电场产生一个附加电场，使雷电场发生畸变，将雷云放电的通路由原来可能从被保护物通过的方向吸引到避雷针本身，使雷云沿避雷针放电，由避雷针经引下线和接地体把雷电流泄放到大地中去。避雷针实质上是引雷针。

避雷针分为独立避雷针和附设避雷针。独立避雷针是离开建筑物单独装设的。一般情况下，其接地装置应当单设，接地电阻一般不应超过 10Ω。严禁在装有避雷针的构筑物上架设通信线、广播线或低压线。利用照明灯塔作独立避雷针支柱时，为了防止将雷电冲击电压引进室内，照明电源线必须采用铅皮电缆或穿入铁管，并将铅皮电缆或铁管埋入地下（埋深 $0.5\sim0.8\mathrm{m}$），经 10m 以上（水平距离）才能引进室内。独立避雷针不应设在人经常通行的地方。

附设避雷针是装设在建筑物或构筑物屋面上的避雷针。如装设多支附设避雷针，相互之间应连接起来，有其他接闪器的（包括屋面钢筋和金属屋面）也应相互连接起来，并与建筑物或构筑物的金属结构连接起来。其接地装置可以与其他接地装置共用，宜沿建筑物或构筑物四周敷设，其接地电阻不宜超过 $1\sim2\Omega$。如利用自然接地体，为了可靠起见，还应装设人工接地体。人工接地体的接地电阻不宜超过 5Ω。装设在建筑物屋面上的接闪器应当互相连接起来，并与建筑物或构筑物的金属结构连接起来。建筑物混凝土内用于连接的单一钢筋的直径不得小于 10mm。

2）避雷线（即架空地线）的作用原理与避雷针相同，主要用于输电线路的保护，也可用来保护发电厂和变电所，近年来许多国家都采用避雷线保护 500kV 大型超高压变电站。对于输电线路，避雷线除了防止雷电直击导线外，同时还有分流作用，以减少流经杆塔入地的雷电流，从而降低塔顶电位。而且避雷线对导线的耦合作用还可降低导线上的感应过电压。

（2）接闪器的保护范围。接闪器的保护范围可根据模拟实验及运行经验确定。由于雷电放电途径受很多因素的影响，要想保证被保护物绝对不遭受雷击是很困难的，一般只要求保护范围内被击中的概率在 0.1% 以下即可。

设计接闪器时，接闪器的保护范围可单独或组合采用避雷网法和滚球法。

避雷网法是基于法拉第笼原理，用网格形导体的网格宽度和引下线间距覆盖需要防雷保护的空间。

滚球法是利用电气几何理论，设想直径 h_r 的球体沿需要防直击雷的部位滚动，如该球体只触及接闪器（避雷针等，包括可视为接闪器的金属物）或其引下线，或只触及接闪器和地面（或与大地接触且能承受雷击的导体），而不触及被保护的部位时，则该设施在接闪器保护范围之内，球面线即保护范围的轮廓线。

不同防雷级别的避雷网网格尺寸和滚球半径见表 7-5。

表 7-5 不同防雷级别的避雷网网格尺寸和滚球半径

建筑物防雷级别	避雷网网格尺寸/m²	滚球半径 h_r/m
第一类防雷建筑物	≤5×5 或 ≤6×4	30
第二类防雷建筑物	≤10×10 或 ≤12×8	45
第三类防雷建筑物	≤20×20 或 ≤24×16	60

（3）接闪器的材料和尺寸。接闪器所用材料应能满足机械强度和耐腐蚀的要求，还应有足够的热稳定性，能承受雷电流的热效应。

避雷针一般用镀锌圆钢或钢管制成。避雷网和避雷带用镀锌圆钢或扁钢制成。接闪器最小尺寸见表 7-6。

表 7-6 接闪器常用材料的最小尺寸

类 别	规 格	圆钢或钢管		扁 钢	
		圆钢直径/mm	钢管直径/mm	界面/mm²	厚度/mm
避雷针	针长 1m 以下	12	20	—	—
	针长 1~2m	16	25	—	—
	针在烟囱上方	20	—	—	—
避雷网和避雷带	网格 6m×6m~10m×10m	8	—	48	—
	网格在烟囱上方	12	—	100	4

避雷线一般采用截面积不小于 $35mm^2$ 的镀锌钢绞线。用金属屋顶作为接闪器时,金属板之间的搭接长度不得小于 100mm。金属板下方无易燃物品时,其厚度不应小于 0.5mm;金属板下方有易燃物品时,为了防止雷击穿孔,所用铁板、铜板、铝板厚度分别不得小于 4mm、5mm 和 7mm。

所有作为接闪器使用的金属板不得有绝缘层。

接闪器焊接处应涂防腐漆,涂漆对其保护作用没有影响,其截面锈蚀 30% 以上时应予更换。

接闪器装设在烟囱上方时,由于烟气有腐蚀作用,应适当加大尺寸。

接闪器使整个地面电场发生畸变,但其顶端附近电场局部不均匀范围很小,且对于从带电积云向地面发展的先导放电没有影响。因此,作为接闪器的避雷针,端部尖锐程度、是否分叉等对其保护效能基本上没有影响。

7.2.3.2 避雷器

输电线路既可能受到直击雷,或感应雷和雷电波侵入。直击雷可以采取避雷针(线)进行防护,但是感应雷和雷电将沿线路侵入建筑物的问题是避雷针(线)不能解决的。另外,同样电压等级的电气设备比线路的绝缘水平低得多。为了将这种侵入波过电压限制在电气设备的耐压值之内,可用避雷器来保护。

避雷器是专门用以限制线路传来的雷电过电压或操作过电压的一种电气设备。它实质上是一个与被保护的电气设备并联的放电器。正常时,避雷器的间隙处于绝缘状态,不影响系统的运行。出现雷击时,当作用在被保护电气设备及避雷器上的电压升高到一定程度,超过避雷器的放电电压时,避雷器先击穿放电,抑制了过电压的发展,保护了其他电气设备。这时,能够进入被保护物的电压仅为雷电流流过避雷器及其引线和接地装置产生的所谓"残压"。过电压终止后,避雷器迅速恢复绝缘状态,系统恢复正常工作。

A 截波、残压及其危害

用避雷器保护变压器时,由于雷电冲击波具有高频特性,连接线感抗增加,不可忽略不计;同时,变压器容抗变小,并起主要作用,其等效电路如图 7-20 所示。当冲击波传来,a 点电压上升到避雷器放电电压 U_0 时,避雷器击穿放电,电容 C 上很快充电到 U_0。如果避雷器及其接地电阻都很小,电容 C 直接经电感 L 放电,形成串联振荡,b 点电压急剧变为 $-U_0$。

这相当于在变压器上突然加上了 $2U_0$ 的冲击波,这个冲击波就叫做截波。截波会损害变压器的绝缘。

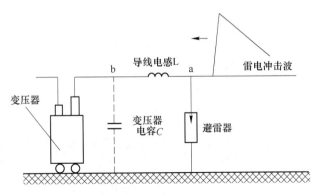

图 7-20　冲击等效电路

对图 7-20 所示谐振回路，可以列出下列方程：

$$\frac{1}{C}\int i\mathrm{d}t + L\frac{\mathrm{d}i}{\mathrm{d}t} + Ri = 0 \tag{7-6}$$

式中　R——电阻，包括避雷器阀电阻、接地电阻和导线电阻，Ω；

　　　C——变压器电容，$\mu\mathrm{F}$；

　　　L——导线电感，mH；

　　　i——电容器放电电流，A；

　　　t——电容器放电时间，s。

经过微分和整理，可得到下列常系数二阶齐次微分方程

$$\frac{\mathrm{d}^2 i}{\mathrm{d}t^2} + \frac{R}{L}\frac{\mathrm{d}i}{\mathrm{d}t} + \frac{1}{LC}i = 0 \tag{7-7}$$

其特征方程为 $\lambda^2 + \dfrac{R}{L}\lambda + \dfrac{1}{LC} = 0$，根为 $\lambda_1 = -\dfrac{R}{2L} + \sqrt{\left(\dfrac{R}{2L}\right)^2 - \dfrac{1}{LC}}$ 和 $\lambda_2 = -\dfrac{R}{2L} -$

$\sqrt{\left(\dfrac{R}{2L}\right)^2 - \dfrac{1}{LC}}$。

微分方程的解为

$$i = Ae^{\lambda_1 t} + Be^{\lambda_2 t} \tag{7-8}$$

当 $\left(\dfrac{R}{2L}\right)^2 \geqslant \dfrac{1}{LC}$ 时，即 $R \geqslant 2\sqrt{\dfrac{L}{C}}$ 时，λ_1、λ_2 为负实根，电流按指数衰减，不发生振荡。

当 $\left(\dfrac{R}{2L}\right)^2 < \dfrac{1}{LC}$ 时，即 $R < 2\sqrt{\dfrac{L}{C}}$ 时，λ_1、λ_2 为复根，电流成为震荡电流。

如令 $\alpha = \dfrac{R}{2L}$，$\omega = \sqrt{\dfrac{1}{LC} - \left(\dfrac{R}{2L}\right)^2}$，则 $\lambda_1 = -\alpha + \mathrm{j}\omega$，$\lambda_2 = -\alpha - \mathrm{j}\omega$。电流为

$$i = A\,e^{-\alpha t}(\cos\omega t + \mathrm{j}\sin\omega t) + B\,e^{-\alpha t}(\cos\omega t + \mathrm{j}\sin\omega t)$$
$$= e^{-\alpha t}[(A + B)\cos\omega t + \mathrm{j}(A - B)\sin\omega t] \tag{7-9}$$

设 $t = 0$ 时，$i = 0$（即设避雷器击穿放电后的一瞬间，电容上电压充至最高时作为计算

起点），可得 $A+B=0$。由 $t=0$ 时，$u_c=U_0$ 可求得 $A-B$。忽略电阻上的压降，根据谐振条件可知

$$u_c = -u_L = -L\frac{\mathrm{d}i}{\mathrm{d}t} \qquad (7\text{-}10)$$

于是，第二个初始条件可以写成

$$\frac{\mathrm{d}i}{\mathrm{d}t}(t=0) = -\frac{U_0}{L} \qquad (7\text{-}11)$$

经过微分计算，可求得 $A-B=-\dfrac{U_0}{\mathrm{j}\omega t}$。代入式（7-9）中，得到回路电流为

$$i = -\frac{U_0}{\omega L}\mathrm{e}^{-\alpha t}\sin\omega t \qquad (7\text{-}12)$$

显然，电容上的电压也为正弦函数，但比电流落后 90°，其波形曲线如图 7-20 所示。

设 $L=25\mu\mathrm{H}$，$C=1000\mathrm{pF}$，$R=10000\Omega$，可求得 $f=\omega/2\pi=968\mathrm{kHz}$，衰减系数 $\alpha=200\mathrm{s}^{-1}$。半周期后，电压幅值仅衰减 0.01%。这就是说，电容上的电压，亦即变压器上的电压在瞬间内几乎从 U_0 变成 $-U_0$，即构成截波。

为了防止产生截波，可以在避雷器支路上串联一个电阻，使 $R\geq 2\sqrt{L/C}$，以抑制振荡的发生。但这个电阻的接入会造成过高的残压，残压是雷电流在避雷器支路上产生的电压降。

如图 7-21 所示，避雷器放电后，由于冲击波波头仍有上升趋势，避雷器上端电压并不沿指数曲线 1 衰减，而是沿曲线 2 变化，即上升至很高的残压 Um 之后再下降。过高的残压也会损坏变压器的绝缘。

可见，在避雷器支路中不串联电阻，会产生截波损坏变压器的绝缘；串联电阻之后，又会产生过高的残压。因此，希望在避雷器支路中串联一个电流大时阻值小，电流小时阻值大的非线性电阻。以便在避雷器刚刚放电（即冲击波波头部分浸入不多），电流不大时表现为较高的阻值，以抑制振荡；在避雷器放电后冲击波波头后一部分到达，即电流很大时，表现为很低的阻值，以限制残压。这时，避雷器上端电压将沿图 7-22 中的曲线 3 变化。阀型避雷器就是采用了非线性电阻的避雷器。

对运行中的避雷器应满足以下基本要求：

（1）当雷电过电压达到或超过避雷器动作电压时，避雷器应尽快可靠动作，使雷电流泄入大地，以降低作用于设备上的过电压。

（2）在雷电过电压作用之后，避雷器应能迅速在规定时间内切断工频电压作用下的工频续流，使系统尽快恢复正常，避免供电中断。避雷器一旦在冲击电压下放电，就造成了系统对地的短路，此后虽然雷电过电压瞬间就消失，但持续作用的工频电压却在避雷器中形成工频短路电流，称为工频续流。工频续流一般以电弧放电的形式存在。一般要求避雷器在第一次电流过零时即应切断工频续流，使电力系统在开关未跳闸时能够继续正常工作。

（3）残压较低，伏秒特性曲线应比较平坦，便于绝缘配合；具有较强的通流能力；不应产生高幅值的截波，以免造成被保护设备绝缘的损害。

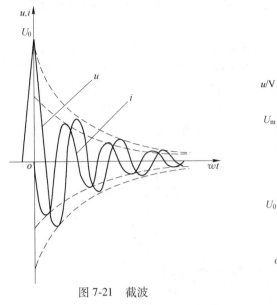

图 7-21 截波

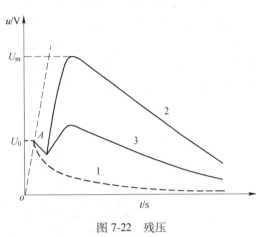

图 7-22 残压

B 避雷器结构

避雷器有保护间隙、管型避雷器和阀型避雷器之分。其中应用最多的是阀型避雷器，氧化锌避雷器的保护性能最为优越，在实际应用中已经取代了前面三种传统型避雷器（即保护间隙、管型避雷器和阀式避雷器）。

保护间隙和管型避雷器主要用于限制雷电过电压，一般用于配电线路以及变电所的进线段保护。阀式避雷器以及氧化锌避雷器用于发电厂、变电站的保护，在 220kV 及以下系统主要限制雷电过电压，在 380kV 及以上系统还用来限制操作过电压或作为操作过电压的后备保护。

（1）保护间隙。保护间隙是一种简单的过电压保护元件。将它并联在被保护的设备处，当雷电波入侵时，间隙先行击穿，把雷电引入大地，从而避免了被保护设备因高幅值的过电压而击穿。保护间隙的原理结构如图 7-23 所示。保护间隙主要由镀锌圆钢制成的主间隙和辅助间隙组成。主间隙做成角形，水平安装，以便产生电弧时，因空气受热上升被推移到间隙的上方拉长而熄灭。因为主间隙暴露在空气中，比较容易短接，所以加上辅助间隙，可防止意外短路。

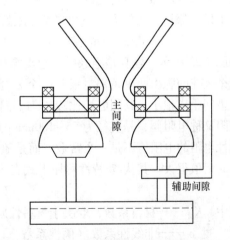

图 7-23 保护间隙的结构原理

保护间隙在雷电过电压波作用下击穿后，紧接着还有电网的工频续流流过间隙。由于保护间隙的灭弧能力较差，有时候不能自动灭弧，会引起线路跳闸而降低了供电可靠性。为此，可将保护间隙配合自动重合闸使用。保护间隙的主要缺点是灭弧能力低，只能熄灭中性点不接地系统中不大的单相电流，因此在我国只用于 10kV 以下的配电线路中。

防雷电侵入波的接地电阻一般不得大于 30Ω，其中，阀型避雷器的接地电阻不得大于 10Ω。

（2）管型避雷器。管型避雷器又叫排气式避雷器，主要由灭弧管和内、外间隙组成，其结构如图 7-24 所示。管型避雷器在大气中的间隙称为外间隙，其作用是隔离工作电压以避免产气管被泄露电流烧坏。另一个间隙在管内为内间隙，其电极一端为棒形，另一端为环形。灭弧管用胶木或塑料制成，在高电压冲击下，内外间隙击穿，雷电波泄入大地。随之而来的工频电流也产生强烈的电弧，并燃烧灭弧的内壁，产生的大量气体从管口喷出，能很快吹灭电弧，以保持正常工作。

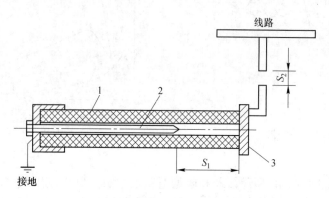

图 7-24　管型避雷器的结构原理

管型避雷器实质上是一个具有灭弧能力的保护间隙，不需靠断路器动作断弧，保证了供电的连续性。

管型避雷器的主要缺点是：伏-秒特性曲线太陡，而且分散性较大，难于和被保护电气设备实现合理的绝缘配合；放电间隙动作后工作导线直接接地，形成幅值很高的冲击截波，危及变压器绝缘；此外运行维护也比较麻烦。因此管型避雷器目前只用于输电线路个别地段的保护，例如大跨距和交叉档距处，或变电站的进线段保护。

（3）阀型避雷器。阀型避雷器主要由瓷套、火花间隙和非线性电阻组成，其结构原理如图 7-25 所示。瓷套是绝缘的，起支撑和密封作用。火花间隙是由多个间隙串联而成的。每个火花间隙由两个黄铜电极和一个云母垫圈组成。云母垫圈的厚度为 0.5～1mm。由于电极间距离很小，其间电场比较均匀，间隙伏-秒特性曲线较平，保护性能较好。非线性电阻又称电阻阀，是直径为 55～100mm 的饼形元件，由金刚砂（SiC）颗粒烧结而成。非线性电阻的电阻值不是一个常数，而是随电流的变化而变化的：电流大时阻值很小，电流小时阻值很大。其伏-安特性可用下式表达：

$$U = K_{\mathrm{m}} I^{\alpha} \tag{7-13}$$

式中　K_{m}——材料系数，取决于材料性质和电阻阀片的几何尺寸；
　　　α——非线性系数（阀性系数），一般在 0.2 左右。

在避雷器火花间隙上串联了非线性电阻之后，能抑制振荡，避免截波；又能限制残压不致过高。另外，虽然雷电流通过非线性电阻只遇到很小的电阻，而尾随而来的工频续流比雷电流小得多，会遇到很大的电阻，这为火花间隙切断续流创造了良好的条件。这就是说，非线性电阻和间隙的作用类似一个阀门的作用：对于雷电流，阀门打开，使泄入地下；对于工频电流，阀门关闭，迅速切断之。"阀型"之名就是由此而来的。

阀式避雷器具有较平的伏秒特性曲线和较强的灭弧能力，同时可以避免截波发生，这与排气式避雷器相比，在保护性能上是一重大改进。它分为普通型和磁吹型两大类。

普通型阀型避雷器有 FS 和 FZ 型，FS-10 型避雷器结构如图 7-26 所示。其工作原理是：当系统正常时，火花间隙将阀片电阻和工作母线隔离，以免由工作电压在阀片电阻中产生的电流使阀片电阻烧坏。一旦工作母线上的电压超过其击穿电压值时，火花间隙将被击穿并引导雷电流通过阀片电阻泄入大地。此时阀片电阻的阻值将自动变小以降低残压，雷电流消失后，作用在阀片电阻上的电压即为工频电压，此时阀片电阻的阻值将自动变大，限制了工频续流以促使电弧的快速可靠熄灭。

图 7-25　阀型避雷器的结构原理图

（4）金属氧化物避雷器。金属氧化物避雷器（英文缩写MOA）的电阻片是以氧化锌（ZnO）为主要原料，因此又称为氧化锌避雷器。

氧化锌非线性电阻片是以氧化锌为主要材料，掺以微量的氧化铋、氧化钴、氧化锰、氧化锑、氧化铬等添加物，经过成型、烧结、表面处理等工艺过程而制成。所以也称为金属氧化物电阻片，以此制成的避雷器也称为金属氧化物避雷器。

氧化锌避雷器具有很理想的非线性伏安特性，在低电场强度下电阻率为 $10^{12} \sim 10^{13} \Omega \cdot cm$。当电场强度达到 $10^6 \sim 10^7 V/m$ 时，电阻片被击穿，其电阻率由氧化锌粒子决定，仅为 $1 \Omega \cdot cm$，呈低电阻状态。SiC 避雷器与 ZnO 避雷器及理想避雷器的伏安特性曲线如图 7-27 所示。图中假定 ZnO、SiC 电阻阀片在 10kA 电流下的残压相同，但在额定电压下 ZnO 曲线所对应的电流一般是在 $10^{-5} A$ 以下，可近似认为续流为零，而 SiC 曲线所对应的续流却是 100A 左右。也就是说，在工作电压下氧化锌阀片实际上相当于一绝缘体。

氧化锌避雷器的主要特点包括以下几个：

1）无间隙。在工作电压作用下，ZnO 实际上相当一绝缘体，因而工作电压不会使 ZnO 阀片烧坏，所以可以不用串联间隙来隔离工作电压，而 SiC 电阻阀片在正常的工作电压下有几十安培电流，会烧坏阀片，因此不得不串联间隙。由于无间隙，当然也就没有传统的 SiC 避雷器那样因串联间隙而带来的一系列的问题，如污秽、内部气压变化对间隙的电位分布和放电电压的影响等。同时，因氧化锌避雷器无间隙，大大改善了陡波下的响应特性，不存在间隙放电电压随雷电波陡度增加而增大的问题，提高了对设备保护的可靠性。

2）无续流。当作用在 ZnO 阀片上的电压超过某一值（此值称为起始动作电压）时，将发生"导通"，其后，ZnO 阀片上的残压受其良好的非线性特性所控制。当系统电压降至起始动作电压以下时，ZnO 的"导通"状态终止，又相当于一绝缘体，因此不存在工频续流。而 SiC 避雷器却不同，它不仅要吸收过电压的能量，而且还要吸收因系统工作电压下的工频续流所产生的能量，ZnO 避雷器因无续流，故只要吸收过电压能量即可。所以，对 ZnO 热容量的要求比 SiC 低得多。

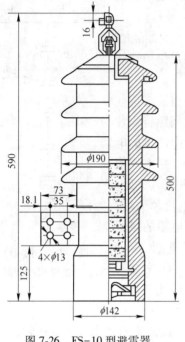

图 7-26　FS-10 型避雷器

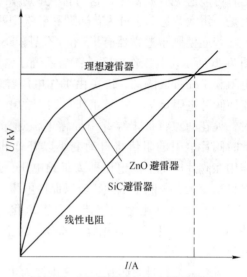

图 7-27　SiC 避雷器与 ZnO 避雷器及
理想避雷器的伏安特性曲线

3）电气设备所受过电压可以降低。虽然 10kA 雷电流下的残压值 ZnO 避雷器和 SiC 相同，但后者只在串联间隙放电后才可将电流泄放，而前者在整个过电压过程中都有电流流过，因此降低了作用在变电站电气设备上的过电压。例如某 500kV 变电站，当雷电流是 150kA（2/70μs）时，过电压下降 6%~13%；当雷电流是 100kA 时，过电压下降 6%~11%。

4）通流容量大。由于 ZnO 阀片的通流能力大，提高了避雷器的动作负载能力，因此可以用来限制内部过电压。

5）ZnO 避雷器特别适用于直流保护和 SF6 电器保护。因为直流续流不像工频续流那样会通过自然零点，所以串联间隙型直流避雷器难以灭弧，ZnO 避雷器则就没有灭弧问题。另外在 SF6 电器中，SiC 在 SF6 气体中放电电压会随气压变化，间隙放电在 SF6 气体中的分散性大，而 ZnO 避雷器无此问题。因无续流灭弧问题，ZnO 避雷器也运用于多雷区、重雷击区。

此外，ZnO 避雷器体积小，重量轻（同类产品 ZnO 避雷器比 SiC 轻 50%），结构简单，运行维护方便，使用寿命长。

7.2.3.3　引下线

引下线一般采用圆钢或扁钢，其尺寸和防腐蚀要求与避雷网、避雷带相同。如用钢绞线作引下线，其截面积不得小于 $25mm^2$。用有色金属导线做引下线时，应采用截面积不小于 $16mm^2$ 的铜导线。引下线截面锈蚀 30% 以上者应予以更换。

引下线应沿建筑物外墙敷设，并应避免弯曲，经最短途径接地。建筑艺术要求高者可以暗敷设，但截面积应加大一级。建筑物的金属构件（如消防梯等）可用作引下线，但所有金属构件之间均应连成电气通路，并且连接可靠。

采用多条引下线时，为了便于检查接地电阻和检查引下线、接地线的连接情况，宜在各引下线距地面高约 1.8m 处设断接卡。

采用多条引下线时，第一类和第二类防雷建筑物至少应有两条引下线，其间距离分别不得大于 12m 和 18m；第三类防雷建筑物周长超过 25m 或高度超过 40m 时也应有两条引下线，其间距离不得大于 25m。

在易受机械损伤的地方，地面以下 0.3m 至地面以上 1.7m 的一段引下线应加等管、角钢或钢管保护。采用角钢或钢管保护时，应与引下线连接起来，以减小通过雷电流的电抗。

7.2.3.4 防雷接地装置

接地装置是防雷装置的重要组成部分。接地装置向大地泄放雷电流，限制防雷装置对地电压不致过高。

除独立避雷针外，在接地电阻满足要求的前提下，防雷接地装置可以和其他接地装置共用。

（1）防雷接地装置材料。防雷接地装置所用材料的强度应大于一般接地装置的材料，装置应作热稳定校验。

（2）接地电阻值和冲击换算系数。防雷接地电阻一般指冲击接地电阻，接地电阻根据防雷种类和建筑物类别确定。独立避雷针的冲击接地电阻一般不应大于 10Ω；附设接闪器每一引下线的冲击接地电阻一般也不应大于 10Ω，但对于不太重要的第三类建筑物可放宽至 30Ω。防感应雷装置的工频接地电阻不应大于 10Ω。防雷电侵入波的接地电阻，视其类别和防雷级别，冲击接地电阻不应大于 5~30Ω，其中，阀型避雷器的接地电阻不应大于 5~10Ω。

冲击接地电阻一般不等于工频接地电阻，这是因为极大的雷电流自接地体流入土壤时，接地体附近形成很强的电场，击穿土壤并产生火花，相当于增大了接地体的泄放电流面积，减小了接地电阻。同时，在强电场的作用下，土壤电阻率有所降低，也使接地电阻有减小的趋势。另一方面，由于雷电流陡度很大，使引下线和接地体本身的电抗增大。如接地体较长，其后部泄放电流还将受到影响，使接地电阻有增大的趋势。一般情况下，前一方面影响较大，后一方面影响较小，即冲击接地电阻一般都小于工频接地电阻。土壤电阻率越高，雷电流越大，以及接地体和接地线越短，则冲击接地电阻减小越多。

工频接地电阻与冲击接地电阻的比值称为冲击换算系数，即

$$K_A = \frac{R_a}{R_i} \qquad (7\text{-}14)$$

式中　K_A——冲击换算系数；

　　　R_a——工频接地电阻；

　　　R_i——冲击接地电阻。

冲击换算系数按图 7-28 计算。

接地体有效长度按下式计算：

$$L_e = 2\sqrt{\rho} \qquad (7\text{-}15)$$

式中　L_e——接地体有效长度，m；

　　　ρ——土壤电阻率，Ω·m。

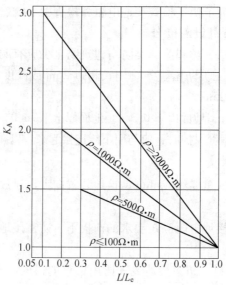

图 7-28 冲击换算系数计算图

L—接地体的实际长度；L_e—接地体有效长度

L 和 L_e 的计量方法如图 7-29 所示。

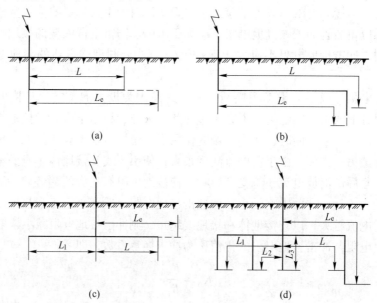

图 7-29 防雷接地体长度计量图

（a）单根水平接地体；（b）末端接垂直接地体的单根水平接地体；
（c）多根水平接地体，$L_1 \leqslant L$；（d）接多根垂直接地体的多根水平接地体，$L_1 \leqslant L$、$L_2 \leqslant L$、$L_3 \leqslant L$

对于环绕建筑物的环形接地体，当其周长的 1/2 大于或等于有效长度时，取冲击换算系数 $K_A = 1$。

（3）跨步电压的抑制。为了防止跨步电压伤人，防直击雷接地装置距建筑物和构筑物出入口和人行横道的距离不应小于 3m。当小于 3m 时，应采取下列措施之一：

1）水平接地体局部深埋 1m 以上。

2）水平接地体局部包以绝缘物（例如，包以厚 50~80cm 的沥青层）。

3）铺设宽度超出接地体 2m、厚 50~80cm 的沥青路面。

4）埋设帽檐式或其他形式的均匀条。

7.2.4 防雷技术措施

进行电击防护时，应当根据建筑物和构筑物、电力设备以及其他保护对象的类别和特征，分别对直击雷、雷电感应、雷电侵入波等采取适当的防雷措施。

7.2.4.1 直击雷防护

装设避雷针、避雷线、避雷网、避雷带及配套的引下线和接地装置是直击雷防护的主要措施。

第一类防雷建筑物、第二类防雷建筑物和第三类防雷建筑物的易受雷击部位应采取防直击雷的防护措施；可能遭受雷击，且一旦遭受雷击后果比较严重的设施或堆料（如装卸油台，露天油罐、露天储气罐等）也应采取防直击雷的措施；高压架空电力线路、发电厂和变电站等也应采取防直击雷的措施。各类建筑物防直击雷的基本要求见表 7-7。

表 7-7　各类建筑物防直击雷要求

类别	接闪器	屋面设施	引下线	接地装置
第一类防雷建筑物	宜装设独立避雷或架空避雷线（网），网格尺寸不大于 5m×5m 或 6m×4m，被保护的建筑物及风帽、放散管等突出屋面的物体均应在接闪器的保护范围内。雷击多发地区宜在易受雷击的部位增设避雷短针，所有避雷针应与避雷带相互连接	突出屋面上装设的广告牌、装饰照明灯等所有金属构件应就近与屋面避雷带（网）作多点可靠电气连接；屋面上的非金属物及各种收发天线应在接闪器有效保护范围内，如不在保护范围内应增设避雷针，并与屋面防雷装置做可靠电气连接	独立避雷针、架空避雷线或架空避雷网应有的接地装置，每一引下线的冲击接地电阻不宜大于 10Ω	宜优先利用建筑物基础内的钢筋网作为接地体，当接地体的接地电阻值达不到要求时，应增加人工接地体
第二类防雷建筑物	宜采用装设在建筑物上的避雷网（带）或避雷针或由其混合组成的接闪器，宜优先采用避雷网（带）。避雷网（带）应沿屋角、屋脊、屋檐和檐角等易受雷击的部位敷设，并应在整个屋面组成不大于 10m×10m 或 12m×8m 的网格。雷击多发地区宜在易受雷击的部位增设避雷短针，所有避雷针应与避雷带相互连接		宜利用建筑物外侧构造柱内对角的两根主筋作为防雷接地引下线，每根引下线的接地电阻值不应大于 10Ω，并与接地体（网）作可靠电气连接。引下线平均间距不大于 18m	
第三类防雷建筑物	宜采用装设在建筑物上的避雷网（带）或避雷针或由其混合组成的接闪器，宜优先采用避雷网（带）。避雷网（带）应沿屋角、屋脊、屋檐和檐角等易受雷击的部位敷设，并应在整个屋面组成不大于 20m×20m 或 24m×16m 的网格。雷击多发地区宜在易受雷击的部位增设避雷短针		宜利用建筑物外侧构造柱内对角的两根主筋作为防雷接地引下线，引下线应上下电气贯通，每根引下线的接地电阻值不应大于 30Ω，并与接地体（网）作可靠电气连接。引下线平均间距不应大于 25m	

35kV 以下的线路，一般不沿全线架设避雷线；35kV 以上的线路，一般沿全线架设避雷线。在多雷地区，110kV 以上的线路，宜架设双避雷线；220kV 以上的线路，应架设双避雷线。

35kV 及以下的高压变配电装置宜采用独立避雷针或避雷线。变压器的门形构架上不得装设避雷针或避雷线。如变配电装置设在钢结构或钢筋混凝土结构的建筑物内，可在屋顶上装设附设避雷针。

集中存放粮、棉和易燃物的露天堆场，当其年计算雷击次数大于或等于 0.06 时，宜采取独立避雷针或架空避雷线防直击雷，此时保护范围的滚球半径 h_r 可按 100m 计算。

露天放置的有爆炸危险的金属储罐和工艺装置，当其壁厚不小于 4mm 时，一般不再装设接闪器，但必须接地。接地点不应少于两处，其间距离不应大于 30m，冲击接地电阻不大于 30Ω。属储罐和工艺装置击穿后不对周围环境构成危险的，则允许其壁厚降低为 2.5mm。

利用山势设置的远离被保护物的避雷针或避雷线，不得作为被保护物的主要直击雷防护措施。

防雷装置承受雷击时，其接闪器、引下线和接地装置呈现很高的冲击电压，可能击穿与邻近的导体之间的绝缘，造成二次放电。

为了防止二次放电，不论是空气中或地下，都必须保证接闪器、引下线、接地装置与邻近导体之间有足够的安全距离。冲击接地电阻越大，被保护点越高，避雷线支柱越高及避雷线档距越大，则要求防止二次放电的间距越大。在任何情况下，第一类防雷建筑物防止二次放电的最小间距不得小于 3m，第二类防雷建筑物防止二次放电的最小间距不得小于 2m。能满足间距要求时，应予跨接。

为了防止防雷装置对带电体的反击事故，在可能发生反击的地方，应加装避雷器或保护间隙，以限制带电体上可能产生的冲击电压。降低防雷装置的接地电阻，也有利于防止二次放电事故。

7.2.4.2　感应雷防护

雷电感应也能产生很高的冲击电压，在电力系统中应与其他过电压同样考虑。在建筑物和构筑物中，应主要考虑由二次放电引起爆炸和火灾的危险。无火灾和爆炸危险的建筑物及构筑物一般不考虑雷电感应的防护。

（1）静电感应防护。为了防止静电感应产生的高电压，应将建筑物内的金属设备、金属管道、金属构架、钢屋架、钢窗、电缆金属外皮，以及突出屋面的放散管、风管等金属物件与防雷电感应的接地装置相连。屋面结构钢筋宜绑扎或焊接成闭合回路。

根据建筑物的不同屋顶，应采取相应的防止静电感应的措施：对于金属屋顶，应将屋顶妥善接地；对于钢筋混凝土屋顶，应将屋面钢筋焊成边长 5~12m 的网格，连成通路并予以接地；对于非金属屋顶，宜在屋顶上加装边长 5~12m 的金属网格，并予以接地。

屋顶或其上金属网格的接地可以与其他接地装置共用。防雷电感应接地干线与接地装置连接不得少于 2 处，其间距离不得超过 16~24m。

（2）电磁感应防护。为了防止电磁感应，平行敷设的管道、构架、电缆相距不到 100mm 时，须用金属线跨接，跨接点之间的距离不应超过 30m；交叉相距不到 100mm 时，交叉处也应用金属线跨接。

此外，管道接头、弯管、阀门等连接处的过渡电阻大于0.03Ω时，连接处也应用金属线跨接。在非腐蚀环境，对于5根及5根以上螺栓连接的法兰盘，以及对于第二类防雷建筑物可不跨接。

防电磁感应的接地装置也可与其他接地装置共用。

各类建筑物防感应雷的基本要求见表7-8。

表 7-8　各类建筑物防感应雷的基本要求

类　别	防感应雷的基本要求
第一类防雷建筑物	（1）建筑物内的设备、管道、构架、电缆金属外皮，钢屋架，钢窗等较大金属物和突出屋面的放散架、风管等金属物，均应接到防雷电感应的接地装置上；金属屋面周边每隔18~24m就采用引下线接地一次；现场浇制的或由预制构件组成的钢筋混凝土屋面，其钢筋宜绑扎或焊接成闭合电路，并应每隔18~24m采用引下线接地一次； （2）平行敷设的管道，构建和电缆金属外皮等长金属物，其净距小于100mm时，应每隔不大于30m用金属线跨接；交叉净距小于100mm时，其交叉处亦应跨接；当长金属物的弯头、阀门、法兰盘等连接处的过渡电阻大于0.03Ω时，连接处应用金属线跨接；屋内接地干线与防雷电感应装置连接，不应少于2处
第二类防雷建筑物	（1）建筑物内的设备、管道、构架等主要金属物，应就近接至防直击雷接地装置或电气设备的保护接地装置上，可不加设接地装置； （2）平行敷设的管道、构架和电缆金属外皮等长金属物，其净距小于100mm时，应每隔不大于30m用金属线跨接；交叉净距小于100mm时，其交叉处亦应跨接；但长金属物连接处不可跨接； （3）屋内防雷电感应的接地干线或接地装置的连接不应少于2处
第三类防雷建筑物	—

7.2.4.3　雷电波侵入防护

雷电波侵入造成的雷电事故很多，在低压系统中，这种事故占总雷害事故的70%以上。

（1）建筑物防雷电波侵入。对于建筑物，雷电侵入波可能引起火灾或爆炸，也可能伤及人身。因此必须采取防护措施。各类建筑物防雷电波侵入的基本要求见表7-9。

表 7-9　各类建筑物防雷电波侵入的基本要求

类　别	防感应雷的基本要求
第一类防雷建筑物	（1）低压线路宜全线采用电缆直接埋地敷设，在入户端应将电缆的金属外皮、钢管接到防雷电感应的接地装置上； （2）架空金属管道，在进出建筑物处，应与防雷电感应的接地装置相连
第二类防雷建筑物	（1）当低压线路全长采用埋地电缆或敷设在架空金属线槽内的电缆引入时，在入户端应将电缆的金属外皮、金属线槽接地，上述金属物尚应与防雷接地装置相连； （2）架空和直接埋地的金属管道，在进出建筑物处应就近与防雷接地装置相连
第三类防雷建筑物	（1）对电缆进出线，应在进出端将电缆金属外皮、钢管等与电气设备与地相连； （2）进出建筑物的架空金属管道，应在进出处就近接到防雷电器设备的接地装置上

（2）变配电装置防雷电波侵入。3~10kV变配电站防雷保护接线如图7-30所示。图中三条线路分别表示配电所的配电装置直接与架空线路连接、经电缆段与架空线路连接、经

限流电抗器和电缆段与架空线路连接等
三种情况下，避雷器的配置。对于 3~
10kV 配电所（无变压器），母线上的
阀型避雷器 F2 可以不装。

（3）电气线路防雷电波侵入。雷
击低压线路时，雷电侵入波将沿低压线
传入用户，进入户内。特别是采用木杆
或木横担的低压线路，由于其对地冲击
绝缘水平很高，会使很高的电压进入户
内，酿成大面积雷害事故。除电气线路
外，架空金属管道也有引入雷电侵入波
的危险。

条件许可时，第一类防雷建筑物全
长宜采用直接埋地电缆供电；爆炸危险

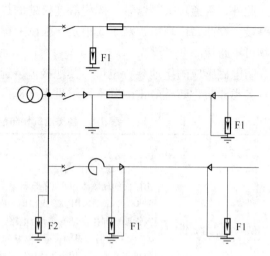

图 7-30　3~10kV 变配电站防雷保护接线

较大或年平均雷暴日 30d/a 以上的地区，第二类防雷建筑物应采用长度不小于 50m 的金属
铠装直接埋地电缆供电。

除年平均雷暴日不超过 30d/a、低压线不高于周围建筑物、线路接地点距入户处不超
过 50m、土壤电阻率低于 200Ω·m、采用钢筋混凝土杆及铁横担几种情况外，0.4/0.23kV
低压架空线路接户线的绝缘子铁脚均应接地，冲击接地电阻不宜超过 30Ω。

户外天线的馈线临近避雷针或避雷针引下线时，馈线应穿金属管线或采用屏蔽线，并
将金属管或屏蔽接地。如果馈线未穿金属管，又不是屏蔽线，则应在馈线上装设避雷器或
放电间隙。

7.2.4.4　通信线路雷电防护

（1）浪涌。最常见的电子设备危害不是由于直接雷击引起的，而是由于雷击发生时在
电源和通讯线路中感应的电流浪涌引起的。一方面由于电子设备内部结构高度集成化，从
而造成设备耐压、耐过电流的水平下降，对雷电（包括感应雷及操作过电压浪涌）的承受
能力下降，另一方面由于信号来源路径增多，系统较以前更容易遭受雷电波侵入。浪涌电
压可以从电源线或信号线等途径窜入电脑设备。

1）电源浪涌。电源浪涌不仅源于雷击，当电力系统出现短路故障、负荷过大时都会
产生电源浪涌，电网绵延千里，不论是雷击还是线路浪涌发生的几率都很高。例如，当几
百千米之外的远方发生了雷击时，雷击浪涌通过电网光速传输，经过变电站等衰减，到你
的电脑时可能仍然有上千伏，这个高压很短只有几十到几百个微秒，或者不足以烧毁电
脑，但是对于电脑内部的半导体元件却有很大的损害，随着这些损害的加深，电脑也逐渐
变得越来越不稳定，或有可能造成重要数据的丢失。

2）信号系统浪涌。信号系统浪涌电压的主要来源是感应雷击、电磁干扰、无线电干
扰和静电干扰。金属物体（如电话线）受到这些干扰信号的影响，会使传输中的数据产生
误码，影响传输的准确性和传输速率。排除这些干扰将会改善网络的传输状况。

（2）通信线路雷电防护措施。金属通信线缆雷电防护措施应符合下列要求：

1）用于高速公路长距离传输的通信金属线缆，宜采用屏蔽线缆或穿金属埋地敷设，

埋地深度应不小于 0.7m。

2）在多雷区、强雷区当金属线缆采取埋地方式时，在其上方 30cm 左右宜平行敷设避雷线（排流线）的保护方式，排流线宜每间隔 200m 做一组人工接地体，其接地电阻值应不大于 10Ω。

3）进入通信站（机房）的通信金属线缆应采用直埋或缆沟方式引入，且应采用铠装线缆或穿钢管保护，埋地长度应大于等于 $2\sqrt{\rho}$（ρ 为土壤电阻率）但不得小于 15m，线缆埋地深度应不小于 0.7m，且不宜与电源线缆同管槽入室。

4）室内的金属线缆宜敷设于金属桥架（管、槽）内，桥架（管、槽）全程应电气贯通，其两端和穿越不同防雷区交界处应可靠接地。

5）室内的通信、数据、信号线缆与电源线缆不宜同管槽平行敷设，其间距应按照国家标准的要求执行。

6）通信系统总配线架（MDF）必须就近接地，且应在总配线架（MDF）处安装适配信号浪涌保护器（SPD）。未接入总配线架（MDF）的金属信号线缆中的空线对应做接地处理。

7）无线通信的天馈系统中的馈线金属外护层应在线缆两端分别就近接地。若长度大于 60m 时，在其中心部位应将金属外护层再接地一次。户外馈线桥架、线槽的始末两端亦应与邻近的等电位连接端子连通。

8）天馈线路上宜安装相应的 SPD 进行保护。

9）地处多雷区以上的各类网络系统的金属数据信号线，若长度大于 30m 且小于 50m，应在一端终端设备输入口安装适配的 SPD；若长度大于 50m，应在两端终端设备输入口安装适配的 SPD。

7.3 电磁辐射防护技术

7.3.1 电磁辐射的概念

（1）电磁波的频率。电磁波的频率即交流电的频率。50～60Hz 的频率为工频，50～1000Hz 为提高频率，1000～10000Hz 为中频，10000Hz 以上为高频。高频电磁场有较强的辐射特征的被称为射频电磁场。

高频设备的振荡回路、高频变压器、耦合电容器、高频馈电线、磁控管、天线及其他工作部件均可能成为射频电磁场的场源。在工业上广泛应用的感应加热设备（如金属淬火、熔炼、焊接等）加热或干燥设备，广播、电视、通讯的无线电设备及高频医疗设备都是利用高频磁场产生的能量来工作的。雷达、导航通信发射机、射电天文学设备，其频率在数百兆赫兹以上，属特高频范围，也是射频电磁场的场源。

（2）电磁波传播的途径。电磁辐射污染的传播途径有：电磁辐射污染从污染源到受体，主要通过空间辐射和线路传导两个途径进行传播，如图 7-31 所示。

空间辐射指通过空间直接辐射。各种电气装置和电子设备在工作过程中，不断地向其周围空间辐射电磁能量。这些发射出来的电磁能，以两种不同的方式传播并作用于受体：

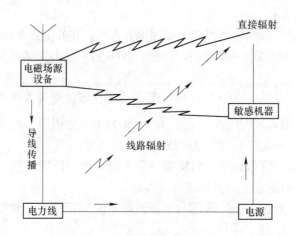

图 7-31　电磁污染的传播途径示意图

一种是在以场源为中心、半径为一个波长的范围内，传播的电磁能是以电磁感应的方式作用于受体；另一种是在以场源为中心、半径为一个波长的范围之外，电磁能是以空间放射方式传播并作用于受体。

线路传导是指借助电磁耦合由线路传导。当射频设备与其他设备共用同一个电源时，或它们之间有电气联接关系，那么电磁能即可通过导线传播。

通过空间辐射和线路传导均可使电磁波能量传播到受体，造成电磁辐射污染。同时存在空间传播与线路传导所造成的电磁污染的情况被称为复合传播污染。

（3）电磁辐射的种类。按电磁辐射源的不同以及频率和波长的不同进行分类。

1）按电磁辐射源分类。按电磁辐射源，电磁辐射分成大自然中自然形成和人为引起两种类型。

①自然形成的电磁辐射。在人类生活的大自然中，由于某种自然现象导致大气层中的电荷电离或电荷积蓄到一定程度后，便产生静电火花放电。火花放电所产生的电磁波频带很宽。可从几千赫兹到几百赫兹。自然界中的雷电、火山爆发、太阳黑子的活动与黑子的放射，以及宇宙间的电子移动或银河系的恒星爆发等都可产生这类电磁辐射。

②人为引起的电磁辐射。这类电磁辐射主要产生于射频辐射场源与工业杂波场源。射频场源来源于无线电与射频设备；工频场源主要是来自大功率输电系统。除此之外，核电磁脉冲辐射所产生的干扰和破坏作用是极其严重的。

2）按频率和波长分类。由于电磁场传播速度等于光速，因此，电磁波波长与频率的关系可用下式表示

$$\lambda = \frac{3 \times 10^8}{f} \tag{7-16}$$

式中　f——电磁波频率，Hz；

　　　λ——波长，m。

按照频率的高低，电磁场分为工频（50~60Hz），射频或高频（1kHz~100MHz）和微波（大于1GHz）。

按波长大小，电磁场分为长波、中波、短波等。频段和波段的划分如图 7-32 所示。

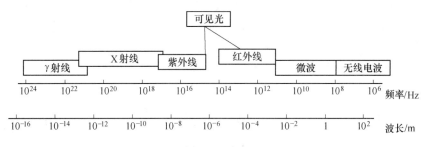

图 7-32　频段和波段的划分

（4）电磁辐射对人体的危害。主要包括以下内容：

1）电磁辐射对人体危害的机理。在高频电磁场作用下，人体内的生物反应是由于吸收电磁场能量引起的。高频电磁场对人体的伤害往往不是高频电流本身，而是电磁辐射作用的结果。电磁辐射对人体的危害机理有热效应、非热效应和累积效应等。

2）电磁辐射对人体危害的形式。从原理分析，电磁辐射对人体的作用，主要取决于电磁辐射能量被人体吸收情况。在一般情况下，无论是专业人员还是广大民众，遭受的电磁辐射都具有强度低与被照射时间长的特点。人们受到的作用通常是全身性的。它们会使人疲劳或兴奋性升高、记忆力衰退、睡眠紊乱，从而发生全身严重衰弱、神经性紧张紊乱、心动过速、高血压、窦性心律不齐，还发生胃和肝胰腺机能紊乱、胃部不适、恶心、食欲减退、大便异常、胃炎与溃疡病等，并降低人体体液免疫功能与细胞免疫机能等。

电磁辐射对人体各器官的影响与电磁波频率有关，见表 7-10。

表 7-10　人体各器官与电磁波频率的关系

频率/MHz	波长/cm	受影响器官	主要生物效应
<150	>200	—	透过人体，影响不大
150～1000	200～30	体内各器官	体内组织过热，损伤各器官
1000～3000	30～10	眼睛晶状体、睾丸	组织加热显著，晶状体易受损
3000～10000	10～3	皮肤、眼睛晶状体	伴有温感的皮肤加热
>10000	<3	皮肤	皮肤表面能反射和吸收电磁波，而吸收的电磁波能转化成能量

（5）电磁场伤害人体的影响因素。电磁场对人体伤害取决于电磁场强度、电磁场频率和波形、电磁场照射时间、照射面积和部位、环境温度和人体状况等几个影响因素。

电磁场强度越高，人体吸收的能量越多、受伤害的程度也越严重。发射源功率越大、离发射源越近则电磁场强度越高。此外，由于二次发射，可能在空间某些点造成较高的电磁场强度。电磁波频率越高，人体内偶极子激励就越剧烈，造成的伤害也就越严重。在其他参数相同的情况下，脉冲波对人体的伤害比连续波重。人体每次被电磁辐射连续照射时间越长或累积照射时间越长，那么对人体的伤害就越严重。人体受电磁辐射照射的面积越大，受到的伤害越严重。被照射部位血管愈少，由于传热能力差，伤害也越严重。环境温度越高，电磁辐射对人体的伤害就越严重。与健康成年人相比较，那些健康状况不佳的人、女性以及儿童抵抗电磁辐射的能力较差。因此，受到的伤害相对要严重。

（6）电磁场安全标准。我国现使用的标准是国家环境保护局颁布的《电磁辐射防护规定》（GB8702—88），给出了职业照射和公众照射两种SAR（比吸收率）限值。

1）职业照射：在每天8h工作期间内，任意连续6min按全身平均的比吸收率（SAR）应小于0.1W/kg。

2）公众照射：在1天24h内，任意连续6min按全身平均的比吸收率（SAR）应小于0.02W/kg。

在这个国家标准中，将环境电磁波容许辐射强度标准分为两级：

一级标准：安全区。指在该环境电磁波强度下长期居住、工作、生活的一切人群（包括婴儿、孕妇和老弱病残者），均不会受到任何有害影响的区域。

二级标准：中间区。指在该环境电磁波强度下长期居住、工作和生活的一切人群（包括婴儿、孕妇和老弱病残者），可能引起潜在不良反应的区域，在此区域内，可建造工厂和机关，但不许建造居民住宅、学校、医院和疗养院等。

在上述照射条件下，电场强度、磁场强度和功率密度的限值见表7-11，表中频率f均以MHz为单位；括号内数值均为参考值，且功率密度按平面波等效考虑。

表7-11　电磁辐射限制

频率范围/Hz	电场强度/V·m⁻¹		磁场强度/A·m⁻¹		功率密度/W·m⁻²	
	职业者	公众	职业者	公众	职业者	公众
0.1~3	87	40	0.25	0.1	20	(4)
3~30	$150/\sqrt{f}$	$67/\sqrt{f}$	$0.40/\sqrt{f}$	$0.17/\sqrt{f}$	$60/\sqrt{f}$	$12/\sqrt{f}$
30~3000	(20)	(12)	(0.075)	(0.032)	2	0.4
3000~15000	$0.5\sqrt{f}$	$0.22\sqrt{f}$	$0.0015\sqrt{f}$	$0.001\sqrt{f}$	$f/1500$	$f/7500$
15000~300000	(61)	(27)	(0.16)	(0.073)	10	2

对于多个发射源或多种发射频率，允许的辐射量应符合下式要求

$$\sum m \sum n \frac{A_{mn}}{L_{mn}} \leqslant 1 \tag{7-17}$$

式中　A_{mn}——第m个发射源，n频段的辐射水平；

　　　L_{mn}——对应n频段的辐射限值。

对于脉冲电磁波，除满足上述要求外，其峰值还不得超过表7-11所列数值的1000倍。

我国有关标准对30~300MHz超高频辐射作业场所的辐射限值作了规定。对于连续波，每天8h暴露时功率密度不得超过0.05mW/cm³，电场强度不得超过14V/m；每天4h暴露时功率密度不得超过0.1mW/cm³，电场强度不得超过19V/m。对于脉冲波，每天8h暴露时功率密度不得超过0.025mW/cm³，电场强度不得超过10V/m；每天4h暴露时，功率密度不得超过0.05mW/cm³、电场强度不得超过14V/m。

我国有关标准对300~300000MHz微波辐射作业场所的辐射限值也作了规定。对于连续波，每天8h暴露时，平均功率密度不得超过50μW/cm²，超过或不足8h暴露时，平均功率密度应符合下式要求

$$P_r \leqslant \frac{400}{t} \tag{7-18}$$

式中　P_r——允许的辐射平均功率密度，$\mu W/cm^2$；

　　　t——受照射时间，h。

该式表明，日剂量不得超过 $400\mu W \cdot h/cm^2$。

对于固定辐射的脉冲波，每天 8h 暴露时平均功率密度不得超过 $25\mu W/cm^2$；超过或不足 8h，平均功率密度应符合下式要求

$$P_r \leqslant \frac{200}{t} \tag{7-19}$$

可见，日剂量不得超过 $200\mu W \cdot h/cm^2$。

对于非固定辐射，即对于照射时间与周期之比小于 0.1 的脉冲波，其辐射限值与连续波相同。

对于肢体局部照射，不论是连续波还是脉冲波，每天 8h 暴露时平均功率密度不得超过 $500\mu W \cdot h/cm^2$；超过或不足 8h 暴露时应符合下式要求

$$P_r \leqslant \frac{4000}{t} \tag{7-20}$$

即日剂量不得超过 $4000\mu W \cdot h/cm^2$。

对于短时间的照射，当需要在 $1mW/cm^2$ 以上的环境中工作时，除日剂量不得超过上述限制外，还须配个人防护用品。

7.3.2　电磁辐射的防护

造成设备性能降级或失效的电磁干扰必须同时具备三个要素：首先是有一个电磁骚扰源，其次是有一台电磁干扰敏感的设备；另外要存在一条电磁干扰的耦合通路，以便把能量从骚扰源传递到对干扰敏感设备。显然，必须采取有效的防护设施防止电磁辐射的干扰。

7.3.2.1　电磁屏蔽

所谓电磁屏蔽就是利用导电或导磁材料将电磁辐射限制在某一规定的空间范围内，阻止电磁辐射向被保护区扩散的技术措施。方法是采用屏蔽体包围电磁干扰源，抑制电磁干扰源对周围空间的接受器的干扰，或者采用屏蔽体包围接受器，以避免干扰源对其造成干扰。

A　电磁屏蔽工作原理

高频电磁屏蔽装置由铜、铝或钢制成。当电磁波进入金属导体内部时，产生能量损耗，一部分电磁能转变为热能，随着进入导体表面的深度增加，能量逐渐减小，电磁场逐渐减弱，导体表面场强最大，越深入内部，场强越小，这种现象就是电磁辐射的集肤效应，电磁屏蔽就是利用这一效应进行工作的。

对于一般导体，电磁波的衰减都比较快。对于平板或类似条件的屏蔽体，场强按指数规律衰减。其衰减系数为

$$a = \sqrt{\frac{\omega\mu\gamma}{2}} \tag{7-21}$$

式中　a——电磁波角频率，$\omega = 2\pi f$；

μ ——介质磁导率；

γ ——介质电导率。

为了衡量电磁波在导体中衰减的程度，指定电场强度和磁场强度衰减为原来的 $1/\varepsilon$（即 36.8%）时的深度为透入深度。可以证明，透入深度与衰减系数互为倒数关系。不同频率电磁波对于铜、铝、铁的透入深度如表 7-12 所示。对于理想导体，电磁波透入深度为零。对于一般导体，在深度等于波长的地方，电磁波实际上已衰减为零。

表 7-12　不同频率电磁波对于铜、铝、铁的透入深度

频率/Hz		50	105	106	107
透入深度/mm	铜	9.35	0.21	0.066	0.021
	铝	11.70	0.26	0.083	0.026
	铁	0.71	0.016	0.005	0.0016

B　屏蔽效率

屏蔽效率是定量评价屏蔽装置的基本指标之一。通常用屏蔽前后电场强度或磁场强度差的相对值来表示，即

$$\eta_E = \frac{E_1 - E_2}{E_1} \times 100\% \qquad (7\text{-}22)$$

$$\eta_H = \frac{H_1 - H_2}{H_1} \times 100\% \qquad (7\text{-}23)$$

式中　η_E ——电场屏蔽效率；

η_H ——磁场屏蔽效率；

E_1，E_2 ——屏蔽前、后电场强度；

H_1，H_2 ——屏蔽前、后磁场强度。

应当指出，只有在最简单的情况下，屏蔽效率才有单一数值。例如，用均匀无限大平面屏蔽装置对平面电磁波的半空间屏蔽，用均匀球形屏蔽装置对位于其中心点源的屏蔽，用均匀无限长圆筒形屏蔽装置对位于其轴线上线源的屏蔽都是最简单、最理想化的情况。一般电磁场都不是一维场，也不可能完全对称。屏蔽装置也不可能是完全对称的，加之屏蔽装置还在不同程度上改变原始场的分布，故使得屏蔽效率具有多值性的特点。

C　屏蔽的方式

（1）静电屏蔽。静电屏蔽的屏蔽体用良导体制作，并有良好的接地。这样就把电场终止于导体表面，并通过接地线中和导体表面的感应电荷，防止由静电耦合产生的互扰。

（2）磁屏蔽。磁屏蔽的屏蔽体用高磁导率构成低磁阻通路，把磁力线封闭在屏蔽体内，达到阻挡内部磁场向外扩散或外界磁场干扰的目的。

（3）电磁屏蔽。电磁屏蔽是利用电磁波在导体表面上的反射和在导体中传播的急剧衰减来隔离时变电磁场的互耦，从而防止高频电磁场的干扰。

D　屏蔽设计要求

根据高频电磁场场源的辐射功率、频率、工作性质等条件，确定屏蔽方式、选择屏蔽材料、设计屏蔽结构，并予以合理安装。

（1）屏蔽性质。按照场源的工作性质，可采用主动场屏蔽或被动场屏蔽。

1）主动场屏蔽。是指将场源置于屏蔽体之内，将电磁场限制在某一范围内，使其不对屏蔽体以外的工作人员或仪器设备产生影响的屏蔽方式。主动场屏蔽适用于辐射源比较集中、辐射功率较大、工作人员作业位置不固定且周围不需要接收辐射能量的场合，高频加热设备的高频发生器、高频变压器、耦合电容器等器件均可采用主动场屏蔽。主动场屏蔽的特点是场源与屏蔽体之间的距离小，屏蔽体必须接地，否则屏蔽效率大大降低。

2）被动场屏蔽。是指屏蔽室、个人防护等屏蔽方式。这种屏蔽是将场源置于屏蔽体外，使屏蔽体内不受电磁场的干扰或污染。被动场屏蔽适用于辐射体比较分散、工作人员作业位置固定的场合。无线电通信和广播、电视等发射电磁波的场合均宜采用被动场屏蔽。被动场屏蔽的特点是场源与屏蔽体之间的距离大，屏蔽体可以不接地。

（2）屏蔽体。屏蔽体是屏蔽装置的本体，也是屏蔽装置的主体，其材料选择、结构设计是提高屏蔽效率的关键。

1）屏蔽材料。用于高频防护的板状屏蔽和网状屏蔽均可用铜、铝或钢（铁）制成，必要时可考虑双层屏蔽。

电磁波进入屏蔽体后衰减很快。随着屏蔽厚度增加，屏蔽效率提高，一般情况下，屏蔽体厚 1mm 即可满足要求。对于网状屏蔽，网材目数越大、网丝越粗，则屏蔽效果越好。对于波长较大的高频和超高频电磁场，对网材目数的大小没有严格要求，取材可视材料来源而定；对于特高频电磁场，则要求较大的目数和较小的网眼。

2）距离的影响。距离对屏蔽效率有直接影响。屏蔽体与场源之间的距离过小时，屏蔽体将承受很强的辐射，可能产生较强的反射场，改变高频设备的工作参数，直接影响高频设备的正常运行。同时，二者之间过小的距离，还会因电磁感应在屏蔽体内产生较大的电流，使屏蔽体严重发热，甚至引起燃烧。而且，还会消耗过多的场能，加重辐射源的负担。随着二者之间距离的增加，屏蔽体承受的辐射将大大减弱，屏蔽效果将大大提高。因此，在生产工艺允许的情况下，应加大屏蔽体与场源之间距离，以免影响高频设备的工作，并提高屏蔽的效率。

3）孔洞和缝隙的影响。当工作需要，不得不在屏蔽体上开孔、开缝时，由于增加了电磁场泄漏的附加渠道，屏蔽的效率有所降低。

如果屏蔽板很薄，孔洞和缝隙不大也不多，则屏蔽板外的场主要是透过屏蔽板的残余场。这时，改变材料或增加板厚可以提高屏蔽效能。如果屏蔽板较厚，孔洞和缝隙又比较大和比较多，则屏蔽板外的场主要是通过这些孔洞和缝隙泄漏的。这时，增加板厚的效果不大。

透过屏蔽板的场与透过孔洞和缝隙的场分布是不同的。为了简化问题，可以假定透过屏蔽板的场与透过孔洞和缝隙的场是不相关的，分别当作由该种材料制成的同样厚度的完全封闭的屏蔽和由理想导电材料制成的带有孔洞和缝隙的屏蔽来考虑。如果两种情况的效率分别为 η_1 和 η_2，则屏蔽体的屏蔽效率为

$$\eta = \frac{\eta_1 \eta_2}{\eta_1 + \eta_2} \tag{7-24}$$

经验证明，屏蔽上孔洞直径尺寸不宜超过电磁波波长的 1/5；缝隙宽度不宜超过电磁波波长的 1/10。否则，应采取附加防护措施。

此外，屏蔽体边角要圆滑，避免尖端效应。

在某些实施屏蔽有困难的场合，可以考虑工作人员穿特制的金属服装、戴特制的金属头盔和戴特制的金属眼镜等个人防护措施。

7.3.2.2 电磁接地

接地的目的主要是防止电磁脉冲干扰，消除公共阻抗、电场或其他耦合，也是为了保证人身和设备的安全。接地和屏蔽有机地结合起来，就能解决大部分电磁干扰问题。

比较实用的接地方式有浮地系统、单点接地系统、多点接地系统和混合接地系统四种。

（1）浮地接法。在低频时，各级电路的电位差被隔离，同时可以忽略接地面和电路的分布电容的条件下，常用浮地接法，如图7-33所示。

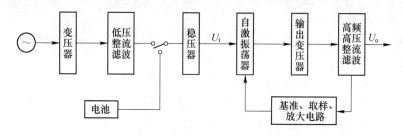

图7-33　浮地接法

采用浮地接地的目的是将电路或设备与公共地或可能引起环流的公共导线隔离开来。浮地接地还可使不同电位的电路之间的配合变得容易。其优点是抗干扰性能好。但由于设备不与大地直接相连，容易出现静电积累，当积累的电荷达到一定程度后，在设备与大地之间的电位差会引起强烈的静电放电，成为破坏性很强的干扰源。作为折中的办法，可以在采用浮地的设备与大地之间接进一个阻值很大的电阻，以便泄放掉所积累的电荷。

（2）单点接地。单点接地是指在一个电路或设备中，只有一个物理点被定义为接地参考点，而其他凡是需要接地的点都被接到这一点上，形成单点接地系统，如图7-34所示。

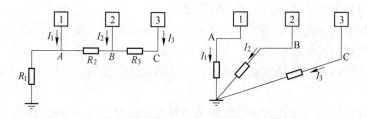

图7-34　单点接地

如果一个系统包含有许多机柜，则每个机柜的"地"都是独立的，机柜内的电路采用自己的单点接地。然后整个系统的各个机柜的"地"都连到系统唯一指定的参考点上。这种接地方法，地线连线长而多，在高频时，地线电感较大。由此而增加地线间的电感耦合，引起电磁干扰，所以当系统工作频率很高时不用这种接地系统。

（3）多点接地。多点接地是指每一个设备、装置、电路都各自用接地线分别单点就近接地，称之为多点接地系统，如图7-35所示。由系统的结构可以看出，设备、装置、电路之间的距离比信号波长大时一定要采用本系统。多点接地的优点是接线简单，而且在接地线上出现高频驻波的现象也明显减少。与此相反，多点接地则形成多个地回路，因而接地质量非常重要。经验表明，多点接地需要很好地维护，以避免由于腐蚀等原因而在接地系统中出现高阻抗。

（4）混合接地。当线路中同时存在有高频、视频、音频信号时，往往需要采用混合接地系统，如图 7-36 所示。所谓混合接地，通常有两种方法：其一是在一个系统中，对于高频或中频线路采用多点接地，而对于音频、视频电路则采用单点接地，最后再用母线把它们互联起来；其二是在单点接地基础上，将那些仅仅要求高频接地的点通过电容器加以就近接地，从而实现了混合接地的目的。但需要特别注意防止这些电容器与接线电感构成谐振。

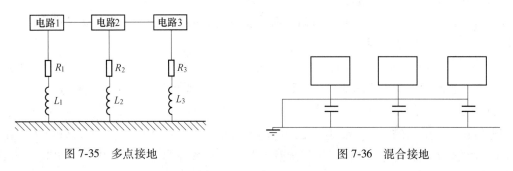

图 7-35　多点接地　　　　　　　　　　　　图 7-36　混合接地

电磁接地的接地线不宜太长。其长度最好能限制在波长的 1/4 以内。如无法达到这个要求时，也应避开波长 1/4 的奇数倍。这样选取接地线的长度是为了防止在接地线上产生驻波，导致较高的电压。另外，电磁接地线宜采用多股铜线或多层铜皮制成，以减小接地线的自感和其内的涡流耗损。

为了降低接地连接阻抗，接地线应当短而宽，最重要的是接地线与接地面可靠的焊接。实现连接的方法有许多，焊接（包括熔焊、钎焊等等）是比较理想的办法。可以避免因金属面暴露在空气中由于锈蚀等原因造成的连接性能下降。压配连接、铆接和用螺钉攻螺纹的连接，在高频时都不能提供良好的低阻抗连接。无论是哪种连接，对连接处表面都要进行必要的处理，保证连接的表面是面接触。对于阳极氧化膜这类不导电膜层，在连接前必须清除。对活泼金属铝的表面还要有防腐蚀的保护层。此外，在连接后还要检查新刷的漆层是否会渗入搭接面而影响搭接的质量。

7.3.2.3　电磁辐射综合措施

电磁辐射虽然有危害，但在这个电气时代，只要采取一些积极有效的防护措施，就可以大大减少这些危害。

防患措施中比较有效的方法是购买一些防护的用具，对于以下 5 种人要特别注意电磁辐射污染。

（1）生活和工作在高压线、变电站、电台、电视台、雷达站、电磁波发射塔附近的人员。

（2）经常使用电子仪器、医疗设备、办公自动化设备的人员。

（3）生活在现代电气自动化环境中的工作人员。

（4）佩戴心脏起搏器的患者。

（5）生活在以上环境里的孕妇、儿童、老人及病患者等。

如果生活环境中电磁辐射污染比较高，公众必须采取相应的防护措施。常见的防护措施有以下几点：

（1）防护服。可使用防微波辐射纤维的衣服，现在有一种由防微波辐射纤维制成的衣服可以用来抵消辐射，该纤维对电磁波具有反射作用。因为金属材料是理想的防微波辐射的材料，但因其笨重而很少有人穿着。一般利用金属纤维与其他纤维混纺成纱，再织成布，成为具有良好防辐射效果的防微波织物。由这种纤维制成的防电磁波辐射的织物具有防微波辐射性能好、质轻、柔韧性好等优点，是一种比较理想的微波防护面料，微波透射量仅为入射量的 $1/10^5$。这种防护面料主要用作微波防护服和微波屏蔽材料等。

（2）防辐射屏。多用于电脑屏幕，具有防辐射、防静电、防强光等多种作用，并且对保护视力也有一定的效果。

（3）注意时间和距离。伤害程度与时间成正比，也就是说接触电磁辐射的时间越长，受到的伤害越大。而与距离成反比，距离拉大 10 倍，受到的辐射就是原来的 1%，距离拉大 100 倍，受到的辐射就是 $1/10^4$。因此对各种电器的使用，都应保持一定的安全距离，离电器越远，受电磁波侵害越小。如彩电与人的距离应在 4~5m，与日光灯管距离应在 2~3m，微波炉在开启之后要离开至少 1m 远，孕妇和小孩应尽量远离微波炉。另外，不要把家用电器摆放得过于集中，以免使自己暴露在超剂量辐射的危险之中。特别是一些易产生电磁波的家用电器，如收音机、电视机、电脑、冰箱等更不宜集中摆放在卧室里。各种家用电器、办公设备、移动电话等都应尽量避免长时间操作，同时尽量避免多种办公和家用电器同时启用。手机接通瞬间释放的电磁辐射最大，在使用时应尽量使头部与手机天线的距离远一些，最好使用分离耳机和话筒接听电话。

（4）饮茶防护。人类受到辐射危害的今天，茶叶被证明是防治辐射病的天然有效的武器。日本发现饮茶能有效地阻止放射性物质侵入骨髓，并可使锶 90 和钴 60 迅速排出体外；另外多吃新鲜的蔬菜和水果会增加维生素 A、B、C、E 的摄入，尤其是富含维生素 B 的食物，如胡萝卜、海带、油菜、卷心菜及动物肝脏等，以利于调节人体电磁场紊乱状态，增加机体抵抗电磁辐射污染的能力。

本 章 小 结

静电危害、雷电危害、电磁辐射危害是电气危害中的三种。本章首先介绍了静电危害的分类，及不同分类有不同静电产生的方式与积聚，然后介绍了静电消散的方式。在此基础上，通过对静电参数的测量以及影响因素的分析，讨论了静电引起的故障并从基本、固体、液体、气体、人体五大方面提出了相应的静电防护措施。同样对于雷电危害和电磁辐射危害，也是首先介绍相关概念、分类以及相应的危害，然后针对危害的形式，提出相应的防护措施。对于雷电危害，特殊介绍了防雷建筑物的分类以及防雷装置的组成与相关知识。通过学习本章内容，同学们能够熟练掌握静电、雷电、电磁辐射的相关原理知识和防护措施，并且在生活生产中能够学以致用。

复习思考题

7-1 简述静电的分类。

7-2 粉体静电的影响因素有哪些?

7-3 简述静电的防护措施。

7-4 雷击是如何产生的?

7-5 简述防雷建筑物的分类。

7-6 防雷装置包括几个部分,分别是什么? 简述之。

7-7 防雷措施具体包括哪些方面措施?

7-8 论述电磁波的来源与传播。

7-9 电磁辐射对人体的伤害有哪些?

7-10 电磁辐射防护的措施有哪些?

8 电气防火与防爆安全技术

本章学习要点：

（1）了解电气火灾、爆炸的成因与条件，理解电气火灾与爆炸的定义。

（2）了解电气火灾爆炸危险场所的划分。

（3）掌握电气防火防爆的一般要求。

（4）掌握电气火灾与爆炸的预防措施。

（5）掌握防爆型电气设备的选用规则。

8.1 电气火灾与爆炸的成因与条件

8.1.1 电气火灾与爆炸的定义与条件

由于电气方面的原因形成火源而引起的火灾和爆炸，称为电气火灾和爆炸。

发生电气火灾和爆炸一般要具备两个条件：一是要有易燃易爆物质和环境；二是要有引燃条件。也可以说，酿成火灾与爆炸一般必须具备可燃物、点火源和氧气三个要素。

8.1.1.1 易燃易爆物质和环境

有些生产和生活场所存在易燃易爆物质和环境，其中煤炭、石油、化工和军工等生产部门尤为突出。煤矿中产生的瓦斯气体，军工企业中的火药、炸药场所，石油企业中的石油、天然气，化工企业中的一些原料、产品，纺织、食品企业生产场所的可燃气体、粉尘或纤维（例如煤粉、面粉、亚麻等）等均为易燃易爆物质，并容易在生产、储存、运输和使用过程中与空气混合，形成爆炸性混合物。在一些生活场所，乱堆乱放的杂物、木结构房屋明设的电气线路以及生活中用的可燃气体等，也可能构成火灾和爆炸危险。简言之，爆炸性环境是指：在大气条件下，气体、蒸气、薄雾、粉尘或纤维状的可燃物质与空气形成混合物，点燃后，燃烧传至全部未燃烧物的环境。

8.1.1.2 引燃条件

生产场所的动力、照明、控制、保护、测量等系统及生活场所的各种电气设备和线路在正常工作或事故时常常会产生电弧、火花和危险的高温，这就具备了引燃爆炸性混合物的条件。

A 危险温度

电气设备运行时总要发热。首先，导体总是有电阻的，使得电流通过导体要消耗一定的电能，其大小为

$$\Delta W = I^2 Rt \tag{8-1}$$

式中　　ΔW——在导体上消耗的电能，J；

　　　　I——流过导体的电流，A；

　　　　R——导体的电阻，Ω；

　　　　t——通电时间，s。

这部分点能使导体发热，温度升高。显然，这部分热量与电流的平方成正比，与导体电阻的一次方成正比。其次对于电动机、变压器等利用电磁感应进行工作的电气设备，由于使用了铁芯，交变电流的交变磁场在铁芯中产生磁滞损耗和涡流损耗，使铁芯发热，温度升高。铁芯磁通密度越高，电流频率越高，铁芯钢片厚度越大，这部分热量越大。

此外，有机械运动的电气设备摩擦、电气设备漏磁、谐波引起发热等都会使温度升高。

正确设计、正确施工、正确运行的电气设备，稳定运行时，发热与散热平衡，其中最高温度和最高温升都不会超过某一允许范围，具体数值见表 8-1。但当电气设备正常运行遭到破坏时，发热量增加，温度升高，在一定条件下极可能引发火灾、爆炸。

表 8-1　电气设备允许的最高温度

类　别		正常运行允许的最高温度/℃
导线与塑料绝缘线		70
橡胶绝缘线		65
变压器上层油温		85
电力电容器外壳温度		65
电机定子绕组对应于采用的绝缘等级及定子铁芯温度	A 级	100
	E 级	115
	B 级	110

电气设备过热主要有以下原因：

（1）短路。发生短路时，线路中电流增大为正常时的数倍甚至数十倍，使得温度急剧上升，大大超过允许范围。如果温度达到可燃物的引燃温度，即引起燃烧。

当电气设备的绝缘老化变质或受到高温、潮湿、腐蚀的作用而失去绝缘能力，可能导致短路。绝缘导线直接缠绕、钩挂在铁钉或铁丝上时，由于磨损和铁锈腐蚀，很容易使绝缘破坏而短路。设备安装不当或工作疏忽，可能使电气设备的绝缘受到机械损伤而短路。由于雷击等过电压的作用，电气设备的绝缘可能遭到击穿而短路。所选用设备的额定电压太低，不能满足工作电压的要求，可能被击穿而短路。由于维护不及时，导电性粉尘或纤维进入电气设备内部，也可能导致短路。由于管理不严，小动物、霉菌及其他植物也可能导致短路。

在安装和检修中，由于接线和操作错误，也可能引起短路。此外，雷电放电电流极大，有类似短路电流但比其更为强烈的热效应，也可能引起火灾。

（2）过负载。过负载也会引起电气设备过热。造成过负载大体有以下 3 种情况：

一是设计、选用线路或设备不合理，或没有考虑足够的裕量，以致在正常负载下出现过热。

二是使用不合理，即线路或设备的负载超过额定值或连续使用时间过长，超过线路或设备的设计能力，由此造成过热。管理不严、私拉乱接也容易造成线路或设备过负载运行。

三是设备故障运行会造成设备和线路过负载，如三相电动机一相运行或三相变压器不对称运行均可能造成过负载。

（3）接触不良。接触部位是电路的薄弱环节，是产生危险温度的主要部位之一。

不可拆卸的接头连接不牢、焊接不良或接头处夹有杂物，都会增加绝缘电阻而导致接头过热。可拆卸的接头连接不紧密或由于振动而松动，也会导致接头发热。可开闭的触头，如刀开关的触头、断路器的触头、接触器的触头、插销的触头等，如果没有足够的接触压力或表面粗糙不平，均可能增大接触电阻，产生危险温度。对于铜、铝接头，由于铜和铝的理化性能不同，接触状态逐渐恶化，会导致接头过热。

（4）铁芯过热。对于电动机或线圈电压过高变压器、接触器等带有铁芯的电气设备，如果铁芯短路（片间绝缘破坏）或通电后铁芯不能吸合，由于涡流损耗和磁滞损耗增加，都将造成铁芯过热并产生危险温度。

（5）散热不良。各种电气设备在设计和安装时都考虑有一定的散热或通风措施。如果这些措施遭到破坏，如散热油管堵塞、通风道堵塞、安装位置不当、环境温度过高或距离外界热源太近，均可能导致电气设备和线路过热。

（6）漏电。漏电电流一般不大，不能促使线路熔丝动作。如漏电电流沿线路比较均匀地分布，则发热量分散引燃成灾，火灾危险性不大；但当漏电电流集中在某一点时，可能引起比较严重的局部发热。漏电电流常常流经金属螺丝或钉子，使其发热而引起木制构件起火。

B　电热器具和照明灯具的热表面

电热器具是将电能转换成热能的用电设备。常用的电热器具有小电炉、电烤箱、电斗、电烙铁、电热毯等。电炉电阻丝的工作温度高达8000℃，可引燃与之接触的或附近的可燃物。电炉连续工作时间过长，将使温度过高（恒温炉除外），烧毁绝缘材料，引燃起火。电炉电源线容量不足可导致发热起火。电炉丝使用时间过长，截短后继续使用，将使发热增加，增加引燃危险。电烤箱内物品烘烤时间太长、温度过高，可能引起火灾。使用红外线加热装置时，将红外光束照射到可燃物上，也可能引起燃烧。

电熨斗和电烙铁的工作温度高达500~600℃，能直接引燃可燃物。电热毯通电时间长，将使其温度过高而引起火灾；电热毯铺在床上，经常受压、揉搓、折叠，致使电热元件受到损坏，如电热丝发生短路，将因过热而引起火灾；将电热毯折叠使用，破坏其散热件，亦可导致起火燃烧。

灯泡和灯具工作温度较高，如安装、使用不当，均可能引起火灾。白炽灯泡表面温度因灯泡功率大小和生产厂家不同而差异很大，在一般散热条件下，其表面温度可参考表8-2。

表8-2　灯具表面温度

灯泡功率/W	40	75	100	150	200
表面温度/℃	55~60	140~200	170~220	150~230	160~300

200W 的灯泡紧贴纸张时，十几分钟即可将纸张点燃。高压水银灯灯泡表面温度与白炽灯相近，400W 的为 $150\sim2500℃$；卤钨灯灯管表面温度较高，1000W 卤钨灯表面温度高达 $500\sim8000℃$。

当供电电压超过灯泡额定电压，或大功率灯泡的玻璃壳发热不均匀，或水溅到灯泡时，都能引起灯泡爆碎。炽热的钨丝落到可燃物上，将引起可燃物的燃烧。

灯座内接触不良，使接触电阻增大，温度上升过高，可引燃可燃物。日光灯镇流器运行时间过长或质量不高，将使发热增加，温度上升，如超过镇流器所用绝缘材料的引燃温度亦可引燃成灾。

C 电火花和电弧

电火花是电极间的击穿放电，电弧是大量连续电火花汇集而成的。一般电火花的能量可能很小，但温度却很高，尤其是电弧，温度可高达 $8000℃$。因此，电火花和电弧不仅能引起可燃物质燃烧，还能使金属熔化、飞溅，构成危险的火源。

电火花大体包括工作火花和事故火花两类。工作火花指电气设备正常工作或正常操作过程中所产生的电火花，例如，刀开关、断路器、接触器、控制器接通和断开线路时会产生火花；插销拔出或插入时的火花；直流电动机的电刷与换向器的滑动接触处、绕线式异步电动机的电刷与滑环的滑动接触处也会产生电火花（没有足够的压力、接触不严密或接触表面脏污时，会产生较大的火花）等。

切断感性或容性电路时，断口处将产生比较强烈的电火花或电弧。其火花能量可估算为

$$W_L = \frac{1}{2}L I^2 \tag{8-2}$$

$$W_L = \frac{1}{2}C U^2 \tag{8-3}$$

式中 L，C——电路中的电感、电容；

I，U——电路中的电流、电压。

当该火花能量超过周围爆炸性混合物的最小引燃能量时，即可能引起爆炸。

事故火花包括线路或设备发生故障时出现的火花。如导线过松、连接松动或绝缘损坏导致短路或接地时产生的火花；电路发生故障，熔丝熔断时产生的火花；沿绝缘表面发生的闪络等。

事故火花还包括由外部原因产生的火花，如雷电直接放电及二次放电火花、静电火花、电磁感应火花等。

除上述情况外，电动机转子与定子发生摩擦（扫膛），或风扇与其他部件相碰也都会产生火花，这是由碰撞引起的机械性质的火花。

就电气设备着火而言，外界热源也可能引起火灾。如变压器周围堆积杂物、油污，并由外界火源引燃，可能导致变压器喷油燃烧甚至发生爆炸。

电气设备本身，除多油断路器、电力变压器、电力电容器、充油套管、油浸纸绝缘电力电缆等设备可能爆破外，下列情况可能引起空间爆炸：

第一，周围空间有爆炸性混合物，在危险温度或电火花作用下引起空间爆炸；

第二，充油设备的绝缘油在高温电弧作用下气化和分解，喷出大量油雾和可燃气体，

引起空间爆炸；

　　第三，发电机的氢冷装置漏气或酸性蓄电池排出氢气等，形成爆炸性混合物，引起空间爆炸。

8.1.2　电气火灾爆炸危险场所的划分

8.1.2.1　危险物质及其分组

电气火灾爆炸危险场所划分的决定性因素是危险物质及其分组。

（1）危险物质。在大气条件下，气体、蒸气、薄雾、粉尘或纤维状的易燃物质与空气混合，点燃后燃烧能在整个范围内传播的混合物称为爆炸性混合物。能形成上述爆炸性混合物的物质称为爆炸危险物质。凡有爆炸性混合物出现或可能有爆炸性混合物出现，且出现的量足以要求对电气设备和电气线路的结构、安装、运行采取防爆措施的环境称为爆炸危险环境。

　　爆炸危险物质可分为以下 3 类。

　　Ⅰ类：矿井甲烷；

　　Ⅱ类：爆炸性气体、蒸气、薄雾；

　　Ⅲ类：爆炸性粉尘、纤维。

　　（2）危险物质的分级分组。闪点、燃点、自燃温度、爆炸极限、最小点燃电流比、最小引燃能量、最大试验安全间隙等是危险物质的主要性能参数。危险物质是按其性能参数分级分组的。

　　1）闪点。在规定的试验条件下，易燃液体能释放出足够的蒸气并在液面上方与空气形成爆炸性混合物，点火时能发生闪燃（一闪即灭）的最低温度。

　　2）燃点。燃点又称着火点、着火温度或引燃温度，是物质在空气中被明火加热或点燃发生燃烧移去点火源仍能继续燃烧的最低温度。

　　对于闪点不超过 45℃ 的易燃液体，燃点仅比闪点高 1~5℃，一般只考虑闪点，不考虑燃点。对于闪点比较高的可燃液体和可燃固体，闪点与燃点相差较大，应用时有必要加以考虑。

　　按引燃温度，爆炸性气体的分组见表 8-3。

表 8-3　引燃温度

温度组别	引燃温度 t/℃	代表性气体
T1	$t>450$	甲烷，氢气
T2	$300<t\leqslant450$	乙烯，乙炔
T3	$200<t\leqslant300$	煤油，柴油
T4	$135<t\leqslant200$	乙醛
T5	$100<t\leqslant135$	二硫化碳
T6	$85<t\leqslant100$	亚硝酸乙酯

　　3）自燃温度。自燃温度又称自燃点，是指在规定试验条件下，可燃物质不需要外来

火源即发生燃烧的最低温度。

爆炸性气体、蒸气、薄雾按引燃温度分为 6 组，其相应的引燃温度范围见表 8-3，爆炸性粉尘、纤维按引燃温度分为 3 组，其相应的引燃温度范围见表 8-14。

4）爆炸极限。爆炸极限分为爆炸浓度极限和爆炸温度极限，后者很少用到，通常所指的都是爆炸浓度极限。该极限是指在一定的温度和压力下，气体、蒸气、薄雾或粉尘、纤维与空气形成的能够被引燃并传播火焰的浓度范围。该范围的最低浓度称为爆炸下限，最高浓度称为爆炸上限。

环境温度越高，燃烧越快，爆炸极限范围越大。例如，乙醇 0℃ 时的爆炸极限是 2.55%~11.8%，50℃ 时是 2.5%~12.5%，而 100℃ 时是 2.25%~12.53%。

随着压力升高，绝大多数气体混合物的爆炸下限略有下降，爆炸上限明显上升。例如，甲烷与空气的混合物，当压力分别为 0.098MPa、0.98MPa、4.9MPa 和 12.25MPa 时，爆炸极限分别为 5.6%~14.3%、5.9%~17.2%、5.4%~29.4% 和 5.1%~45.7%。当压力减小至一定程度时，爆炸极限范围缩小至某一点。也有极少数相反的情况。例如，干燥的一氧化碳与空气混合物的爆炸极限随着压力的升高反而缩小。

随着氧含量升高，爆炸下限变化不大，爆炸上限明显升高，使得爆炸极限范围扩大。例如，乙烯在空气中的爆炸极限是 3.1%~32%，在纯氧中的爆炸极限则是 3.0%~80%。丙烷在空气中的爆炸极限是 2.2%~9.5%，在纯氧中的爆炸极限则是 2.3%~55%。

混合气体中惰性气体含量增加，爆炸极限范围缩小。例如，汽油蒸气与空气混合气体的爆炸极限为 1.4%~7.6%。当含有 10% 的二氧化碳时，爆炸极限范围缩小为 1.4%~5.6%；当含有 20% 的二氧化碳时，爆炸极限范围缩小为 1.8%~2.4%；当含有 28% 以上的二氧化碳时，该混合气体不再发生爆炸。

当容器细窄时，由于容器壁的冷却作用，爆炸极限范围变小。当容器直径减小至一定程度时，火焰不能蔓延，可消除爆炸危险，这个直径叫做临界直径。如甲烷的临界直径为 0.4~0.5mm，氢和乙炔的临界直径为 0.1~0.2mm。

引燃源温度越高，加热面积越大或作用时间越长，都使得爆炸极限范围越大。例如，对甲烷，100V、1A 的电火花不会引起爆炸；2A 的电火花可引起爆炸，爆炸极限范围为 1.6%~5.9%；3A 电火花的爆炸极限范围扩大为 5.85%~14.8%。

5）最小点燃电流比。最小点燃电流比（MICR）是指在规定试验条件下，气体、蒸气、薄雾等爆炸性混合物的最小点燃电流与甲烷爆炸性混合物的最小点燃电流之比。气体、蒸气、薄雾按最小点燃电流比的分级见表 8-4。

表 8-4 试验最大安全间隙或最小引燃电流比分级

电气设备类型	代表性气体	气体分级	最小引燃电流比（MICR）	最大试验安全间隙（MESG）
ⅡA 类	丙烷	A	MICR 比值大于 0.8	MESG 大于 0.9mm
ⅡB 类	乙烯	B	MICR 比值为 0.45~0.8	MESG 为 0.5~0.9mm
ⅡC 类	氢气/乙炔	C	MICR 比值小于 0.45	MESG 小于 0.5mm

6）最小引燃能量。除最小点燃电流外，还经常用到最小引燃能量。最小引燃能量是指在规定的试验条件下，能使爆炸性混合物燃爆所需最小电火花的能量。如果引燃源的能

量低于这个临界值，一般不会着火。

最小引燃能量受混合物性质、引燃源特征、压力、浓度、温度等因素的影响。纯氧中的引燃能量小于空气中的引燃能量。压力减小最小引燃能量明显增大。例如，当压力分别为 0.98MPa、0.78MPa、0.59MPa 和 0.39MPa 时，乙炔分解爆炸的最小引燃能量分别为 3mJ、6mJ、12mJ 和 32mJ。某一浓度下，最小引燃能量取得最小值；离开这一浓度，最小引燃能量都将变大。

7）最大试验安全间隙。最大试验安全间隙（MESG）是衡量爆炸性物品传爆能力的性能参数，是指在规定试验条件下，两个经长为 25mm 的间隙连通的容器，一个容器内燃爆时不致引起另一个容器内燃爆的最大连通间隙宽度。气体、蒸气、薄雾爆炸性混合物按最大试验安全间隙的分级见表 8-4。

8.1.2.2　爆炸性气体环境

为了正确选用电气设备、电气线路和各种防爆设施，必须正确划分所在环境危险区域大小和级别。

根据爆炸性气体混合物出现的频繁程度和持续时间，将此类危险环境分为 0 区、1 区和 2 区。

（1）各级区域的定义：

1）0 区应为连续出现或长期出现爆炸性气体混合物的环境。

2）1 区应为正常运行时可能出现爆炸性气体混合物的环境。

3）2 区应为正常运行时不太可能出现爆炸性气体混合物的环境，或即使出现也只是短时存在的爆炸性气体混合物的环境。

上述正常运行是指设备在其设计参数范围内的运行状况。

4）非爆炸危险区域。凡符合下列条件之一者可划为非爆炸危险区域：

①没有释放源且不可能有易燃物质侵入的区域。

②可燃物质可能出现的最大体积分数不超过爆炸下限 10% 的区域。

③在生产过程中使用明火的设备附近，或炽热表面温度超过区域内可燃物质引燃温度的设备附近。

④在生产装置区外，露天或敞开设置的输送可燃物质的架空管道地带，但阀门处按具体情况确定。

（2）释放源和通风条件的影响。释放源是划分爆炸危险区域的基础。释放源分为连续释放、长时间释放或短时间频繁释放的连续级释放源；正常运行时周期性释放或偶然释放的一级释放源；正常运行时不释放或不经常且只能短时间释放的二级释放源，以及包含上述两种以上特征的多级释放源。

通风情况是划分爆炸危险区域的重要因素。通风分为自然通风、一般机械通风和局部机械通风 3 种类型。良好的通风标志是混合物中危险物质的浓度被稀释到爆炸下限的 1/4 以下。

划分危险区域时，应综合考虑释放源和通风条件，并应遵循以下原则。

1）对于自然通风和一般机械通风的场所，连续级释放源一般可使周围形成 0 区，第一级释放源可使周围形成 1 区，第二级释放源可使周围形成 2 区（包括局部通风）。良好的通风可使爆炸危险区域的范围缩小或可忽略不计，或可使其等级降低，甚至划分为非爆炸危险区域和危险区域。因此,释放源应尽量采用露天、开敞式布置,达到良好的自然通风以降低危险性和节约投资。相反,若通风不良或通风方向不当,可使爆炸危险区域范围扩大,或使危险等级提高。即使在只有一个级别释放源的情况下,不同的通风方式也可能把释放源周围的范围变成不同等级的区域。

2) 局部通风在某些场合稀释爆炸性气体混合物比自然通风和一般机械通风更有效,因而可使爆炸危险区的区域范围缩小(有时可小到忽略不计),或使等级降低,甚至划分为非爆炸危险区域。

3) 释放源处于无通风的环境时,可能提高爆炸危险区域的等级,连续级或第一级释放源可能导致 0 区,第二级释放源可能导致 1 区。

4) 在障碍物、凹坑、死角等处,由于通风不良,局部地区的等级要提高,范围要扩大;另外,堤或墙等障碍物有时可能限制爆炸性混合物的扩散而缩小爆炸危险范围(应同时考虑到气体或蒸气的密度)。

(3) 危险区域的范围。危险区域的范围指从释放源的边缘到不再存在与释放相关危险的地点之间任一方向的距离。危险区域的范围受下列因素的影响。

1) 释放量。释放量大,其范围也增大。

2) 释放速度。当释放量恒定不变,释放速度增高到引起湍流的速度时,将其释放的易燃物质在空气中的浓度进一步稀释,其范围将缩小。

3) 混合物的浓度。易燃物质浓度增加,爆炸危险区域的范围可能扩大。

4) 爆炸下限。爆炸下限越低,爆炸危险区域的范围将越大。

5) 闪点。如果闪点高于易燃液体的最高温度,就不会形成爆炸性混合物。闪点越低爆炸危险区域的范围将扩大。

6) 密度。气体或蒸气密度大,爆炸危险区域的水平范围将增大。

7) 液体温度。若温度在闪点以上,所加工液体的温度上升,爆炸危险区域的范围扩大。

8) 通风量。通风量增加,爆炸危险区域的范围将缩小。

9) 通风障碍。如有阻碍通风的障碍,则危险范围扩大;如阻碍爆炸性混合物扩散,则危险范围可能缩小。

在进行爆炸危险区域的等级和范围划分时,应参照同类企业相似厂房的实际情况综合考虑,即使是同一种类的生产过程,由于厂房通风以及其他因素不同,也可能导致不同的等级和范围。

在建筑物内部,一般以室(房间)为单位划分爆炸危险区域;但根据生产的具体情况,当室内空间很大而释放源的释放量又很小时,可以不以室为单位划分。

露天或半开敞的建筑物,应根据释放源的级别和通风情况划分。

考虑到爆炸性气体不同的密度和不同的通风条件,典型爆炸危险区域的划分如图8-1~图8-7所示。

注:释放源距地坪的高度超过 4.5m 时,应根据实践经验确定。

与爆炸危险环境相邻的环境,由于爆炸性混合物可能侵入,有时也应划为一定级别的危险环境。

由于厂区位置或其他原因,不得不把配电室等安装和使用非防爆电气设备的房间布置

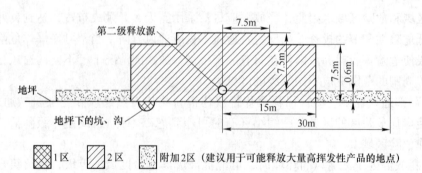

图 8-1　释放源接近地坪时可燃物质重于空气、通风良好的生产装置区

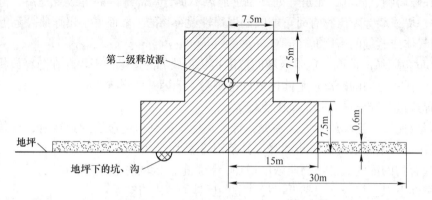

图 8-2　释放源在地坪以上时可燃物质重于空气、通风良好的生产装置区

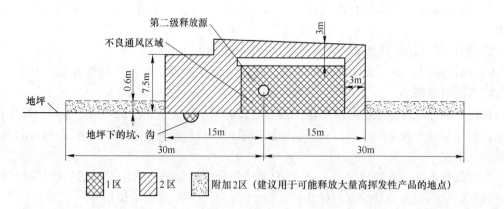

图 8-3　释放源在密闭建筑物内时可燃物质重于空气、通风不良的生产装置区

在 1 区或 2 区时，如房间采用正压或连续稀释措施，则可降为非爆炸危险环境。

如果相邻环境与爆炸危险环境相比有很大空间，其危险等级可根据具体情况划定。对于地下工程，相邻环境的危险等级应根据通风条件决定是否允许降低。

8.1.2.3　爆炸性粉尘环境

在爆炸性粉尘环境中粉尘分为以下三级：

ⅢA级：可燃性飞絮；

ⅢB级：非导电性粉尘；

ⅢC级：导电性粉尘。

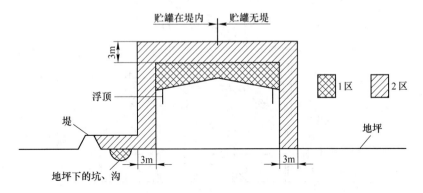

图 8-4 可燃物质重于空气、设在户外地坪上的固定式贮罐

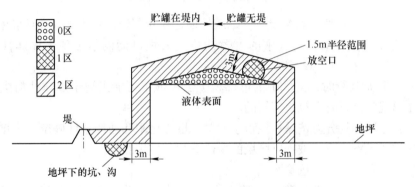

图 8-5 可燃物质重于空气、设在户外地坪上的浮顶式贮罐

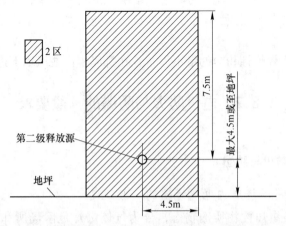

图 8-6 可燃物质轻于空气、通风良好的生产装置区

爆炸性粉尘环境是指生产设备周围环境中，悬浮粉尘、纤维量足以引起爆炸以及在电气设备表面会形成层积状粉尘、纤维而可能形成自燃或爆炸的环境。根据爆炸性环境出现的频繁程度和持续时间，将此类危险环境划为 20 区、21 区和 22 区。

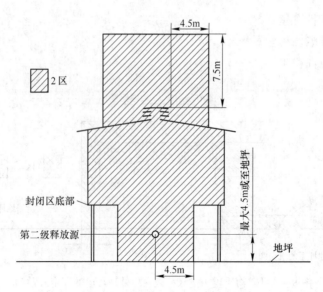

图 8-7　可燃物质轻于空气、通风良好的压缩机厂房

20 区：空气中的可燃性粉尘云持续地或长期地或频繁地出现于爆炸性环境中的区域。

21 区：在正常运行时，空气中的可燃性粉尘云很可能偶尔出现于爆炸性环境中的区域。

22 区：在正常运行时，空气中的可燃粉尘云一般不可能出现于爆炸性粉尘环境中的区域，即使出现，持续时间也是短暂的。

爆炸危险区域的划分应按爆炸性粉尘的量、爆炸极限和通风条件确定。为爆炸性粉尘环境服务的排风机室，应与被排风区域的爆炸危险区域等级相同。

以下情况可划为非爆炸危险区域：

（1）装有良好除尘效果的除尘装置，当该除尘装置停车时，工艺机组能联锁停车。

（2）设有为爆炸性粉尘环境服务，并用墙隔绝的送风机室，其通向爆炸性粉尘环境的风道设有能防止爆炸性粉尘混合物侵入的安全装置，如单向流通风道及能阻火的安全装置。

（3）区域内使用爆炸性粉尘的量不大，且在排风柜内或风罩下进行操作。

8.2　电气防火与防爆的一般要求

8.2.1　电气线路的防火与防爆

8.2.1.1　爆炸危险场所内电气线路的一般规定

爆炸危险场所按爆炸性物质的物态，分为气体爆炸危险场所和粉尘爆炸危险场所两类。在危险区域使用的电力电缆或导线，除应遵守一般要求外，还应符合防火与防爆的要求。例如：在火灾与爆炸危险区域不允许使用铝导线。在火灾与爆炸危险区域使用的绝缘导线和电缆，其额定电压不得低于电网的额定电压，且不能低于 500V；电缆线路不应有中间接头；在爆炸危险区域应采用铠装电缆，应有足够的机械强度；在架空桥架上敷设时应采用阻燃电缆等。

电气线路应尽可能地在爆炸危险较小的环境敷设。如果可燃物质比空气密度大，电气线路应敷在较高处，架空时宜采用电缆桥架，电缆沟敷设时沟内应填沙，并应有排水设施。如果可燃物质比空气轻，电气线路应在低处或电缆沟敷设。敷设电气线路的沟道、电缆线钢管，在穿过不同区域之间墙和楼板处的孔洞时，应采用非燃性材料严密堵塞。敷设电气线路时宜避开可能受到机械损伤、振动、腐蚀的地方以及热源附近；实在不能避开时应采取预防措施。严禁采用绝缘导线明敷。装置内的电缆沟，应有防止可燃气体积聚或含有可燃液体污水进入沟内的措施。装置内的电缆沟通入变、配电室及控制室的墙洞处，应严格密封等。

电气线路的敷设方式、路径应符合设计规定，当设计无明确规定时，应符合下列要求：

（1）电气线路应尽可能地在爆炸危险性较小的环境或远离释放源的地方敷设。

（2）当易燃物质体积质量比空气大时，电气线路应在较高处敷设；当易燃物质体积质量比空气小时，电气线路宜在低处或电缆沟敷设。

（3）当电气线路沿输送可燃气体或易燃液体的管道栈桥敷设时，管道内的易燃物质体积质量比空气大时，电气线路应敷设在管道的上方；管道内的易燃物质比空气轻时，电气线路应敷设在管道正下方两侧。

（4）敷设电气线路时宜避开可能受到机械损伤、振动、腐蚀以及可能受热的地方；当不能避开时，应采取预防措施。

（5）爆炸危险环境内采用的低压电缆和绝缘导体，其额定电压必须高于线路的工作电压，且不得低于500V，绝缘导线必须敷设于钢管内。电气线路中性线绝缘层的额定电压，应与相线电压相同，并应在同一护套或钢管内敷设。

（6）电气线路使用的接线盒、分线盒、活接头、隔离密封等连接件的选型，应符合国家标准《爆炸危险环境电力装置设计规范》（GB 50058—2014）的规定。

（7）导线和电缆的连接，应采用防松措施固定螺栓，或压接、钎焊、熔焊，但不得绕接。

（8）爆炸危险环境除本质安全电路外，采用的电缆和绝缘导线，其铜质线芯最小截面应符合表8-5的规定。

表8-5 爆炸危险环境电缆和绝缘导线线芯最小截面面积

爆炸危险环境	铜线线芯最小截面面积/mm²		
	电力线路	控制线路	照明线路
1区	2.5	2.5	2.5
2区	1.5	1.5	1.5
10区	2.5	2.5	2.5
11区	1.5	1.5	1.5

（9）10kV及以下架空线路严禁跨越爆炸性气体环境；架空线路与爆炸性气体环境的水平距离，不应小于杆塔高度的1.5倍。当水平距离小于规定而无法躲开时，必须采取有效的保护措施。

8.2.1.2　爆炸危险环境内电缆线路的敷设要求

电缆线路在危险环境内，电缆之间不应直接连接。在非正常情况下，必须在相应的防爆接线盒或分线盒内连接或分路。电缆线路穿过不同危险区域和界壁时，必须采取下列隔离密封措施：

（1）在两级区域交界处的电缆沟内，应采取充砂、填充阻火堵料或加设防火隔墙。

（2）电缆通过相邻区域共用的隔墙、楼板、地面等易受机械损伤处，均应加以保护；留下的孔洞，应堵塞严密。

（3）保护管两端的管口处，应用非燃性纤维将电缆周围堵塞严密后，再堵塞密封胶泥，密封胶泥填塞深度不得小于管子内径，且不得小于 40mm。

对防爆电气设备接线盒的进线口，引入电缆后的密封应符合下列要求：

（1）当电缆外护套必须穿过弹性密封圈或密封填料时，必须被弹性密封圈挤紧或被密封填料封固。

（2）外径等于或大于 20mm 的电缆在隔离密封处组装防止电缆拔脱的装置时，应在电缆被拧紧或封固后，再拧紧固定电缆的螺栓。

（3）电缆引入装置或设备进线口的密封，应符合下列要求：装置内的弹性密封圈的一个孔只应密封一根电缆；被密封的电缆截面，应近似圆形；弹性密封圈及金属垫，应与电缆的外径匹配；其密封圈内径与电缆外径允许差值为 ±1mm；弹性密封圈压紧后，应能将电缆沿圆周均匀地挤紧。

（4）有电缆头空腔或密封盒的电气设备进线口，电缆引入后应浇灌可固化的防爆密封填料，填料深度不应小于引入口径的 1.5 倍，且不得小于 40mm。

（5）电缆与电气设备连接时，应选用与电缆外径相适应的引入装置；当选用的电气设备的引入装置与电缆的外径不相适应时，应采用过渡接线方式；电缆与过渡方式必须在相应的防爆接线盒内连接。

电缆配线引入防爆电动机需挠性连接时，可采用防爆挠性连接管，其与防爆电动机接线盒之间，应按防爆要求配合，不同的使用环境条件应采用不同材质的防爆挠性连接管。电缆采用金属密封环式引入时，贯穿引入装置的电缆表面应清洁干燥，对涂有防腐层的，应清除干净后再敷设。在室外和易进水的地方，与设备引入装置相连接的电缆保护管的管口，应严密封堵。

8.2.1.3　爆炸危险环境内钢管配线要求

配线钢管应采用低压流体输送用镀锌焊接钢管。钢管与钢管、钢管与电气设备、钢管与钢管附件之间的连接，应采用螺纹连接，不得采用套管焊接，并应符合下列要求：

（1）螺纹加工应光滑、完整、无腐蚀，在螺纹上应涂以电力复合脂或导电性防锈脂。不得在螺纹上缠麻或绝缘胶带及涂其他油漆。

（2）在爆炸性气体环境 1 区和 2 区内，螺纹有效啮合扣数：管径为 25mm 及以下的钢管不应少于 5 扣；管径为 32mm 及以上的钢管不应少于 6 扣。

（3）在爆炸性气体 1 区或 2 区内与隔爆型设备连接时，螺纹连接处应有锁紧螺母。

（4）在爆炸性粉尘环境 10 区和 11 区内，螺纹有效啮合扣数不应少于 5 扣。

（5）外露丝扣不应过长。

（6）除设计有特殊规定外，连接处可不焊接金属跨接线。

电气管路之间不得采用倒扣连接；当连接有困难时，应采用防爆活接头，其结合面应密贴。

在爆炸性气体环境 1 区、2 区和爆炸性粉尘环境 10 区内的钢管配线，在下列各处应装设不同形式的隔离密封件：

（1）电气设备无密封装置的进线口。

（2）通过与其他任何场所相邻的隔墙时，应在隔墙的任一侧装设横向式隔离密封件。

（3）管路通过楼板或地面引入其他场所时，均应在楼板或地面的上方装设纵向式密封件。

（4）管径为 50mm 及以上的管路在距引入的接线箱 450mm 以内及每距 15m 处，应装设一隔离密封件。

（5）易积聚冷凝水的管路，应在其垂直段的下方装设排水式隔离密封件，排水口应置于下方。

8.2.2　变、配电所的防火与防爆

变、配电所是电力系统的枢纽，它具有接受电能、变换电压等级和分配电能的功能。工业与民用建筑中的变电所多属于降压变电所。降压变电所一般分为一次降压和二次降压。一般说来，它把供电系统 35~220kV 电力网电压降压为 6~10kV（一次降压），再由 6~10kV 电压降压为 220V/380V（二次降压），供给低压电气设备使用。按照容量的大小，引入电压的高低，大致可分为一次降压变电所、二次降压变电所和配电所三种类型。

为了安全可靠地供电，变、配电所应建在用电负荷中心，且位于爆炸危险区域范围以外。在可能散发比空气密度大的可燃气体的界区以内，变、配电所的室内地面应比室外地面高 0.6m 以上。此外，还应尽量避开多尘、振动、高温、潮湿等场所，还要考虑到电力系统进线、出线的方便和便于设备的运输等。为保证安全供电，一次降压变电所一般应设两路供电电源，二次降压变电所也应按上述原则考虑。

变电所内包括一次电气设备（动力电源部分）和二次电气设备（控制电源部分）。一次电气设备是指直接输配电能的设备，包括变压器、断路器、电抗器、隔离开关、接触器、电力电缆等；二次电气设备是指对一次电气设备进行监视、测量和控制与保护的设备，例如各种监测仪表、保护用继电器、信号装置及控制电缆等。

电力变压器是由铁芯柱或铁轭构成的一个完整闭合磁路，由绝缘铜线或铝线制成线圈，形成变压器的一次、二次线圈。除干式变压器外，很多变压器都是油浸自然冷却式，其绝缘油起线圈间的绝缘和冷却作用。变压器中的绝缘油闪点约为 135℃，容易蒸发燃烧，同空气混合能形成爆炸混合物。所谓闪点，是指在某一标准条件下使液体释放出一定量的蒸气而能形成可燃的蒸气空气混合物的液体最低温度。变压器内部的绝缘衬垫和支架大多系用绝缘纸板、棉纱、布、木材等有机可燃物质组成。一旦变压器内部发生过载或短路，可燃的材料和油就会因高温或电火花、电弧作用而分解，膨胀以致气化，使变压器内部压力剧增。这时，可能引起变压器外壳爆炸，大量绝缘油喷出燃烧，燃烧着的油流又会进一步扩大火灾危险。因此，运行中的变压器一定要注意以下几点：

（1）防止变压器过载运行。如果长期过载运行，会引起线圈发热，使绝缘逐渐老化，

造成匝间短路、相间短路或对地短路及油的分解。

（2）保证绝缘油质量。变压器绝缘油在储存、运输或运行维护中，若油质量差或杂质、水分过多，会降低绝缘强度。当绝缘强度降低到一定值时，变压器就会短路而引起电火花、电弧或出现危险温度。因此，运行中的变压器应定期化验油质，不合格的油应及时更换。

（3）防止变压器铁芯绝缘老化损坏。铁芯绝缘老化或夹紧螺栓套管损坏，会使铁芯产生很大的涡流，引起铁芯长期发热造成绝缘老化。

（4）防止检修不慎破坏绝缘。变压器检修吊铁芯时，应注意保护线圈或绝缘套管，如果发现有擦破损伤，应及时处理。

（5）保证导线接触良好。线圈内部接头接触不良，线圈之间的连接点，引至高、低压侧套管的接点，以及调压分接开关上各支点接触不良，都会产生局部过热，破坏绝缘，发生短路或断路。此时所产生的高温电弧会使绝缘油分解，产生大量气体，变压器内压力增加。当压力超过瓦斯继电器保护整定值而不跳闸时，则可能发生爆炸。

（6）防止雷击。电力变压器的电源可能通过架空线而来，而架空线很容易遭受雷击，变压器内部绝缘裕量较小，承受过电压能力较弱，因而可能会因击穿绝缘而烧毁。

（7）应有可靠的短路保护。变压器线圈或负载发生短路，变压器将承受相当大的短路电流，如果继电保护系统失灵或保护整定值过大，就有可能烧毁变压器。

（8）保持良好的接地。对于 TN 系统，变压器低压侧中性点要直接接地。当三相负载不平衡时，N 线或 PEN 线上会出现电流。当这一电流过大而接触电阻又较大时，接地点就会出现高温，引燃周围的可燃物质。

（9）防止超温。变压器运行时应监视温度的变化。如果变压器为 A 级绝缘，其绝缘体以纸和棉纱为主，温度的高低对绝缘和使用寿命的影响很大，温度每升高 8℃，绝缘寿命要减少 50% 左右。变压器在正常温度（90℃）下运行，寿命约 20 年；若温度升至105℃，则寿命为 7 年；温度升至 120℃，寿命仅为 2 年。所以变压器运行时，一定要保持良好的通风和冷却，必要时可采取强制通风，以达到降低变压器温升的目的。我国绝缘材料标准规定的耐热等级和长期允许使用的最高温度详见表 8-6。

表 8-6　我国绝缘材料标准规定的绝缘耐热等级和长期允许使用的最高温度

耐热等级	长期允许使用的最高温度/℃
Y	90
A	105
E	120
B	130
F	155
H	180
C	>180

油断路器是用来切断和接通电源的，在短路时能迅速、可靠地切断短路电流。油断路器分多油断路器和少油断路器两种，主要由油箱、触头和套管组成。触头全部浸没在绝缘油中。多油断路器中的油起灭弧作用和作为断路器内部导电部分之间及导电部分与外壳之间的绝缘，少油断路器中的油仅起灭弧作用。

导致油断路器火灾和爆炸的原因如下：

（1）油断路器油面过低时，使油断路器触头的油层过薄，油受电弧作用而分解释放出可燃气体，这部分可燃气体进入顶盖下面的空间，与空气混合可形成爆炸性气体，在高温下就会引起燃烧、爆炸。

（2）油箱内油面过高时，析出的气体在油箱内较小空间里会形成过高的压力，导致油箱爆炸。

（3）油断路器内油的杂质和水分过多，会引起油断路器开关内部闪络。

（4）油断路器操作机构调整不当，部件失灵，会使断路器动作缓慢或合闸后接触不良。当电弧不能及时切断和熄灭时，在油箱内可产生过多的可燃气体而引起火灾。

（5）油断路器的遮断容量（断流容量）是一个很重要的参数。当遮断容量小于供电系统短路容量时，油断路器不能可靠地切断系统强大的短路电流，电弧不能及时熄灭则会造成油断路器的燃烧和爆炸。

（6）油断路器套管与油开关箱盖，或者箱盖与箱体密封不严，油箱进水受潮，油箱不清洁或套管有机械损伤，都可能造成对地短路，从而引起油断路器着火或爆炸。

总之，油断路器运行时，油面必须在油标指示的高度范围以内。若发现异常，如漏油、渗油、有不正常声音等，应立即采取措施，必要时可停电检修。严禁在油断路器存在各种缺陷的情况下强行送电运行。

8.2.3 动力、照明及电热系统的防火与防爆

8.2.3.1 电动机的防火与防爆

电动机是一种将电能转变为机械能的电气设备，是工业与民用建筑中广泛应用的动力设备。交流电动机按运行原理可分为同步电动机和异步电动机两种，通常多采用异步电动机。

电动机按构造和适用范围，可分为开启式和防护式；为防止液体或固体向电动机内溅，可有防滴式和防溅式。在易燃易爆场所，应使用各种防爆型电动机（下面会详细介绍）。电动机引线接头处如接触不良、接触电阻过大或轴承过热，也可能引起绝缘燃烧。电动机的引线和控制保护装置也存在着火的因素。引起电动机着火的原因主要有以下几点：

（1）电动机过负荷运行。如发现电动机外壳过热，电流表所指示电流超过额定值，则说明电动机已过载，过载严重时，可能烧毁电动机。当电网电压过低时，电动机也会产生过载。当电源电压低于额定电压的 80% 时，电动机的转矩只有原转矩的 64%，在这种情况下继续运行，电动机就会产生过载，引起绕组过热，烧毁电动机或引起周围可燃物着火。

（2）由于金属物体或其他固体掉进电动机内，或在检修时绝缘受损、绕组受潮，以及电压过高时绝缘被击穿等原因，会造成电动机绕组匝间、相间短路或接地，电弧烧坏绕组，有时铁芯也被烧坏。

（3）当电动机接线处各接点接触不良或松动时，接触电阻增大引起接点发热，接点处越热氧化越严重，形成恶性循环，最后将接点烧毁并产生电弧火花，造成短路。

（4）电动机非全相运行危害极大，轻则烧毁电动机，重则引起火灾。电动机非全相运行时，其中有的绕组要通过 $\sqrt{3}$ 倍额定电流，而保护电动机的熔丝是按额定电流的 4~7 倍选择的，所以非全相运行时熔丝一般不会烧毁。非全相运行时的大电流长时间在定子绕组内流过，会使定子绕组过热，甚至烧毁。

8.2.3.2　电缆的防火与防爆

电缆一般可分为动力电缆和控制电缆两类。动力电缆用来输送和分配电能，控制电缆则用于测量、保护和控制回路。

动力电缆按其使用的绝缘材料不同，分为油浸纸绝缘、不燃性橡胶绝缘和聚氯乙烯绝缘电缆等。油浸纸绝缘电缆的外层往往使用浸过沥青漆的麻包，这些材料都是易燃物质。

电缆的敷设可以直接埋在地下，也可以用隧道、电缆沟或电缆桥架敷设。用电缆桥架架空敷设时，宜采用阻燃电缆；埋设敷设时应设置标志。穿过道路或铁路时应有保护套管。户内敷设时，与热力管道的净距不应小于 1m，否则须加隔热设施。电缆与非热力管道的净距不应小于 0.5m。动力电缆发生火灾的可能性很大，应注意以下几点：

（1）电缆的保护铅皮在敷设时损坏，或运行中电缆绝缘体损伤，均会导致电缆相间或相与铅皮间的绝缘击穿而发生电弧。这种电弧能使电缆内的绝缘材料和电缆外的麻包发生燃烧。

（2）油浸纸绝缘电缆长时间过负荷运行，会使电缆过分干枯。这种干枯现象，通常发生在较长的一段电缆上。电缆绝缘过热或干枯，能使纸质失去绝缘性能，因而造成击穿着火。同时由于电缆过负荷，可能沿着电缆的长度在几个不同地方发生绝缘物质燃烧。

（3）充油电缆敷设高差过大（如 6~10kV 油浸纸绝缘电缆最大允许高差为 15m，20~35kV 则为 5m），可能发生电缆淌油现象。电缆由于油的流失而干枯，使这部分电缆的热阻增加、纸绝缘老化而击穿损坏。由于上部的油向下流，在上部电缆头处产生了负压力，增加了电缆吸入潮湿空气的机会，而使端部受潮。电缆下部由于油的积聚而产生很大的静压力，促使电缆头漏油，增加发生故障或造成火灾的机会。

（4）电缆接头盒的中间接头因压接不紧、焊接不牢或接头材料选择不当，运行中接头氧化、发热、流胶或灌注在接头盒内的绝缘剂质量不符合要求，灌注时盒内存有空气，以及电缆盒密封不好、漏入水或潮湿气体等，都能引起绝缘击穿，形成短路而发生爆炸。

（5）电缆端头表面受潮，引出线间绝缘处理不当或距离过小，往往容易导致闪络着火，引起电缆头表层混合物和引出线绝缘燃烧。

（6）外界的火源和热源，也能导致电缆火灾事故。

顺便介绍一下，配电线路按防火类别可划分为以下三类：

（1）不防火的线路。其电线或电缆的绝缘层或外层材料是可燃的，火灾时明火可沿着线路蔓延。由于隐患严重，高层建筑内不准使用这类线路。

（2）难燃（又称阻燃）线路。在火源作用下，这种线路可以燃烧；但当火源移开后会自动熄灭，从而避免了火灾沿线路蔓延扩大的危险。高层建筑内的一般线路均为这类线路，例如阻燃塑料导线、阻燃型电缆、阻燃型塑料电线管等。绝缘导线穿钢管敷设时也属于阻燃线路。例如 ZR-YJV 型即为一种阻燃电力电缆。

对于大量人员集中的场所，最好进一步选用无卤阻燃电缆。大量火灾事故证明，绝大多数死者都是因火灾时的浓烟和毒气窒息而亡。因此，选用无卤阻燃电缆（例如 WL-YJE23 型），有利于火灾时人员安全疏散。

（3）耐火线路。这种线路在火源直接作用下仍可维持一定时间的正常通电状态。常见的耐火电缆结构有两种：一种是氧化镁绝缘铜套保护；一种是云母绝缘。比较起来，云母绝缘电缆价格较低、施工较易，能在 950~1000℃ 的高温下维持继续供电 1.5h，已可满足一般高层建筑的消防要求。耐火线路用于配电给消防电梯、消防水泵、排烟风机、消防控制中心应急照明等在火灾时要继续工作的设备。例如 NH-VV 型即为一种耐火电缆。

我国部分防火型电缆的型号与名称见表 8-7。

表 8-7 部分防火型电缆的型号与名称

电缆类型	型号	名称	主要用途
阻燃电缆	ZR-VV ZR-YJV ZR-KVV ZR-KVV22	铜芯聚氯乙烯绝缘聚氯乙烯护套阻燃电力电缆； 铜芯交联聚乙烯绝缘聚氯乙烯护套阻燃电力电缆； 铜芯聚氯乙烯绝缘聚氯乙烯护套阻燃控制电缆； 铜芯聚氯乙烯绝缘聚氯乙烯护套钢带铠装阻燃控制电缆	重要建筑物等
无卤阻燃电缆	WL-YJE23 WL-YJEQ23	核电站用交联聚乙烯绝缘钢带铠装热缩性聚乙烯护套无卤电缆 0.6/1kV，6/10kV，6.6/10kV（符合 IEC332-3B 类）； 交联聚乙烯绝缘无卤阻燃电缆 0.6/1kV（符合 IEC332-3C 类）	防火场地、高层建筑、地铁、隧道等
隔氧层电力电缆	CZRKVV CZRVV QZRYJV	聚氯乙烯绝缘聚氯乙烯护套隔氧层阻燃控制电缆； 铜芯聚氯乙烯绝缘聚氯乙烯护套隔氧层阻燃电力电缆； 铜芯交联聚乙烯绝缘聚氯乙烯护套隔氧层阻燃电力电缆	信号控制系统、高层建筑物内等
耐火电缆	NH-VV NH-BV NH-YJV	铜芯聚氯乙烯绝缘聚氯乙烯护套耐火电力电缆； 铜芯聚氯乙烯绝缘耐火电缆（电线）； 铜芯交联聚乙烯绝缘聚氯乙烯护套耐火电力电缆	高层建筑、地铁、电站等
防火电缆 500/750V	BTTQ BTTVQ BTTZ BTTVZ	轻型铜芯铜套氧化镁绝缘防火电缆； 轻型铜芯铜套聚氯乙烯外套氧化镁绝缘防火电缆； 重型铜芯铜套氧化镁绝缘防火电缆； 重型铜芯铜套聚氯乙烯外套氧化镁绝缘防火电缆	耐高温、防爆，适用于重要历史性建筑等

电缆的防火防爆中还涉及电缆桥和电缆沟两类。

（1）电缆桥架的防火与防爆。电缆桥架处在防火与防爆的区域里时，可在托盘、梯架中用具有耐火或难燃性的板、网材料构成闭合式结构,并在桥架表面涂刷防火层,其整体耐火性还应符合国家有关规范的要求。另外,桥架还应有良好的接地和等电位联结措施。

(2)电缆沟的防火与防爆。电缆沟与变、配电所的连通处,应采取严密封闭措施,如填充细砂等,以防止可燃气体通过电缆沟窜入变、配电所,引起火灾爆炸事故。电缆沟中敷设的电缆可采用阻燃电缆或涂刷防火涂料。

8.2.3.3 电气照明、电气线路及电加热设备的防火与防爆

(1)电气照明的防火与防爆。电气照明灯具在生产和生活中使用极为普遍,人们特别容易忽视其防火安全。照明灯具在工作时,玻璃灯泡、灯管、灯座等表面温度都较高,若灯具选用不当或发生故障,可能会产生电火花和电弧;或者因接点处接触不良,局部产生高温。

导线和灯具的过载和过压则会引起导线发热,使绝缘破坏、短路和灯具爆碎,继而可导致可燃气体和可燃液体蒸气、粉尘的燃烧和爆炸。

下面分别介绍几种灯具的火灾危险知识。

1)白炽灯。在散热良好的情况下,白炽灯泡的表面温度与其功率的大小有关。白炽灯泡的表面温度与功率的关系详见表 8-8。在散热不良的情况下,灯泡表面温度会更高。灯泡功率越大,升温的速度也越快;灯泡距离可燃物越近,引燃时间就越短。此外,白炽灯耐振性差,极易破碎,破碎后高温的玻璃片和高温的灯丝溅落在可燃物上或接触到可燃气体,都能引起火灾。白炽灯烤燃可燃物的时间和起火温度详见表 8-9。

表 8-8 白炽灯泡的表面温度与功率的关系

灯泡功率/W	灯泡表面温度/℃	灯泡功率/W	灯泡表面温度/℃
40	56~63	100	170~216
60	137~180	150	148~228
75	136~194	200	154~296

表 8-9 白炽灯烤燃可燃物的时间和起火温度

灯泡功率/W	可燃物	烤燃时间/h	起火温度/℃	放置形势
100	稻草	2	360	卧式埋入
100	纸张	8	330~360	卧式埋入
100	棉絮	13	360~367	垂直紧贴
200	稻草	1	360	卧式埋入
200	纸张	12	330	垂直紧贴
200	棉絮	5	367	垂直紧贴
200	松木箱	57	398	垂直紧贴

2)荧光灯。荧光灯的镇流器一般由铁芯和线圈组成。正常工作时,镇流器本身也耗电,所以也具有一定温度。若散热条件不好,或与灯管配套不合适,以及其他附件故障

时，其内部温升会破坏线圈的绝缘，形成匝间短路，产生高温和电火花。

3）高压汞灯。正常工作时高压汞灯的表面温度虽比白炽灯要低，但因其功率比较大，不仅温升速度快，发出的热量也大。如400W高压汞灯，表面温度可达$180\sim250℃$，其火灾危险程度与功率200W的白炽灯相仿。高压汞灯镇流器的火灾危险性则与荧光灯镇流器相似。

4）卤钨灯。卤钨灯工作时维持灯管点燃的最低温度为250℃。1000W卤钨灯的石英玻璃管外表面温度可达$500\sim800℃$，而其内壁的温度更高，约为1000℃。因此，卤钨灯不仅能在短时间内烤燃接触灯管的可燃物，其高温辐射还能将距离灯管一定距离的可燃物烤燃。这样它的火灾危险性比别的照明灯具更大。

（2）电气线路的防火防爆。电气线路往往因短路、过载和接触电阻过大等原因产生电火花、电弧，或因电线、电缆达到危险高温而发生火灾，其主要原因有以下几点：

1）电气线路短路起火。电气线路由于意外故障可造成两相相碰而短路。短路时电流会突然增大，这就是短路电流。一般有相间短路和对地短路两种。按欧姆定律，短路时电阻突然减少，电流突然增大。而发热量是与电流平方成正比的，所以短路时瞬间发热相当大。其热量不仅能将绝缘烧损，使金属导体熔化，也能将附近易燃易爆物品引燃引爆。

2）电气线路过负荷。电气线路允许连续通过而不致使电线过热的电流称为额定电流（又称允许长期工作电流或允许长期载流量），如果超过额定电流，此时的电流就叫过载电流。过载电流通过导线时，温度相应增高。一般绝缘导线正常工作时的最高允许温度为65℃，长时间过载的导线其温度会超过允许温度，从而会加快导线绝缘老化，甚至损坏绝缘，引起短路，产生电火花、电弧。

3）导线连接处接触电阻过大。导线接头处不牢固、接触不良，都会造成局部接触电阻过大，发生过热。时间越长发热量越大，甚至导致导线接头处熔化，引起导线绝缘材料中可燃物质的燃烧，同时也可引起周围可燃物的燃烧。

（3）电加热设备的防火防爆。电热设备是把电能转换为热能的一种设备。它的种类繁多，用途很广，常用的有工业电炉、电烘房、电烘箱、电烙铁、机械材料的热处理炉等。

电热设备的火灾原因，主要是加热温度过高，电热设备选用导体截面过小等。当导线在一定时间内流过的电流超过额定电流时，亦会造成绝缘损坏而导致短路起火或闪络，引起火灾。

8.3 电气火灾与爆炸的预防措施

8.3.1 电气设备的合理布置

合理布置爆炸危险区域的电气设备，是防火防爆的重要措施之一。应重点考虑以下几点：

（1）室外变、配电站与建筑物、堆场、储罐的防火间距应满足《建筑设计防火规范》（GB 50016—2014）的规定，室外变、配电站与建筑物、堆场、储罐的防火间距见表8-10。

表 8-10　甲、乙、丙类液体储罐（区），乙、丙类液体桶装堆场与建筑物的防火间距（m）

类　别	一个罐区或堆场的总储量 V/m^3	建筑物的耐火等级				室外变、配电站
		一、二级		三级	四级	
		高层民用建筑	裙房，其他建筑			
甲、乙类液体	$1 \leqslant V < 50$	40	12	15	20	30
	$50 \leqslant V < 200$	50	15	20	25	35
	$200 \leqslant V < 1000$	60	20	25	30	40
	$1000 \leqslant V < 5000$	70	25	30	40	50
丙类液体	$5 \leqslant V < 250$	40	12	15	20	24
	$250 \leqslant V < 1000$	50	15	20	25	28
	$1000 \leqslant V < 5000$	60	20	25	30	32
	$5000 \leqslant V < 25000$	70	25	30	40	40

注：当甲、乙类液体和丙类液体储罐布置在同一储罐区时，其总储量可按 $1m^3$ 甲、乙类液体相当于 $5m^3$ 丙类液体折算。

（2）装置的变配电室应满足有关标准的规定，例如《石油化工企业设计防火规范》（GB 50160—2008）规定：装置的变、配电室应布置在装置的一侧，位于爆炸危险区域范围以外，并且位于甲类设备全年最小频率风向的下风侧。在可能散发比空气密度大的可燃气体的装置内，变、配电室的室内地面应比室外地坪高 0.6m 以上。

（3）《爆炸危险环境电力装置设计规范》（GB 50058—2014）还规定：10kV 以下的变、配电室，不应设在爆炸和火灾危险场所的下风向。变、配电室与建筑物相毗连时，其隔墙应是非燃烧材料；毗连的变、配电室的门应向外开，并通向无火灾爆炸危险场所方向。

（4）对于一些特殊的易燃易爆物品，还应满足一些特殊的规定。例如火药、炸药等特殊的易燃易爆物品，因其本身为过氧化物，燃烧与爆炸时可以不依赖外界的氧气。为此，应遵守《火药、炸药、弹药、引信及火工品工厂设计安全规范》（WJ 2177—1994）。

8.3.2　爆炸危险区域的接地要求

爆炸危险区域的接地要比一般场所要求高，特别应注意以下几个方面：

（1）在导电不良的地面处，交流电压 380V 及以下和直流额定电压 440V 及以下的电气设备金属外壳应接地。

（2）在干燥环境中，交流额定电压为 127V 及其以下，直流电压为 110V 及以下的电气设备金属外壳应接地。

（3）为可靠计，安装在已接地的金属结构上的电气设备还应再作接地。

（4）在爆炸性危险环境内，电气设备的金属外壳（外露可导电部分）应可靠接地。爆炸性气体环境 1 区、2 区内的所有电气设备、爆炸性粉尘环境 10 区内的所有电气设备，均应采用专门的接地线。该接地线与相线敷设在同一保护管内时应具有与相线相等的绝缘。此时，爆炸性危险环境内电缆的金属外皮及金属管线等只作为辅助接地线。爆炸性气体环境 2 区内的照明灯具及爆炸性粉尘环境 11 区内的所有电气设备，可利用有可靠电气联结的金属管线或金属构件作为接地线，但不得利用输送爆炸危险物质的管道。

（5）为了提高接地的可靠性，接地干线宜在爆炸危险区域不同方向且不少于两处与接地体联结。

（6）单相设备的 N 线应与 PE 线分开。相线和 N 线均应装设短路保护装置，并应装设同时断开的双极开关操作相线和 N 线。

（7）在爆炸危险区域，如采用 TN-S 系统，为提高可靠性，缩短短路故障持续时间，系统的单相短路电流应大一些，最小单相短路电流不得小于该段线路熔断器额定电流的 5 倍或低压断路器瞬时（或短延时）动作电流脱扣器整定电流的 1.5 倍。

（8）在爆炸危险区域，如采用 IT 系统供电，必须装配能发出信号的绝缘监视器。

（9）电气设备的接地装置与防止直接雷击的独立避雷针的接地装置应分开设置；与装设在建筑物上防止直接雷击的避雷针的接地装置可合并设置；与防雷电感应的接地装置亦可合并设置。接地电阻值应取其中最低值。

8.3.3 安全供电与通风要求

安全供电是保证企业"安全、稳定、长期、满负荷、优质"生产的重要环节。严密的组织措施和完善的技术措施是实现安全供电的有效措施。组织措施的主要内容有：

（1）操作票证制度。

（2）工作票证制度。

（3）工作许可制度。

（4）工作监护制度。

（5）工作间断、转换和终结制度。

（6）设备定期切换、试验、维护管理制度。

（7）巡回检查制度。

技术措施的主要内容有：

（1）停、送电联系单。

（2）验电操作程序。

（3）停电检修安全技术措施。

（4）带电与停电设备的隔离措施。

（5）安全用具的检验规定。

电气设备运行中的电压、电流、温度等参数不应超过额定允许值。特别要注意线路的接头或电气设备进出线连接处的发热情况。在有气体或蒸气爆炸性混合物的环境，电气设备极限温度和温升应符合表 8-11 的要求。在有粉尘或纤维爆炸性混合物的环境，电气设备表面温度一般不应超过 125℃。应保持电气设备清洁，尤其在纤维、粉尘爆炸混合物环境的电气设备，要经常进行清扫，以免堆积的脏污和灰尘导致火灾危险。

表 8-11 爆炸危险区域内电气设备的极限温度和温升 　　　　（℃）

爆炸性混合物的自燃点	隔爆型、正压型、增安型、外壳表面及能与爆炸性混合物直接接触的零部件		充油型和非防爆充油型的油面	
	极限温度	极限温升	极限温度	极限温升
>450	360	320	100	60

爆炸性混合物的自燃点	隔爆型、正压型、增安型、外壳表面及能与爆炸性混合物直接接触的零部件		充油型和非防爆充油型的油面	
	极限温度	极限温升	极限温度	极限温升
300~450	240	200	100	60
200~300	160	120	100	60
135~200	110	70	100	60
<135	80	40	80	40

在爆炸危险区域，导线允许载流量不应低于导线熔断器额定电流的 1.25 倍和低压断路器延时脱扣器整定电流的 1.25 倍。1000V 以下笼型异步电动机干线的允许载流量不应小于电动机额定电流的 1.25 倍。1000V 以上的线路应按短路热稳定进行校验。

电气设备的通风应满足下列要求：

（1）通风装置必须采用非燃烧性材料制作，结构应坚固，连接应紧密。

（2）通风系统内不应有阻碍气流的死角。

（3）吸入的空气不应有爆炸性气体或其他有害物质。

（4）运行中电气设备的通风、充风系统内的正压不低于 0.196kPa，当低于 0.1kPa 时，应自动断开电气设备的主要电源或发出信号。

（5）通风过程排出的废气，一般不应排入爆炸危险区域。

（6）对闭路通风的正压型电气设备及其通风系统，应供给清洁气体以补充漏损，保持通风系统的正压。

（7）用于事故排风系统的电动机开关，应设在便于操作的安全地点。

8.4　电气火灾灭火要求

8.4.1　灭火过程中触电危险及预防

火灾发生后电气设备和电气线路可能是带电的，如不注意，可能引起触电事故。根据现场条件，可以断电的应断电灭火，无法断电的则带电灭火。电力变压器、多油断路器等电气设备充有大量的油，着火后可能发生喷油甚至爆炸事故，造成火焰蔓延，扩大火灾范围，这是必须加以注意的。

电气设备或电气线路发生火灾，如果没有及时切断电源，扑救人员身体或所持器械可能接触带电部分而造成触电事故。使用导电的灭火剂，如水枪射出的直流水柱、泡沫灭火器射出的泡沫等射至带电部分，也可能造成触电事故。火灾发生后，电气设备可能因绝缘损坏而碰壳短路；电气线路可能因电线断落而接地短路，使正常时不带电的金属构架、地面等部位带电，也可能导致接触电压或跨步电压触电危险。

因此，发现起火后，首先要设法切断电源。切断电源应注意以下几点：

（1）由于受潮和烟熏，火灾发生后开关设备绝缘能力降低，拉闸时应用绝缘工具操作。

（2）高压系统应先操作断路器而不应该先操作隔离开关切断电源，低压系统应先操作电磁启动器而不应该先操作刀开关切断电源，以免引起弧光短路。

（3）切断电源的地点要选择适当，防止切断电源后影响灭火工作。

（4）剪断电线时，不同相的电线应在不同的部位剪断，以免造成短路。剪断空中的电线时，剪断位置应选择在电源方向的支持物附近，以防止电线剪后断落下来，造成接地短路和触电事故。

8.4.2　带电灭火安全要求

无法及时断电或因特殊需要不能断电时，为了争取灭火时间，防止火灾扩大，则需要带电灭火。带电灭火须注意以下几点：

（1）应按现场特点选择适当的灭火器。二氧化碳灭火器、干粉灭火器的灭火剂都是不导电的，可用于带电灭火。泡沫灭火器的灭火剂（水溶液）有一定的导电性，而且对电气设备的绝缘性能有影响，不宜用于带电灭火。电气火灾时不同灭火器的适用性见表 8-12。

表 8-12　灭火器在电气火灾时的适用性

灭火类型	水型	干粉型	泡沫型	卤代烷型	二氧化碳型
带电灭火	不适用	适用，但干粉会附着在电气设备上形成硬壳，冷却后不易清除	不适用	适用，不导电，不污染仪器设备	适用，不留残渍，不损坏仪器设备
不带电灭火	适用		适用		

（2）用水枪灭火时宜采用喷雾水枪，这种水枪流过水柱的泄漏电流小，带电灭火比较安全。用普通直流水枪灭火时，为防止泄漏电流通过水柱进入人体，可以将水枪喷嘴接地，也可以让灭火人员穿戴绝缘手套、绝缘靴或穿戴均压服操作。

（3）人体与带电体之间保持必要的安全距离。用水灭火时，水枪喷嘴至带电体的距离：电压为 10kV 及其以下者不应小于 3m，电压为 220kV 及其以上者不应小于 5m。用二氧化碳等有不导电灭火剂的灭火器灭火时，机体、喷嘴至带电体的最小距离：电压为 10kV 者不应小于 0.4m，电压为 35kV 者不应小于 0.6m 等。

（4）对架空线路等空中设备进行灭火时，人体位置与带电体之间的仰角不应超过 45°。

8.4.3　充油电气设备的灭火

充油电气设备内填充的油，其闪点多在 130～1400℃ 间，有较大的危险性。如果只在该设备外部起火，可用二氧化碳、干粉灭火器带电灭火。如火势较大，应切断电源，并可用水灭火。如油箱破坏，喷油燃烧，火势很大时，除切断电源外，有事故储油坑的应设法将油放进储油坑，坑内和地面上的油火可用泡沫扑灭。要防止燃烧着的油流入电缆沟而顺沟蔓延，电缆沟内的油火只能用泡沫覆盖扑灭。

发电机和电动机等旋转电机起火时，为防止轴承变形，可令其慢慢转动，用喷雾水灭火，并使其均匀冷却；也可用二氧化碳或蒸气灭火，但不宜用干粉、沙子或泥土灭火，以免损伤电气设备的绝缘。

8.5 防爆电气设备及其选择

8.5.1 防爆电气设备的分类与标志

爆炸性气体环境用电气设备可分为：Ⅰ类为煤矿用电气设备；Ⅱ类为除煤矿外的其他爆炸性气体环境用电气设备。用于煤矿的电气设备，其爆炸性气体环境除甲烷外，可能还含有其他成分的爆炸性气体时，应按照Ⅰ类和Ⅱ类相应气体的要求进行制造和检验。该电气设备应有相应标志（例如 Exd Ⅰ/ⅡB T3 或者 Exd Ⅰ/Ⅱ（NH_3））。

在标准试验条件下，爆炸性气体按其最大试验安全间隙（MESG/mm）和最小点燃电流比（MICR）分为Ⅰ、Ⅱ、Ⅲ级。

对第Ⅰ类爆炸性物质甲烷气体，其最大试验安全间隙 MESG＝1.4mm，最小点燃电流比 MCR＝1.0，不分级，不分组。

对第Ⅱ类爆炸性气体混合物，按其最大试验安全间隙（MESG）和最小点燃电流比（MICR）分为3级，即ⅡA、ⅡB、ⅡC级。

爆炸性气体混合物按其引燃温度分为6组，见表8-13。

爆炸性粉尘按其引燃温度分为3组，见表8-14。

表8-13 爆炸性气体混合物按其引燃温度分组

温度组别	引燃温度 $t/℃$
T1	$t>450$
T2	$300<t≤450$
T3	$200<t≤300$
T4	$135<t≤200$
T5	$100<t≤135$
T6	$85<t≤100$

表8-14 爆炸性粉尘按引燃源温度分组

温度组别	引燃温度 $t/℃$
T11	$t>270$
T12	$200<t≤270$
T13	$150<t≤200$

例如：同属于ⅡC级的水煤气和氢气为T1组，而乙炔为T2组，二硫化碳为T5组，硝酸乙酯为T6组。同属于T1组的苯、氨、一氧化碳、乙酸、丙烯腈等为ⅡA级，而二甲醚、民用煤气、环丙烷等为ⅡB级，水煤气、氢气为ⅡC级。

在易燃易爆场所，应根据电气设备产生电火花、电弧和危险温度等特点采取各种防爆措施以使各种电气设备在有爆炸危险的区域安全使用。

在火灾爆炸危险环境使用的电气设备，在运行过程中必须具备不引燃周围爆炸性混合物的性能。防爆电气设备即其结构在规定条件下不会引起周围爆炸性环境点燃的电气设备。按作用原理即防爆形式，防爆电气设备可分为隔爆型、增安型、本质安全型、正压型、充油型、充砂型、无火花型、粉尘防爆型和防爆特殊型等。

（1）隔爆型电气设备（d）。具有隔爆外壳的电气设备，是指把能点燃爆炸性混合物的部件封闭在外壳内，该外壳能承受内部爆炸性混合物的爆炸压力，并阻止内部爆炸通过外壳任何结合面或结构孔洞引起外部爆炸性混合物爆炸的电气设备。

隔爆型电气设备的外壳用钢板、铸钢、铝合金、灰铸铁等材料制成。

隔爆型电气设备可经隔爆型接线盒（或插销座）接线，亦可直接接线。连接处应有防止拉力损坏接线端子的设施，应有密封措施，连接装置的结合面应有足够的长度。

隔爆型电气设备的紧固螺栓和螺母须有防松装置，不透螺孔须留有 1.5 倍防松垫圈厚度的余量，紧固螺栓不得穿透外壳，周围和底部余厚不得小于 3mm。螺纹啮合不得少于 6 扣，啮合长度的要求是：容积为 100cm^3 及其以下者不得小于 5mm，容积为 100cm 以上者不得小于 8mm。

正常运行时产生火花或电弧的电气设备须设有联锁装置，保证电源接通时不能打开壳、盖，而壳、盖打开时不能接通电源。

（2）增安型电气设备（e）。指在正常运行条件下，不会产生电弧、火花或可能点燃爆炸性混合物的高温的设备结构上，采取措施提高其安全程度，以避免在正常和规定的过载条件下出现这些现象的电气设备。

增安型设备的绝缘带电部件的外壳防护不得低于 IP44，裸露带电部件的外壳防护不得低于 IP54。引入电缆或导线的连接件应保证与电缆或导线连接牢固、接线方便，同时还须防止电缆或导线松动、自行脱落、扭转，并能保持足够的接触压力。在正常工作条件下，连接件的接触压力不得因温度升高而降低，连接件不得带有可能损伤电缆或导线的棱角，正常紧固时不得产生永久变形和自行转动，不允许用绝缘材料部件传递接点压力。用于连接多股线的连接件须采取措施，防止导线松股。使用铜铝导线连接时，应采用铜铝过渡接头。

（3）本质安全型电气设备（i）。指在正常运行或在标准试验条件下所产生的火花或热效应均不能点燃爆炸性混合物的电气设备。

本质安全型设备按安全程度分为 ia 级和 ib 级。ia 级是在正常工作、发生一个故障及发生两个故障时不能点燃爆炸性混合物的电气设备，主要用于 0 区；ib 级是正常工作及发生一个故障时不能点燃爆炸性混合物的电气设备，主要用于 1 区。

除特殊情况外，该型设备及其关联设备外壳防护等级不得低于 IP20，煤矿井下采掘工作面的设备外壳防护等级不得低于 IP54。其外部连接可以采用接线端子与接线盒或采用插接件，接线端子之间、接线端子与外壳之间均应有足够的距离，插接件应有防止拉脱的措施。

本质安全型电路应有安全栅。安全栅由限流元件（如金属膜电阻、非线性组件等）、限压元件（如二极管、齐纳二极管等）和特殊保护元件（如快速熔断器等）可靠性组件组成。电路中的半导体管均应双重化。

本质安全电路端子与非本质安全电路端子之间的距离不得小于 50mm。

本质安全电路的电源变压器的二次电路必须与一次电路之间保持良好的电气隔离。如一次绕组与二次绕组相邻，其间应隔以绝缘板或采取其他防止混触的措施。

（4）正压型电气设备（p）。具有保护外壳，且壳内充有保护气体，其压力保持高于周围爆炸性混合物气体的压力，以避免外部爆炸性混合物进入外壳内部的电气设备。

正压型设备按充气结构分为通风、充气、气密等三种形式。保护气体可以是空气、氮气或其他非可燃气体。其外壳防护等级不得低于 IP44。

这类设备的外壳内不得有影响安全的通风死角。正常时，其出风口气压或充气气压不得低于 196Pa。当压力低于 98Pa 或压力最小处的压力低于 49Pa 时，自动装置必须发出报警信号或切断电源。

这种设备应有联锁装置，保证运行前先通风、充气。运行前通风、送气的总量最少不得小于设备气体容积的 5 倍。运行前通风时间可按下式计算：

$$t = \frac{K(V + V_{\mathrm{P}})}{Q} \tag{8-4}$$

式中　K——容积倍数，一般 $K \geqslant 5$；

　　　V——设备气体容积，m^3；

　　　V_{P}——管道气体容积，m^3；

　　　Q——气体流量，m^3/s。

这种设备在运行中，火花、电弧不得从缝隙或出风口吹出。

（5）充油型电气设备（o）。全部或某些带电部件浸在油中，使之不能点燃油面以上或外壳周围的爆炸性混合物的电气设备。

充油型设备外壳上应有排气孔，孔内不得有杂物，油量必须足够，最低油面以下油面深度不得小于 25mm，油面指示必须清晰，油质必须良好。油面温度 T1～T4 组不得超过100℃，T5 组不得超过 80℃，T6 组不得超过 70℃。充油型设备应当水平安装，其倾斜度不得超过 5°，运动中不得移动。机械连接不得松动。直流开关设备不得制成充油型设备。

（6）充砂型电气设备（q）。外壳内充填细颗粒材料，以便在规定的使用条件下，外壳内产生电弧、火焰传播，以及壳壁或颗粒材料表面的过热温度均不能够点燃周围的爆炸性混合物的电气设备。

充砂型设备的外壳应有足够的机械强度，其防护不得低于 IP44。细粒填充材料应填满外壳所有空隙，颗粒直径为 0.25～1.6mm。填充时细粒材料含水量不得超过 0.1%。

（7）无火花型电气设备（n）。在正常运行条件下不产生电弧和火花，也不产生能够点燃周围爆炸性混合物的高温表面或灼热点，且一般不会发生有点燃作用的故障的电气设备。

（8）浇封型电气设备（m）。整台设备或其中的某些部分浇封在浇封剂中，在正常运行和认可的过载或故障下不能点燃周围的爆炸性混合物的电气设备。

（9）粉尘防爆型（DT、DP）。为防止爆炸粉尘进入设备内部，外壳的结构面紧固严密，并加密封垫圈，转动轴与轴孔间加防尘密封。粉尘沉积有增温引燃作用，故要求设备的外壳表面光滑、无裂缝、无凹坑或沟槽，并具有足够的强度的电气设备。

（10）防爆特殊型（s）。这类设备是指结构上不属于上述各种类型的防爆电气设备，由主管部门制定暂行规定，送劳动部门备案，并经指定的鉴定单位检验后，按特殊电器设备"s"型处置的电气设备。

电气设备外壳的明显处，需设置清晰的永久性凸纹防爆标志"Ex"；小型电气设备及仪器、仪表可采用标志牌铆在或焊在外壳上，也可采用凸纹标志。防爆电气设备的标志表见表8-15。

表 8-15　防爆电气设备的标志表

序　号	电气防爆形式	标　志
1	隔爆型	Ex d
2	增安型	Ex e
3	本质安全型	Ex ia 和 Ex ib
4	正压型	Ex p
5	充油型	Ex o
6	充砂型	Ex q
7	无火花型	Ex n
8	浇封型	Ex m
9	气密型	Ex h
10	粉尘型	DIPA21　DIP B22（旧标志为：Ex DT 和 Ex DP）
11	特殊型	Ex s

8.5.2　防爆型电气设备的选用

8.5.2.1　爆炸危险环境中电气设备选用的一般原则

选择电气设备前，首先应掌握电气设备所在爆炸危险环境的有关资料，包括环境等级和区域范围划分，以及所在环境内爆炸性混合物的级别、组别等有关资料。应根据电气设备使用环境的等级、电气设备的种类和使用条件选择电气设备。

所选用的防爆电气设备的级别和组别不应低于该环境内爆炸性混合物的级别和组别。当存在两种以上的爆炸性物质时，应按混合后的爆炸性混合物的级别和组别选用。如无据可查又不可能进行试验时，应按危险程度较高的级别和组别选用。

爆炸危险环境内的电气设备必须是符合现行国家标准并有国家检验部门防爆合格证的产品。

爆炸危险环境内的电气设备应能防止周围化学、机械、热和生物因素的危害，应与环境温度、空气湿度、海拔高度、日光辐射、风沙、地震等环境条件下的要求相适应，其结构在规定的运行条件下不应降低防爆性能的要求。

矿井用防爆电气设备的最高表面温度，无煤粉沉积时不得超过4500℃，有煤粉沉积时不得超过1500℃。工厂爆炸性气体危险环境用防爆电气设备的最高表面温度不得超过表8-16的规定。工厂爆炸性粉尘危险环境用防爆电气设备的最高表面温度不得超过表8-17的规定。爆炸性粉尘危险环境一般电气设备的最高表面温度不得超过1250℃，若沉积厚度5mm以下时低于引燃温度750℃，或不超过引燃温度的2/3。

表 8-16　爆炸性气体危险环境电气设备最高表面温度

温度组别	自然温度 $t/℃$	设备允许表面温度/℃
T1	$t \geqslant 450$	450
T2	$450 > t \geqslant 300$	300
T3	$300 > t \geqslant 200$	200
T4	$200 > t \geqslant 135$	135
T5	$135 > t \geqslant 100$	100
T6	$100 > t \geqslant 85$	85

表 8-17　爆炸性粉尘危险环境电器设备最高表面温度

引燃温度组别	无过载的设备/℃	有过载的设备/℃
T11	215	195
T12	160	145
T13	120	110
T14	85	75

在爆炸危险环境，应尽量少用携带式设备和移动式设备，且尽量少安装插销座。

为了节省费用，应设法减小防爆电气设备的使用量。首先，应当考虑把危险的设备安装在危险环境之外；如果不得不安装在危险环境内，也应当安装在危险较小的位置。

采用非防爆型设备隔墙机械传动时，隔墙必须是非燃烧材料的实体墙，穿轴孔洞应当封堵，安装电气设备的房间的出口只能通向非爆炸危险环境。否则，必须保持正压。

8.5.2.2　爆炸气体危险环境的电气设备选型

（1）旋转电机。低压旋转电机防爆结构选型见表 8-18。

表 8-18~表 8-23 中 O 为适用，Δ 为慎用，×为不适用。

表 8-18　旋转电动机防爆结构的选型

电气设备	爆炸危险区域						
	1 区			2 区			
	隔爆型	正压型	增安型	隔爆型	正压型	增安型	无火花型
笼型异步电动机	O	O	Δ	O	O	O	O
绕线转子异步电动机	Δ	Δ		O	O	O	×
同步电动机	O	O	×	O	O	O	
直流电动机	Δ	Δ		O	O		
电磁转差离合器（无电刷）	O		×	O	O	O	Δ

（2）变压器。低压变压器、互感器、电抗器防爆结构选型见表 8-19。

表 8-19 低压变压器类防爆结构的选型

电气设备	爆炸危险区域						
	1 区			2 区			
	隔爆型	正压型	增安型	隔爆型	正压型	增安型	无火花型
变压器（包括启动用）	△	△	×	O	O	O	O
电抗线圈（包括启动用）	△	△	×	O	O	O	O
仪表用互感器	△		×	O		O	O

（3）低压控制电器。低压开关和控制器类设备防爆结构选型见表 8-20。

表 8-20 低压开关和控制器类设备防爆结构选型

电气设备	爆炸危险区域										
	0 区	1 区					2 区				
	本质安全型	本质安全型	隔爆型	正压型	充油型	增安型	本质安全型	隔爆型	正压型	充油型	增安型	无火花型
笼型感应电动机			O	O		△		O	O		O	O
开关、断路器			O					O				
熔断器			△			×		O				
控制开关机按钮	O	O	O		O		O	O		O		
操作箱、操作柜			O	O		×		O	O			
固定式灯			O					O			O	
移动式灯			△					O				

（4）照明灯具。照明灯具类设备防爆结构选型见表 8-21。

表 8-21 灯具类防爆结构的选型

电气设备	爆炸危险区域			
	1 区		2 区	
	隔爆型	增安型	隔爆型	增安型
固定式灯	O	×	O	O
移动式灯	△		O	
携带式电池灯	O		O	
指示灯类	O	×	O	O
镇流器	O	△	O	O

（5）信号及其他设备。信号及其他电气设备防爆结果选型见表 8-22。

表8-22 信号、报警装置等电气设备防爆结构的选型

电气设备	爆炸危险区域								
	0 区			1 区			2 区		
	本质安全型（ia）	本质安全型（ia ib）	隔爆型	正压型	增安型	本质安全型	隔爆型	正压型	增安型
信号、报警装置	O	O	O	O	×	O	O	O	O
插接装置			O				O		
接线箱			O		Δ		O		O
电气测量表计			O	O	×		O	O	O

（6）粉尘防爆电气设备选型。粉尘防爆电气设备选型见表8-23。

表8-23 粉尘防爆电气设备的选型

粉 尘 种 类		危 险 场 所	
		10 区	11 区
爆炸性粉尘		DT	DT
可燃性粉尘	导电粉尘	DT	DT
	非导电粉尘	DT	DP

───────── 本 章 小 结 ─────────

　　电气火灾和爆炸事故在火灾和爆炸事故中占有很大比例，因此电气防火防爆是电气安全方面的重要内容。本章系统地介绍了电气防火与防爆安全技术相关知识。着重介绍了电气火灾与爆炸的成因、条件、危险场所划分、预防措施等内容。分别介绍电气线路、变配电所、动力照明及电热系统防火防爆的一般要求，以及电气火灾的灭火要求。最后介绍了防爆电气设备的种类、标志及选型办法。

复习思考题

8-1　什么是电气火灾和爆炸？

8-2　什么是爆炸危险物质？什么是爆炸危险环境？

8-3　电气线路的敷设方式、路径设计规定的基本要求有哪些？

8-4　运行中的电力变压器在防火防爆方面应注意哪几点？

8-5　配电线路按防火类别可划分为几类？

8-6　电气设备的通风应满足哪些要求？

8-7　电气火灾一旦发生，首先要设法切断电源，切断电源应注意些什么？

8-8　带电灭火安全要求有哪些？

8-9　爆炸性物质分为哪几类？

8-10　防爆电气设备的分类有哪些？

参 考 文 献

[1] 王明明. 机械安全技术［M］. 北京：化学工业出版社，2004.

[2] 崔政斌，王明明. 机械安全技术［M］. 2版. 北京：化学工业出版社，2009.

[3] 田宏. 机械安全技术［M］. 北京：国防工业出版社，2013.

[4] 张应立，周玉华. 机械安全技术实用手册［M］. 北京：中国石化出版社，2009.

[5] 胡兴志. 机电安全技术［M］. 北京：国防工业出版社，2011.

[6] 张绪祥，熊海涛. 机械制造技术基础［M］. 北京：人民邮电出版社，2013.

[7] 何际泽，张瑞明. 安全生产技术［M］. 北京：化学工业出版社，2008.

[8] 杨丰科，孟广华. 安全工程师基础教程——安全技术［M］. 北京：化学工业出版社，2004.

[9] 恽达明. 金属切削机床［M］. 北京：机械工业出版社，2005.

[10] 刘苍林，崔德敏，等. 金属切削机床［M］. 天津：天津大学出版社，2009.

[11] 李正峰. 带安全销的弹性套柱销联轴器的设计与计算［J］. 轻工机械，2007（02）：54~56.

冶金工业出版社部分图书推荐

书 名	作 者	定价(元)
中国冶金百科全书·安全环保卷	本书编委会	120.00
采矿手册（第6卷）矿山通风与安全	本书编委会	109.00
我国金属矿山安全与环境科技发展前瞻研究	古德生	45.00
矿山安全工程（国规教材）	陈宝智	30.00
系统安全评价与预测（本科教材）	陈宝智	20.00
安全系统工程（本科教材）	谢振华	26.00
安全评价（本科教材）	刘双跃	36.00
事故调查与分析技术（本科教材）	刘双跃	34.00
安全学原理（本科教材）	金龙哲	27.00
防火与防爆工程（本科教材）	解立峰	38.00
燃烧与爆炸学（本科教材）	张英华	30.00
土木工程安全管理教程（本科教材）	李慧民	33.00
土木工程安全检测与鉴定（本科教材）	李慧民	31.00
土木工程安全生产与事故案例分析（本科教材）	李慧民	30.00
职业健康与安全工程（本科教材）	张顺堂	36.00
网络信息安全技术基础与应用（本科教材）	庞淑英	21.00
安全工程实践教学综合实验指导书（本科教材）	张敬东	38.00
火灾爆炸理论与预防控制技术（本科教材）	王信群	26.00
化工安全（本科教材）	邵 辉	35.00
露天矿山边坡和排土场灾害预警及控制技术	谢振华	38.00
安全管理基本理论与技术	常占利	46.00
矿山企业安全管理	刘志伟	25.00
煤矿安全技术与管理	郭国政	29.00
建筑施工企业安全评价操作实务	张 超	56.00
煤炭行业职业危害分析与控制技术	李 斌	45.00
新世纪企业安全执法创新模式与支撑理论	赵千里	55.00
现代矿山企业安全控制创新理论与支撑体系	赵千里	75.00
重大危险源辨识与控制	吴宗之	35.00
危险评价方法及其应用	吴宗之	47.00
重大事故应急救援系统及预案导论	吴宗之	38.00
起重机司机安全操作技术	张应立	70.00
爆破安全技术知识问答	顾毅成	29.00
爆破安全技术	王玉杰	25.00
安全生产行政处罚实录	张利民	46.00
安全生产行政执法	姜 威	35.00
安全管理技术	袁昌明	46.00